普通高等教育一流本科专业建设成果教材

浙江省普通本科高校“十四五”重点立项建设教材

化学工业出版社“十四五”普通高等教育规划教材

环境生态工程导论

张杭君 主编 汪美贞 袁 霞 副主编

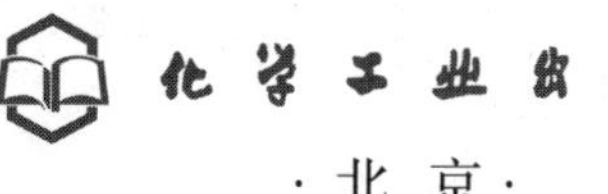

·北 京·

内容简介

《环境生态工程导论》以习近平生态文明思想和可持续发展理念为指引，注重基础知识+实验技术+应用案例的综合，主要介绍了环境生态工程的概念原理、学科背景、研究内容等，水、土壤、固体废物、农业等不同领域的环境生态工程相关重要理论、技术方法及研究成果以及环境生态工程案例。

本书可供高等学校环境生态工程、环境工程、环境科学、生态学、生物学、环境保护、地学、林农牧渔业、海洋学等专业的本科生作为教材使用，还可供经济管理、卫生和城建部门的科技工作者以及相关科技管理人员阅读参考。

图书在版编目（CIP）数据

环境生态工程导论/张杭君主编；汪美贞，袁霞副主编．—北京：化学工业出版社，2024.7

普通高等教育一流本科专业建设成果教材

ISBN 978-7-122-45515-4

Ⅰ.①环… Ⅱ.①张… ②汪… ③袁… Ⅲ.①环境生态学-生态工程-高等学校-教材 Ⅳ.①X171

中国国家版本馆CIP数据核字(2024)第084126号

责任编辑：满悦芝　　文字编辑：贾羽茜　杨振美

责任校对：刘　一　　装帧设计：张　辉

出版发行：化学工业出版社

（北京市东城区青年湖南街13号　邮政编码100011）

印　　装：河北延风印务有限公司

787mm×1092mm　1/16　印张11　字数268千字

2024年6月北京第1版第1次印刷

购书咨询：010-64518888　　售后服务：010-64518899

网　　址：http://www.cip.com.cn

凡购买本书，如有缺损质量问题，本社销售中心负责调换。

定　　价：39.80元

序

生态环境保护与污染防治是当代社会与人类发展所面临的重要议题。在国家生态文明建设和可持续发展战略的引领下，为有效应对复杂多变的环境问题，推动绿色发展理念的落实，环境生态工程这一交叉新兴专业应运而生。环境生态工程融合了生态学、环境学和工程学的原理和内容，旨在应对当前全球性的环境问题。其产生与发展不仅展示了国家在“四新”建设（新工科、新医科、新农科、新文科）战略方向上的积极实践，更体现了人们对生态平衡与环境修复的重视与深度思考。

《环境生态工程导论》作为“新工科”领域的核心教材，不仅凝聚了环境生态工程等专业的前沿研究成果，更在传统教材的基础上进行了深度整合与创新，为新时代的生态环境保护及修复工作提供了坚实的理论支撑和实践参考。该书逻辑严谨、层次分明地阐述了环境生态工程的基本概念、共性原理、技术方法和实施策略，通过丰富生动的案例分析，使理论知识与实际应用紧密相连，相互促进。

该书强调了生态平衡和生态修复在环境保护中的核心地位，为解决当前广受关注的环境问题提供了系统的理论支撑及案例指导。在教学内容上，该书基于生态与环境持续、和谐发展的理念，将环境工程技术与生态修复相结合，凸显了生态（包括生物治理）与工程技术的紧密联系，为大学生提供了一条从理论到实践、从学习到应用的完整路径。在编写目标上，该书紧密贴合环境类专业学生的培养需求，全面整合了相关教学内容，旨在培养既具有创新精神又具备实践能力的环境生态保护与修复复合型人才。通过本书的学习，学生不仅能够掌握环境生态工程的基本理论和方法，更能够运用所学知识解决实际问题，为推动全球环境事业的可持续发展贡献力量。

在人类活动和全球变化的大背景下，环境生态工程研究及实践具有深远的前瞻性和积极的现实意义。尽管研究过程充满挑战，但该书为我们提供了不同生态系统下环境污染问题及其治理技术的框架，有助于更好地梳理现存的环境问题，并提供切实可行的解决思路。《环境生态工程导论》可作为环境科学、环境工程、生态学及工程设计等相关专业学生与专业人员的重要教材，同时适用于从事环境保护与生态恢复工作的企事业单位相关人员，也可为环境生态学研究、生态修复与建设、生态规划与设计等领域研究人员提供参考和指导。

2024 年 4 月

前言

环境生态工程是一门关于环境保护和生态修复的综合性工程学科，旨在探讨全球范围内环境问题的根源和解决方案。该学科结合了生态学、环境科学、化学、物理学和工程学等多个学科的知识，通过对不同生态系统环境的保护、修复和改善，实现人与自然的和谐共生。传统工业、农业发展模式下的环境末端治理技术不能解决由人类自身造成的生物与环境不协调的问题。环境生态工程则通过尽可能地促使环境资源及物质在生产系统内部合理、有效的循环利用，降低人类生产生活对环境的破坏及造成的污染，提高生产效率及效益。总之，环境生态工程注重充分合理地利用资源、维护生物与环境的关系及生态系统功能，同时又能推动当地经济的高速发展与环境、生态系统的协同进化，促进经济、社会与环境的可持续发展。

我国以及世界多国经济社会发展的重要问题之一是人口、资源和环境之间的矛盾。为解决这些问题，需要采取有力措施治理突出生态环境问题，并协同推进降碳、减污、扩绿、增长，全方位、全地域、全过程开展生态文明建设。同时综合运用自然恢复和人工修复两种手段，因地因时制宜、分区分类施策，努力找到生态保护修复的最佳解决方案。环境生态工程作为一门交叉型应用学科，正是在这样的社会与经济背景条件下，在社会经济各个领域得到飞速的发展，形成了自己的应用技术体系。《环境生态工程导论》作为环境工程、环境科学、环境生态工程等学科的入门课程教材，以习近平生态文明思想和环境可持续发展理念为指导，对工程学与其他相关学科知识进行了有效结合，将有助于推动“新工科”建设。

区别于传统的单一工科内容，本书注重基础知识＋实验技术＋应用案例的综合，将原理、技术和方法融入具体生态系统进行分析和探讨，这对于新时期学生基础知识的掌握、创新思想的建立和综合能力的提高具有重要意义。通过学习该教材，学生可以了解环境生态工程的基本知识，掌握相关应用技术和实践方法，为将来从事环境保护和可持续发展工作打下坚实的基础。

全书分为三大部分，共八章。第一部分为第一和第二章，重点阐述环境生态工程的概念原理、学科背景、研究内容和方法、国内外研究进展，以及环境生态工程与环境问题及可持续发展。第二部分为第三至第七章，系统论述水、土壤、固体废物、农业和湿地等不同领域的环境生态工程重要理论、技术方法及研究成果。第三部分为第八章，综合列举环境生态工程应用案例，强化读者对环境生态工程应用价值的认识及理解。本书每章后均列有思考题和推荐参考文献。本书由张杭君担任主编，汪美贞和袁霞担任副主编，刘志权和丁颖参与编写。全书由张杭君审阅和定稿。

中国工程院院士朱利中对本书的出版给予了大力支持。浙江省高等学校环境和地理科学类专业教学指导委员会、浙江省高等教育学会和有关高校领导对本书给予了强烈推荐。本书编写过程中，朱维琴、丁佳锋、韩毓和黄丹老师提供了诸多宝贵建议与协助，钟宇驰和唐素琴在视频资料整理方面给予了支持，余柄志、张泽雨、胡超、冯艺璇、刘智群、李惜子、吕子青、秦海燕和王运等同学在材料整理等方面提供了帮助。在此，向所有对本书出版给予支持与帮助的人士表示衷心的感谢。

由于作者水平有限，书中难免存在不足和疏漏之处，希望广大读者提出宝贵意见，使之日臻完善。

张杭君

2024 年 4 月于杭州

目录

第一章

概　论

18 世纪末到 19 世纪初的工业革命使社会面貌发生了翻天覆地的变化，人类社会实现了从传统农业社会转向现代工业社会的重要变革。随之，科学技术的进步、工业化和生产水平的提高，使人类的物质生活得到极大丰富，生活条件得到明显改善。但是，由此产生的环境问题也逐渐凸显，比如水体污染、土壤污染、大气污染、植被破坏、生物多样性减少及全球气候变化等。人与自然本是一个相互作用的整体，自然环境是人类赖以生存和发展的基础，为了加强污染防治、保护绿水青山，为了人类社会的可持续发展，如何有效实现环境保护及污染治理已日益受到各国政府和社会的广泛关注和重视。

新工科是全球科技革命和产业革命、新经济背景下工程教育改革的重大战略选择，代表了今后我国工程教育发展的新思维、新方式。自党的十八大以来，我国实施了一系列生态保护修复政策和重大工程，生态保护修复取得历史性成就。在环境治理与生态修复过程中，相关科研工作者和管理者建立了诸多方法和工艺，包括化学、物理和生物学等领域。但是，在经济、社会和生态可持续发展的新时代大背景下，如何运用生态学原理、结合工程学手段对环境污染实现绿色防治是人们始终追求的目标，在这一共同目标的新要求下，逐渐发展形成了一门新兴交叉学科——环境生态工程。

第一节　环境生态工程的概念与学科背景

一、环境保护背景及环境生态工程概念

（一）环境保护背景

环境与生态是地球生物体赖以生存和发展的基础。生态（ecology）一词源于古希腊文，“eco-”指家或环境，“logos”有知识和研究之意。事实上，我国古代早已有对生态的描述和关注，比如“明初诗文三大家”之一的刘基在《解语花・咏柳》中提到：“依依旎旎，袅袅娟娟，生态真无比。”目前，在生物、生命系统和环境科学领域，根据德国生物学家恩斯特・海克尔于 1866 年定义的概念，生态学是指研究有机体与其周围环境（包括非生物环境和生物环境）相互关系的科学。我国著名生态学家马世骏先生认为生态学是研究生命系统和环境系统相互关系的科学，其实质是协调生物与环境或个体与整体间的辩证关系。

环境（environment）是指某一特定生物体或生物群体以外的空间，以及直接或间接影响该生物体或生物群体生存的一切事物的总和。因此，环境是一个相对的概念，总是针对某一特定主体或中心而言的，离开了这个主体或中心也就无所谓环境。对人类而言，环境是指人类周围各种外部条件和要素的总和，包括自然环境和社会环境。自然环境在人类社会出现之前就已存在，是人类生存的空间及其中可以直接或间接影响人类生活和发展的各种自然因素，包括大气、水、土壤、生物和各种矿物资源等。社会环境是在自然环境基础上，人类通过长期、有意识的实践活动所创造的人工环境，比如城市、农村、工矿区等。社会环境的发展和演替，受自然规律、经济规律以及社会规律的支配和制约，其质量是人类物质文明建设和精神文明建设的标志之一。本书在讲述环境生态工程的基础理论和实际案例时所侧重的环境范围包括自然环境和一部分社会环境。

环境污染伴随人类生产活动由来已久，早在 14 世纪初，英国就注意到了煤烟对环境的污染，17 世纪伦敦煤烟污染进一步加重。自 18 世纪工业革命以来，世界经济和科学技术均得到空前发展，人类的物质生活水平也有很大提高，但同时以煤炭、冶金和化工等为基础的工业体系对煤炭资源的大量利用以及废水废物的肆意排放使全球环境遭受了严重的污染。20 世纪 50 年代，世界经济由战后恢复转入发展时期，世界工业化和城市化发展进程加快，经济高速持续增长。随之而来的世界范围内的环境污染与生态破坏日益严重，环境问题和环境保护逐渐为国际社会所关注。地球是全人类赖以生存的唯一家园，在经济快速发展的同时如何保护环境以及对已污染的环境进行治理和修复，是十分迫切和重要的问题，也是全人类面临的最为艰巨的任务之一。

1972 年，联合国在瑞典首都斯德哥尔摩召开了联合国人类环境会议，这是国际社会就环境问题召开的第一次世界性会议，也是环境保护的第一个里程碑。会议通过了著名的《人类环境宣言》及保护全球环境的“行动计划”，提出“为了这一代和将来世世代代保护和改善环境”的口号。1973 年，在联合国人类环境会议的启示下，我国召开了第一次全国环境保护会议，确定了关于环境保护的“三十二字”方针：“全面规划，合理布局，综合利用，化害为利，依靠群众，大家动手，保护环境，造福人民。”1992 年，联合国环境与发展大会在巴西的里约热内卢举行，会议通过了《关于环境与发展里约热内卢宣言》《21 世纪议程》等。里约会议让世界各国普遍接受了可持续发展的战略方针，这是人类发展方式的重大转变，该会议也被认为是全球环境保护与生态建设的又一重要里程碑。2009 年，《联合国气候变化框架公约》第 15 次缔约方会议暨《京都议定书》第 5 次缔约方会议在丹麦首都哥本哈根召开。会议中各国代表共同商讨了《京都议定书》一期承诺到期后的后续方案，就未来应对气候变化的全球行动签署了新的协议，该会议决议对地球今后的气候变化走向产生了决定性的影响。2015 年 9 月，联合国可持续发展峰会通过了《2030 年可持续发展议程》，提出了 17 项可持续发展目标和 169 个具体目标，这些目标重点涵盖了可持续发展的三个维度——经济增长、社会包容以及环境保护。

自新中国成立以来，我国的环境保护和治理事业开始了快速发展。从 1972 年参加联合国人类环境会议，到 1973 年第一次全国环境保护会议在北京召开、揭开中国环境保护事业的序幕，到 1978 年十一届三中全会邓小平同志强调在发展经济的同时要采取措施保护生态环境，到 1983 年在国务院召开的第二次全国环境保护会议上正式将环境保护确定为我国的一项基本国策，到 20 世纪 90 年代实施可持续发展战略、绿色发展进程加快，到 21 世纪初将建设生态文明正式写入党的文件，再到党的十八大以来习近平生态文明思想确立、党中央把生态文明建设作为统筹推进“五位一体”总体布局和协调推进“四个全面”战略布局的重要内容，并开展了一系列根本性、开创性、长远性生态环境保护相关工作，我国污染治理力度之大、制度出台频度之密、监管执法尺度之严、环境质量改善速度之快前所未有。特别是2020年习近平主席在第七十五届联合国大会一般性辩论上提出，我国二氧化碳排放力争于2030年前达到峰值，努力争取2060年前实现碳中和，充分显示了中国坚定不移走绿色低碳发展的现代化道路的自信和对环境保护的决心。

（二）环境生态工程相关概念

目前，人们越来越意识到保护人类生存环境的重要性，各级政府、机构及团体也在采取各种措施宣传环境生态保护和治理知识，提高大众的生态文明和可持续发展意识。因此，理解和区分环境生态工程相关基础概念具有必要性和重要意义。

环境科学（environmental science）属于跨学科领域专业，是一门研究环境的地理、物理、化学、生物四个方面的学科。它为人们研究环境系统提供了综合、定量和跨学科的方法。由于大多数环境问题涉及人类活动，因此经济、法律和社会科学知识往往也可用于环境科学研究。环境科学是一门研究人类社会发展活动与环境演化规律之间相互作用关系，寻求人类社会与环境协同演化、持续发展途径与方法的学科。

环境工程（environmental engineering）是环境科学的一个分支，是主要研究运用工程技术和有关学科的原理和方法，保护和合理利用自然资源，防治环境污染，以改善环境质量的学科。环境工程内容范围广泛，涉及化学、物理学、生物学、给排水工程、化学工程等多个学科。

生态工程（ecological engineering）是应用生态系统中物质循环原理、结构与功能协调原则，结合系统工程的最优化方法设计的分层多级利用物质的生产工艺系统。生态工程的目标就是在促进自然界良性循环的前提下，充分发挥资源的生产潜力，防治环境污染，从而实现经济效益与生态效益的最大化。

生物工程（bioengineering）是以生物学理论和技术为基础，结合化工、机械、电子计算机等现代工程技术，充分运用分子生物学的最新成就，自觉地操纵遗传物质，定向地改造生物或其功能，短期内创造出具有超远缘性状的新物种，再通过合适的生物反应器对这类“工程菌”或“工程细胞株”进行大规模的培养，以生产大量有用代谢产物或发挥它们独特生理功能的一门新兴技术。

环境生物工程（environmental bioengineering）是一门由环境工程与生物工程相结合形成的新兴交叉学科，其研究范围涉及面极广。广义上来说，凡自然环境中涉及环境控制的一切与生物工程有关的技术都可以归结为环境生物工程。南京大学程树培教授对环境生物工程下的定义是：直接或间接利用完整的生物体或生物体的某些组成部分或机能，建立降低或消除污染物产生的生产工艺，或者能够高效净化环境污染以及同时生产有用物质的人工技术系统。

环境生态工程（ecological engineering of environment）属于我国教育发展“十四五”规划的新工科范畴，是一门运用生态学原理、工程学手段来防治污染、保护环境、恢复生态的应用技术性新兴交叉学科，主要涉及环境学、生态学等方面的基本知识和技能。例如大气、水体、土壤等生态污染的防治，水土流失、土地荒漠化等生态环境问题的治理及修复。

二、环境生态工程的学科任务及关联学科

（一）环境生态工程的学科任务

环境生态工程既有别于研究防治环境污染和提高环境质量的环境工程，也有别于应用生态系统中物质循环原理并结合系统工程的最优化方法设计的分层多级利用物质的生产工艺系统的生态工程。根据国内外环境生态工程发展进程，在研究对象和内容的不同方向和层次上，环境生态工程的研究主要集中在区域和局域尺度上，本书将环境生态工程的学科任务归纳为以下五点。

1. 掌握生态环境演变规律及机制

理解和掌握不同系统生态环境演变规律和机制是对受污染环境进行有效生态修复的基础。环境生态工程将这一准则和研究领域作为重要的学科任务之一，一方面是因为不同生态系统的关键要素及要素之间的联系存在差异，探究不同生态系统对气候变化和人为影响下的生物与非生物要素的响应规律，是基于生态学原理对受损害生态系统或者局域环境进行修复的前提条件；另一方面以此作为判断修复方案是否科学、合理的依据，以便确定修复方法、目标和工艺。总体上，环境生态保护和修复对象从传统的单一自然要素向社会-生态多要素转变，研究尺度从局地生态系统健康改善向多尺度生态安全格局拓展，目标从生态系统功能优化趋向于人类生态福祉提升。只有按照生态系统的整体性、系统性及内在规律，统筹考虑自然生态和经济社会各要素，坚持自然恢复为主、人工修复为辅，进而从理念、规范、技术、功用、体制、机制、空间格局、文化等多个方面，系统提出生态保护修复的一揽子、整体性方案，才能做出真正符合自然规律的管理决策和修复措施，才真正符合环境生态工程进行环境保护、治理和修复的实质。

2. 生态环境质量监测

《中华人民共和国国民经济和社会发展第十四个五年规划和 2035 年远景目标纲要》明确指出，要持续改善环境质量，深入打好污染防治攻坚战，建立健全环境治理体系，推进精准、科学、依法、系统治污，协同推进减污降碳，不断改善空气、水环境质量，有效管控土壤污染风险。因此，生态环境质量改善进入了由量变到质变的关键时期，生态环境治理的复杂性、艰巨性更加凸显。随着科学技术与监测手段的提升和进步，应深入开展空气、水、土壤、海洋、污染源等监测工作，进一步完善基于监测数据的生态环境质量评价排名制度。以此作为环境质量目标责任考核的直接依据，建立环境质量预测预报、环境污染成因解析、环境风险预警评估等监测业务和技术体系，可为环境治理提供支持和引导。

3. 环境污染生态修复与治理

认识和掌握环境污染生态修复与治理原理和方法是环境生态工程重要的学科任务之一。在生态学原理指导下，以物理、化学、生物、环境、工程、信息、管理等学科为基础，有效改善、治理或修复受损害生态系统的结构和功能，是环境生态工程的重要价值体现。例如，对污染河段、流域或者湖库可进行水环境综合整治工作，以削减内源污染负荷为目标，因地制宜建设河道或湖库截污工程，开展污染底泥清淤，加强清淤底泥的无害化和资源化处理，并开展河道或湖库沿岸生态护坡和生产缓冲带建设等，可有效提高水体自净能力，最终实现低耗但高效的综合治理及修复。

4. 改进环境污染物检测技术

综合利用物理、化学或生物等现代科学技术方法对环境污染物进行准确的监测和测定，是对环境质量或污染程度进行有效评价的基础。为确保监测结果准确可靠、正确判断并能科学地反映实际，对污染物的监测要求满足代表性、完整性、可比性、准确性和精密性五大方面的条件。对于不同性质的污染物，既可以利用经典和常规方法进行检测，同样鼓励利用多种方法联合、交叉进行检测，比如将化学和生物监测法结合起来对污染物的环境水平和生物的受污染程度进行综合判断，以此利用或建立合理的环境生态工程手段对受污染环境进行有效治理或修复。

5. 环境生态评价、规划与管理

对生态环境的现状进行合理、客观的评价是环境保护工作的必要前提，对生态环境进行规划与管理是环境保护的重要举措。环境生态评价、规划与管理是密切联系、互相促进的关系，在环境生态工程研究和实践领域具有重要意义。生态环境评价方法是指为满足生态环境规划过程中的一系列目标的要求所采用的程序步骤和相应的技术方法，是一个宏观评价思想指导的、由生态评价方法及环境评价方法技术和程序（步骤）与手段等构成的方法系统。环境生态规划和管理是以可持续发展的理论为基础，在遵循生态规律和经济规律的前提下，运用生态经济学和系统工程的原理与方法对区域社会-经济-生态环境复合系统进行结构改善和功能强化的中、长期发展和运行的战略部署。

（二）环境生态工程的关联学科

作为一门新兴学科，环境生态工程涉及环境科学、环境工程、生态学、景观规划等多学科领域基础理论知识及各学科的交叉融合。因此，环境生态工程的知识内容与很多学科之间存在联系，本书仅对与环境生态工程关联较为紧密的几个学科进行介绍（图 1-1）。

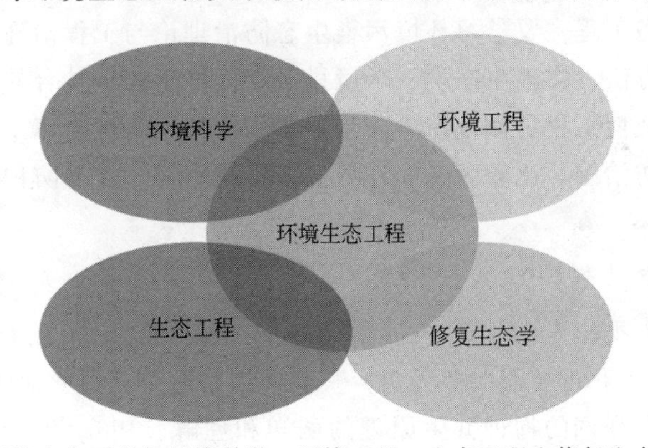

图 1-1 环境生态工程与环境科学、环境工程、生态工程和修复生态学的关系

1. 环境生态工程与环境科学

环境科学是在 20 世纪 50 年代环境问题日益严重后，产生和发展起来的一门综合性学科。“环境科学”一词最早提出于 1954 年，直到 20 世纪 60 年代才成为正式学科。1962 年，具有里程碑意义的生态学著作《寂静的春天》出版，使环境类话题成为热点。1972 年由联合国人类环境会议出版的《只有一个地球》是环境科学领域最早的一部绪论性著作。总体上，环境科学主要研究环境的地理、物理、化学、生物等方面的基本理论和知识，主要探索全球范围内环境演化的规律，揭示人类活动同自然生态之间的关系，探索环境变化对人类生

存的影响，研究区域环境污染综合防治的技术措施和管理措施，等等。例如，对水体、空气、土壤等进行监测，对大气、地表水、噪声等进行环境影响评价，对城市居住环境进行规划管理等。

从学科发展上看，环境生态工程的理论基础是环境科学和生态学，它由环境科学、生态学演变而来，但又不同于环境科学和生态学。例如，研究荒漠化形成的原因及荒漠化对人类的危害是环境科学，而采取植树种草、退耕还林和围栏封育等措施对受破坏的草原进行治理和修复则属于环境生态工程范畴。总之，环境科学侧重于理论研究和环境评价等方面，环境生态工程更侧重生态原理与工程学技术结合在环境治理和修复领域的应用。

2. 环境生态工程与环境工程

环境工程是在人类同环境污染作斗争、保护和改善生存环境的过程中形成的学科。自工业革命以来，随着科学技术和经济的迅速发展、城市人口的急剧增加，环境污染对自然环境的影响日益加重，人类的生活和健康也已超越卫生一词的含义，因此国际上将卫生工程改名为环境工程。我国的环境工程学科是于 20 世纪 70 年代中后期迅速发展起来的，1977 年清华大学在原有给水排水专业的基础上成立了我国第一个环境工程专业，标志着我国的环境工程专业开始了自己的发展历程。目前，环境工程学作为环境科学的一个分支，主要研究如何保护和合理利用自然资源，利用科学的手段解决日益严重的环境问题、改善环境质量、促进环境保护与社会发展。环境工程的主要内容包括大气污染防治工程、水污染防治工程、固体废物的处理和利用，以及噪声控制等。环境工程的目标很明确，即利用一系列科学原理净化或防治环境污染，其涉及方法多样，例如污水处理方法包括“曝气池法”“氧化塘法”“砂滤法”等。

环境生态工程是在环境工程和生态工程基础上，通过与其他学科交叉融合而形成的新兴专业和学科。环境生态工程主要学习环境污染生态防治理论与工程治理、环境污染监测与评价等基本知识和技术方法，突出生态学、环境科学与环境工程相结合的专业培养特色。在研究内容和成效方面，环境工程更侧重污染防治方法和措施，环境生态工程则更强调生态环境问题治理、生态污染防治等，比较著名的环境生态工程有“三北”防护林生态工程、退耕还林还草生态工程等。

3. 环境生态工程与生态工程

生态工程产生于人类祖先的生产、生活实践活动过程中。《吕氏春秋·孝行览·义赏》记载：“竭泽而渔，岂不获得？而明年无鱼；焚薮而田，岂不获得？而明年无兽。”可见人类早期对生态工程学中所强调的物种共生原理的认知和理解。1962 年，生态工程由 Odum 首次提出并定义为“为了控制生态系统，人类应用来自自然的能源作为辅助能对环境的控制”。现代生态工程学以 1989 年 Mitsch 和 Jorgensen《生态工程》专著的出版为标志，其中明确了生态工程的研究对象、基本原理及方法。随着生态工程学科的发展，其学科分类日益成熟，例如，山地生态工程、水体生态工程、湿地生态工程、农业生态工程、林业生态工程、城市生态工程，以及本书的环境生态工程等均属于生态工程学科分类的范围。

4. 环境生态工程与修复生态学

修复生态学是 20 世纪 80 年代迅速发展起来的现代应用生态学的一个分支，是我国的二级学科，主要涵盖污染生态学和恢复生态学的研究内容，旨在研究和解决环境污染和治理问题。修复生态学的主要研究内容包括：生态系统结构、功能及生态系统内在生态学过程与相互作用机制，生态系统稳定性、多样性、抗逆性、生产力、恢复力与可持续性，不同干扰条件下生态系统受损过程及其响应机制，生态系统退化机制、恢复及修复。

环境生态工程主要研究生态环境系统受到气候变化影响和人为干扰后系统内部各种生态关系的变化、产生的各种生态地质环境效应，以及生态治理与修复技术和对策。从研究对象和内容来看，环境生态工程更强调以生态学和环境科学与工程的理论为基础，解决系统整体层面国家和重点区域环境治理及生态修复的理论和实践难题。

在科学技术和经济持续发展、人类生活生产水平持续提高的背景下，在国家生态文明建设和环境可持续发展的重大需求下，环境生态工程作为新兴专业和学科，还将与其他许多学科进一步交叉融合，并为环境与生态保护、社会经济和生态环境的协调发展起到重要的推动作用。

第二节 环境生态工程研究内容及方法

一、环境生态工程研究内容

（一）环境工程研究内容

环境工程是针对人类现实生活中的环境现状，以提高环境质量和减少环境污染为目的的工程技术。它的研究内容中与人类生活较为接近的环境问题主要有三个方面，即大气污染防治工程、废水处理工程、固体废物的处理和利用。

1.大气污染防治工程

生产过程中有大量的污染性气体被释放到空气中，使空气中有害物质累积并增多。空气不仅为人们提供舒适的生活环境，也是人们生活和发展的重要资源，所以控制空气污染是十分必要的。大气污染物的传播媒介是空气，气体交换流动的过程会促进气体污染物的传播扩散，这也加大了大气污染防治的难度。针对大气污染的种种问题，首先应采用多种方式进行大气环境监测，从源头上控制大气中的污染物。空气污染的类型和空气污染物的类型在不同地区是不同的。为了能够更快地确定这些污染物的类型及实际影响，必须首先弄清本地区的实际情况，然后利用最新的空气监测设备开展空气质量监测工作。其次应该开发新能源，增加使用清洁能源的频率，加强对有限资源的回收利用。再次应该加强绿化造林工程，保证环境保护与经济发展之间的平衡，全面贯彻绿色发展理念。最后应着力完善污染控制设施，提高技术水平，提高污染控制措施的准确性。

2.废水处理工程

废水包括生活污水、医疗污水、工业废水以及农业废水。来自生活设施的排水，水质变化较规律，主要成分为纤维素、淀粉等有机物质。而医疗单位的污水较为特殊，含多种病原体，会引起肠道传染病。影响生活污水水质的主要因素有生活水平、生活习惯、卫生设备及气候条件。环境工程中多使用物理和化学方法对废水进行处理。

3.固体废物的处理和利用

固体废物是指在生产、生活和其他活动中产生，在一定时间和地点无法利用而被丢弃的污染环境的固态、半固态废弃物质，具有资源性，污染的特殊性，危害的潜在性、长期性、灾难性等特点。固体废物具有鲜明的时间和空间特征，是错误时间放在错误地点的资源，它既是各种污染的终态，又是各种污染的源头，其污染成分的迁移转化，如浸出液在土壤中的迁移，是一个非常缓慢的过程，其危害可能在数年甚至数十年后才能被发现。我们应该实行固体废物的“减量化”，即从源头上采取措施，最大限度地减少固体废物的产生与排放量，从而直接减少固体废物对环境的污染，减轻对人体的危害。环境工程的处理方法一般是用物理处理和化学处理的方法。物理处理主要是通过浓缩或者相变来改变固体废物的结构，使之成为便于运输、贮存、利用或处置的形态。物理处理方法主要有压实、破碎、分选、增稠、吸附、萃取等。压实主要通过压实机实现；破碎分为机械能破碎和非机械能破碎，机械能破碎通过破碎机械实现，非机械能破碎通过电能、热能实现；分选主要有筛选、重力分选、磁力分选等。化学处理是采用化学方法破坏固体废物中的有害成分从而达到无害化，或将其转变为适于进一步处理、处置的形态。化学处理方法有氧化、还原、中和、化学沉淀和化学溶出等。化学处理方法针对的主要是重金属污染，如将六价铬还原成三价铬，五价砷还原成三价砷，通过硫化钠将重金属转化为硫化物沉淀，从而消除重金属污染。

（二）生态工程研究内容

生态工程为了人类社会及其自然环境的利益，对人类社会及其自然环境加以综合的且能持续的生态系统设计，通过开发、设计、建立和维持新的生态系统，达到诸如水质改善、地面矿渣及废弃物的回收、海岸带保护等，以及生态恢复、生态更新、生物控制等环境改善的目的。它研究的领域在于自然-社会-经济复合生态系统，其任务是对这个复合生态系统进行设计和管理。生态工程通过对复合生态系统的管理，使投入的能量和物质最少，资源利用最合理，社会产品更丰富，风险最小而综合效益最高，达到对人类社会和自然环境双方都有利并能可持续发展的目的，以解决工业化过程带来的产业发展与资源消耗、人口增长与环境退化、社会发展与生态恶化的矛盾。同时，通过生态工程的设计手段，把矛盾的事物转化为相互协调、彼此促进，不断向良性方向发展的事物，使人类社会、经济生产和生态环境实现可持续发展。

（三）环境生态工程研究内容

环境生态工程是一门新兴学科，它融合了环境工程与生态工程的核心内容，又在此基础上被赋予了新的内涵。由传统的生态学部分进行过渡，环境生态工程是在生态学原理的指导下，为恢复受损生态系统对其进行重建和保护的生态工程。运用生态控制论原理促进资源的综合利用、环境的综合整治及人类社会的综合发展是环境生态工程的核心。

1. 水体污染治理工程

造成水体污染的主要原因是一些化工厂的废水未达标排放以及含磷洗衣粉的使用。工厂废水和含磷洗衣粉中含有大量无机盐离子和一些有机物，这会使水体富营养化，造成水中生物（比如鱼类）因缺氧而大量死亡，最终导致水体变质、变臭。水体环境的调节是一个正反馈调节，所以一旦发生就很难在短时间内解决。为此，环境生态工程不断发展创新科学技术，从源头上避免此类事件的发生。例如生物漂白技术的开发和利用，不仅能够在很大程度上减少黑液和废液的产生，而且能大幅降低生产成本。

2. 大气污染治理工程

现阶段我们使用的能源基本是不可再生能源，其中以煤、石油为主。这些燃料的大规模燃烧会产生大量的二氧化硫和二氧化氮气体从而导致酸雨和光化学污染。为了减少这些方面的污染，环境生态工程领域积极开发出了高硫煤微生物脱硫技术来减少煤的含硫量和灰分。此外，环境生态工程领域也在努力加快新能源的开发进程。清洁能源，如水能、太阳能、风能、地热能等的使用能够大幅减少环境污染，希望能够尽快发展出成熟的技术用清洁能源来代替现在的煤、石油。除了工厂燃烧能源带来的大气污染外，焚烧秸秆也会产生诸多有害气体，但是秸秆中含有大量生物质能，可以作为有用资源合理利用，所以环境生态工程也在积极普及一些基础的科学知识。

3. 生物污染治理工程

生物污染是指一些对人体和生物有害的微生物、寄生虫等病原体对水、大气、土壤造成污染，从而危害生物健康，或是一些外来物种被有意或无意地引入一个新的环境而对当地生态系统造成破坏的现象。主要分为动物污染、植物污染和微生物污染，具有预测难、潜伏期长、破坏性大的特点，难以治理。随着经济社会和交通设施的飞速发展，外来物种越来越容易进入新的生态环境，新环境中没有外来生物的天敌并且当地环境很适合它的生长时，就会导致该物种大量繁殖，对当地生态系统以及当地生物多样性造成危害，破坏当地生态系统的原有平衡。为此，环境生态工程领域应大力开发相关技术，加强相关管控。可以合理利用生物防控生物污染，例如利用敏感植物开展生物监测，反映水体、土壤、大气等的受污染程度，及时掌握环境污染数据和污染源情况，为制定具体环境保护策略提供重要技术参考。

4. 固体废物治理工程

相比环境工程的固体废物处理技术，环境生态工程的处理更无害、更低碳，常用的有生物处理、热处理及固化处理的方法。生物处理是利用微生物分解固体废物中可降解的有机物，从而达到无害化或综合利用的目的。生物处理方法主要有好氧堆肥、厌氧发酵和兼性厌氧处理。其中，好氧堆肥工艺有露天条垛式堆肥法、静态强制通风堆肥法和动态密闭型堆肥法，最简单的是条垛式堆肥，最复杂的是动态密闭型堆肥。热处理是通过高温来破坏和改变固体废物的组成和结构，同时达到减容、无害化或综合利用的目的。热处理方法主要有焚烧、热解、湿式氧化等。在工业化生产中，焚烧采用得比较多。固化处理是采用固化基材如水泥将废物固定或包埋起来以降低其对环境的危害，以便能较安全地运输和处置废物的一种处理过程。固化处理的对象主要是有害废物和放射性废物。

二、环境生态工程研究方法

（一）环境生态工程的技术特点

1. 实现可再生资源的持续利用

合理利用环境中的可再生资源，实现资源的再生增值与可持续利用。目前，可再生资源利用的发展步伐虽然逐年加快，但资源化利用特别是商品化利用仍处于起步阶段，且产业链较短，比较效益有待进一步提高，循环利用布局、结构有待进一步优化，而环境生态工程很大程度上加快了利用可再生资源的速度，更环保、更低碳，在利用资源的过程中，同样保证了环境污染的最小化。

2.因时、因地制宜采取多种技术措施

环境生态工程的地域性、时间性与多样性决定了其技术的相对特性，其工程模式与相应的配套技术必须与当地、当时生态经济条件相适应。单一的措施往往难以高效地处理污染问题，根据具体的情况、针对具体的问题，有针对性地运用多种技术，将技术合理搭配，才能创造“1＋1＞2”的功效。利用当地自然条件的优势，合理利用各种技术，把要发展的技术生产部门或者植物布局在最适宜它本身发展或生长的地方。地形平坦、土壤肥沃、水源丰富的地方适合发展耕作业。例如长江三角洲、珠江三角洲、三大平原区等地区，这些地方地形、土壤、水源、气候条件相对来说都比较优越。地形陡峭、水土容易流失的地方适合发展林业，既增加收入，又可保持水土，发挥森林的环境效益。气候干旱、降水稀少，但牧草生长良好的地方，适合发展畜牧业。河湖较多、水资源充足的地方适合发展渔业。“宜林则林”“宜粮则粮”“宜牧则牧”“宜渔则渔”这是“因地制宜”发展农业的四大原则，违背这些原则，不合理利用土地或利用过度都将遭到大自然的报复。

3.自然调节与人工调节相结合

自然调节的作用和人工调节的功能都不容小觑，两者相辅相成、相得益彰。环境生态工程技术需将两者有机结合，这里人工调节对自然调节起补充、调整和增强的作用，而社会经济调节则是更大范围的人工调控。对于环境生态工程的发展，既需要宏观角度的合理的社会经济调节与管理，也需要立足于微观的生产者的直接调控。

（二）环境生态工程的相关技术

1.无废（或少废）工艺系统

无废技术是为满足人们的需要而合理地利用自然资源和能源，并保护环境的技术与措施。包括无废产品的规划、设计与生产和生产工艺改造，用低害或无害原料代替有毒有害原料，采用高效少废设备，综合利用原料与废料，采用封闭循环技术，建立封闭生产圈，使生产废渣达到零排放等，其主要用于内环境治理，实现物尽其用、资源套用，是改善环境的需要，也是经济建设的需要。采取无废技术可以把污染消灭在生产过程中，达到保护环境、造福人类的目的。

我国实施的无废技术主要包括三个方面。一是对不同工厂各种生产工艺进行科学、合理的设置，形成闭合工艺。比如，把硫酸厂与造纸厂组成工艺圈，硫酸厂产生的二氧化硫经氨水吸收后制得亚硫酸氢铵，可给造纸厂制浆。二是发展无污染的生产工艺。例如，过去氯碱工业常用到汞触媒电解法，但是会导致汞污染。现在有些工厂已改为采用离子交换膜隔膜电解法，从而杜绝了汞污染，也提高了工效。三是用少水工艺、无水工艺代替用水工艺。例如，印染行业的“转移印花”工艺是一种不需用水的工艺，这样就消除了印染废水对环境的污染。

2.分层多级利用废料生态工程

分层多级利用废料生态工程是使生态系统中的每一级生产过程中的废物变为另一级生产过程的原料，使废料均被充分利用，实现能量和物质的分层多级利用，由此提高能量和物质的利用率。近年来，我国种植业正在向省工、高效的方向转变，在此过程中，绝大多数农产品废弃物并没有作为资源加以利用，而是随意丢弃或排放到环境中，使得资源变成污染源，危害生态环境。未来我们应该从植物的主要组成及结构入手，采用原料“组分分离”“分层多级利用”“生物量全利用”等新概念，将生物废弃物当成多级资源，通过生物技术的转化使其在生态农业、清洁能源等方面发挥作用，生产出沼气、木质素、纤维素等产品，形成别具特色的天然生物类废弃物循环经济产业。

3.复合生态系统内的废物循环

我国长江三角洲、珠江三角洲一带的水乡实行“桑基鱼塘”这种水陆物质和能量交换的生态工程（图 1-2），在这个生态系统中物质和能量的流动是相互联系的，能量多级利用，物质循环利用，巧妙利用很难利用的湿地，发展多种经营，符合“无废农业”的要求。云南省的稻田养鱼策略（图 1-3），增加了农民的收入，除了可以为市场提供淡水鱼外，种植的水稻还可为鱼类遮阴和提供有机物质，鱼类又可以吞食害虫，有利于养分循环，达到粮食增产的目的。

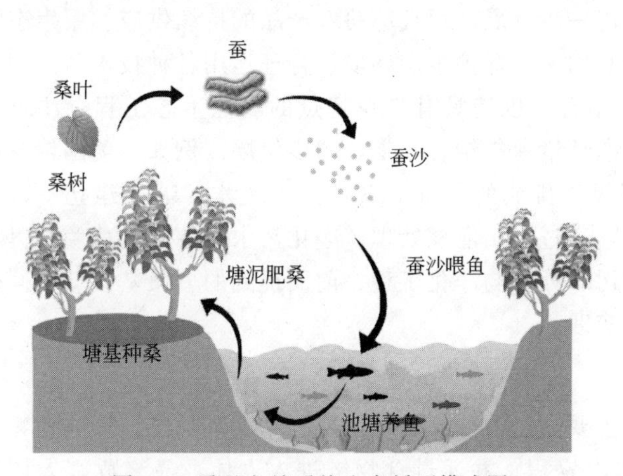

图 1-2 桑基鱼塘系统生态循环模式图

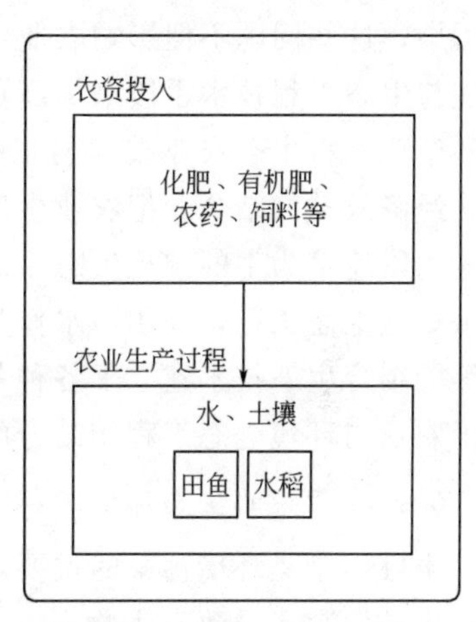

图 1-3 稻田养殖示意图

4.污水自净与利用生态系统

利用生物与微生物进行污水的生物生态处理、湖泊和海湾的富营养化防治都体现出了环境生态工程在环境保护中的应用。我国环境生态工程的应用是从整体出发，研究特定生态系统的内部结构与功能并加以优化，提高生态系统的自净能力与环境容量。人为排放含营养物质的工业废水、生活污水及农业污水，易引起水体富营养化，导致浮游藻类大量繁殖，形成水华。环境生态工程是治理水体富营养化的有效途径，可利用环境生态工程技术，建立由初级生产者（藻类、高等水生植物）、消费者（食草动物、杂食性动物）和分解者（微生物）组成的水生生态系统，既能防治水体富营养化，又能提供足够的生物产量。

（1）植物修复 利用植物忍耐和超量累积某种或某些化学元素的特性，或利用植物及其根系微生物与环境之间的相互作用，对污染物进行吸附、吸收、转移、降解、挥发，将有毒有害的污染物转化为无毒无害物质，最终使土壤功能得到恢复。植物修复技术因具有安全、成本低、就地处理、土壤免遭扰动、生态协调及环境美化功能等特点而被广泛使用。

（2）动物修复 利用土壤中的动物吸收和累积有毒有害污染物，可在一定程度上降低土壤中污染物的比例，达到修复和治理污染土壤的目的。例如蚯蚓对铅有较强的富集作用，且随着铅浓度的增加，蚯蚓体内的铅富集量也增加，不同铅浓度梯度下单位质量蚯蚓培养期内吸收铅量表现出极显著性差异。

(3) 微生物修复　利用某些微生物对土壤中有毒有害污染物的吸收、沉淀、氧化、还原和降解等作用，降低或消除土壤中污染物的毒性。

5. 城乡（农、林、牧、副、渔）结合环境生态工程

农林牧渔复合生态系统是指在同一土地管理单元之上，人为地把多年生木本植物与其他栽培植物（如农作物、药用植物、经济植物等）和动物，在空间上或按一定时序安排在一起而进行管理的资源利用和经营系统的综合。在该复合生态系统中，不同组分间应具有生态学和经济学上的联系，符合生态工程的特征，所以也可称之为农林牧渔复合生态工程。

在一定区域内，应用不同生态工程分层多级利用废料实现多种效益的良好协调统一。针对农业而言，随着农业生产的机械化、化学化，农业劳动生产率、农畜产品产量大幅度提高，但这种生产方法带来许多不可避免的负面影响，种植与饲养的动植物品种单一化加重了病虫害和杂草的发生与蔓延，大量人工合成的化学物质的投入造成土壤、水体和农产品的严重污染，这些问题不但影响农业生产的进一步发展，而且威胁农产品的持续供应。用生态学原理与生态工程技术手段来提高资源的利用率，保护生态环境，合理运用各种技术防治病虫害和杂草，将生态农业技术与工程技术结合，创造具有自身特点的农业生态工程，注重生态、经济效益的结合，把农业生产与生态环境保护结合起来，同步发展。例如，美国俄亥俄州应用以蒲草为主的湿地生态系统处理煤矿排放的含有 FeS 的酸性废水；瑞典建立了若干污水处理生态工程，利用污水作为肥料，通过农田灌溉处理、净化污水；德国、荷兰、奥地利等国结合生态技术建立了各种各样的污水处理与净化工程；前面提到的“桑基鱼塘”同样属于农业与环境生态工程相结合的具体实践。

6. 土壤污染的生态环境工程

土壤污染是环境污染的重要环节，主要通过改变土壤的组成、结构和功能，影响植物的正常生长发育，导致有害物质在植物体内累积，并通过食物链进入人体，最终危害人体健康。土壤污染防治主要针对一些未被开发的土地，或是土地整理效率较低并且受到污染的土地。在土壤污染防治的过程中，应当注重设定目标的多样性以及整治工作开展的综合性。土壤污染的防治主要指的是对规划区内的土地展开土壤污染治理的环境生态工程。土壤污染治理同样可以采用动物修复、植物修复和微生物修复方法。

第三节　环境生态工程研究进展

一、国外环境生态工程的研究进展

由于环境生态工程是一门新兴学科，国外还未出现相关的具体概念。不过，国外生态工程概念涵盖了环境生态工程的大部分内容。因此，这里主要介绍国外生态工程研究进展。生态工程的理念最早是由美国生态学家 H. T. 奥德姆（H. T. Odum）提出来的。他将其定义为：“借助生态系统，人类利用自然能源作为辅助能对环境进行控制的过程。”自此，生态工程开始处于蓬勃发展阶段。20 世纪 80 年代，美国 Mitsch 等重新作了定义：“为了人类社会和自然环境两方面利益而对人类社会和自然环境的设计。”1993 年，美国国会将生态工程定义为：“为了人类社会及其自然环境的利益，而对人类社会及其自然环境加以综合的且能持

续的生态系统设计。”

生态工程是人类设计者和被设计系统通过自然选择反馈输入的产物。这种设计使生态工程成为一种独特的工程，生态工程学则是一种新型的应用生态学。国外关于环境生态工程已有较多的研究和应用。Odum 设想了一种可持续的系统设计方法，在这种方法中，人类的干预是对自然的补充。他还建议生态工程学者扩大对环境系统和生态学的了解。Odum 先后在得克萨斯州、佛罗里达州等地率先开展试验，推动生态学理论的实验和应用。Mitsch 和 Jørgensen 也提出了具体的生态设计原则：①基于生态系统的自我设计能力；②可能是对生态学理论的严峻考验；③依赖于系统方法；④节约不可再生能源；⑤支持生物保护。而 Gattie 则建议将这些设计原则作为指导原则，用于工程学科发展和成熟的生态工程。他还提出了发展传统工程学科的四个基本社会动机，并得出结论：生态工程应遵循传统工程学科先例，重点建立严格的生态工程科学基础，以便在可预测和环境安全的生态技术系统的设计和管理方面与社会接轨。

受到 1972 年美国通过的《清洁水法》的重要影响，在 20 世纪 70 年代，用于废水处理的人工湿地工程被广泛研究。美国学者对 Tinicum 沼泽的生态进行了多项研究，发现沼泽具有改善水质的能力。德国 Kather Seidel 教授使用湿地植物处理各种废水。Odum 将污水作为污染物进行处理，并测试了生活污水对北卡罗来纳州莫尔黑德市河口生态系统的影响。Larry Coffman 于 20 世纪 80 年代后期开发了生物滞留最佳管理措施（BMPs）以治理雨水冲刷带来的环境污染。这些研究以动植物修复为主。到了 1998 年，Lawler 将研究深入到了微生态系统或微观世界。Alexander 认为微生物代谢可以克服难降解化合物生物降解的障碍。国外学者主要通过研究生态系统组分与机制，运用生态学和工程学的原理来保护环境。德国建立了以芦苇为主的利用湿地处理废水的生态工程；美国利用生态工程去除重金属，在马萨诸塞州的沿海沼泽及盐滩上利用生态工程处理地表径流，以防止海洋富营养化；瑞典利用室内水生生物的生态工程净化校园生活污水。20 世纪 90 年代美国提出了环保“4R”原则，即废弃物的减量化（Reduction）、回收（Recovery）、再利用（Reuse）和再循环（Recycle），用以指导解决当时的环境问题。

21 世纪以来，生态工程在其发展过程中，研究的理论和方法不断创新。其他学科新技术的引入极大地拓展了生态工程应用的领域。随着计算机技术的高速发展，生态学模型也得到了快速发展。数学模型是生态学和进化生物学理论与应用研究的重要工具。生态模拟是将一个系统和相应的环境分为许多子系统，分别对每个子系统建立模型（如迁入-迁出模型、种群增长模型等），再加以组合，然后把建立的系统模型输入计算机，用计算机进行模拟处理。Michael Trepel 等开发了基于地理信息系统（GIS）的泥炭地信息系统，并利用该系统和湿地模型来确定湿地的位置和效果。环境生态工程作为一门应用技术，也离不开管理。Mitsch 比较了美国和中国的生态工程，发现了一些与文化相关的方法差异，强调了生态工程中设计与管理的重要性。他还总结出自我设计、整体思维、清洁能源利用和生态系统保护等是生态工程的核心原则。Scott 也提出了生态工程的设计原则：①遵循生态学原理；②因地制宜进行设计；③保持设计功能的独立性；④能量和信息高效的设计；⑤认同促成设计的目的和价值。Tamagnone 等提出了一种综合方法，涉及 GIS 工具、水力数值模型和景观测量，并用其评估河流生态工程对意大利西北部奥科河河段的影响。当前，欧洲、北美和大洋洲国家在生态恢复工程实践方面走在前列，涉及森林、草原、河流生态恢复和废弃矿地修复等，如欧洲的矿山废弃地生态恢复，北美国家的水体和林地生态恢复，新西兰和澳大利亚的草原生态恢复等生态工程技术和管理处于领先水平。

二、我国环境生态工程的研究进展

随着我国经济发展和生态环境之间的矛盾日益突出，环境工程中常用的污染末端治理方法的局限性逐渐显露。因此，利用生态学和环境学的原理与方法，借助工程和技术手段来解决环境和生态问题的思想越来越受到国家的重视。与主要强调自然生态恢复为主的发达国家的生态工程理论不同，我国生态工程强调人工生态建设，追求经济效益和生态效益的统一，这是发展中国家可持续建设方法论的基础。我国著名生态学家马世骏先生在 1979 年首先倡导生态工程，他将其定义为：生态工程是应用生态系统中物种共生和物质循环再生的原理，结合系统工程的最优化方法设计的分层多级利用物质的生产工艺系统。随后，王如松院士又将其拓展为开拓适应、竞争共生、连锁反馈、乘补协同、循环再生、多样性主导性、功能发育以及最小风险等八项设计原则。尽管有关研究起步较晚，但随着我国环境保护的需求加大，环境生态工程也在迅猛发展，在实际应用中取得了显著成效。我国对生态系统的发展与生态工程的建设提出了“整体、协调、循环、再生”的原则，在生态工艺与技术方面提出了“加环”（生产环、增益环、减耗环、复合环和加工环）概念。从目前我国环境生态工程建设的内容来看，环境生态工程可以分为 5 种类型：①无废（或少废）工艺系统；②分层多级利用废料生态工程；③复合生态系统内的废物循环和再生系统；④污水自净与利用生态系统；⑤城乡（农、林、牧、副、渔）结合环境生态工程。

生态农业是一种经济、高效的农业生态工程技术。“天人合一”是当代生态学的哲学源头，体现了人与自然和谐共处的理念。基于物质良性循环核心技术的“桑基鱼塘”，是我国东南部水网地区人民在水土资源利用方面创造的一种传统复合型农业生产模式，至今已有 2500 余年的历史。此外，随着“秸秆还田”等生态农业模式和环境生态工程的建立，形成了农业环境的改善与生态系统良好循环的格局。

环境生态工程是治理水体富营养化的有效途径。如投放食藻鱼类控制藻类水华，利用大型水生植物化感作用控制藻类水华，利用植物与根区微生物的协同作用净化水质。近年来有研究表明，对富营养化的湖泊进行环境生态工程治理后，水质明显改善，生物多样性增加。植物修复工程技术通过对污染物吸附、转移、降解和挥发等作用，将有害的污染物转化为无害物质，在水污染、土壤污染和大气污染治理中同样发挥着重要作用。最近，有学者基于近 30 年来对小江流域山地灾害治理的研究，总结了典型生态工程技术的管理成果，分析了每种治理方法的原理和应用。结果表明，已建立的生态工程技术在防治山体灾害引起的强烈重力侵蚀方面发挥了重要作用。1998 年 11 月，国务院发布了《全国生态环境建设规划》，提出开展一系列环境生态工程建设，如退耕还林工程、三江源生态保护和建设工程、京津风沙源综合治理工程等，以扭转生态环境恶化的势头。环境生态工程实施 20 年后评估发现，生态恢复程度中等、较高和高的区域面积分别占全国国土面积的 24.1%、11.9%和 1.7%，且生态工程实施数量越多的地区，生态恢复程度越高。

特别是自党的十八大以来，在习近平生态文明思想指引下，我国通过实施一系列生态保护修复政策和重大工程，生态保护修复取得历史性成就。沙化土地面积年均缩减 1980 平方千米，实现了由“沙进人退”到“人进沙退”的历史性转变。全国地表水国控断面Ⅰ～Ⅲ类水体比例大幅增加，大江大河干流水质稳步改善。2020 年，为规范和指导各地山水林田湖草生态保护修复工程实施，自然资源部、财政部、生态环境部联合印发《山水林田湖草生态保护修复工程指南（试行）》。随后，又启动了相关生态保护修复工程的方案编制、验收评估等规范文件研究工作。

2017 年 2 月以来，教育部积极推进新工科建设。新工科是全球科技革命和产业革命、新经济背景下工程教育改革的重大战略选择，代表了今后我国工程教育发展的新思维、新方式。随着新科技革命以及产业革命等方面的综合发展，近年来虚拟化技术脱颖而出，这对于环境生态工程技术的展示和提升起到了积极作用。例如，为推广浙江杭州西溪国家湿地公园（西溪湿地）的环境生态保护经验，同时解决自然地理和生态学等相关专业野外实践教学中存在的时空限制问题，在杭州师范大学及湿地管理单位支持下，我们设计开发了以我国首个国家湿地公园为素材和案例的“城市湿地生态地理系统演替虚拟仿真实验项目”。本项目将“自主探究式”“人机交互式”“虚实结合式”的协同教学方法应用于城市湿地生态地理系统演替虚拟仿真实验。通过本项目的虚拟实验操作，学生可以探究城市湿地生态地理系统演替的影响因素、服务功能恢复、钱塘江引水工程效应等内容，培养分析和解决地理空间尺度巨大、变迁复杂的环境生态问题的思维方式和综合能力。

二维码 1-1 虚拟仿真实验项目——项目简介

二维码 1-2 虚拟仿真实验项目——项目引导

尽管环境生态工程理论和技术已经取得了很大的发展，但是目前仍面临一些困难与不足，主要包括：①范围不断扩展，研究深度及力度不足；②缺乏全局性的模型；③缺乏统一的评价标准和方法；④对人类行为的调控较少。环境生态工程研究正进入新发展阶段，从理论研究、实践探索到决策管理，应更加注重工程实际问题的解决，需要充分利用成熟技术和管理手段，实现工程综合效益最大化。

思考题

1. 名词解释

环境科学、环境工程、生态工程、环境生态工程、植物修复、微生物修复

2. 环境生态工程与环境工程的区别是什么？举例说明。

3. 环境生态工程的内容主要包括哪些？

4. 进行环境生态工程研究的基本方法有哪些？

5. 试述微生物修复的优缺点，举例说明其在水污染治理中的应用。

6. 试述国内环境生态工程的发展前景。

参考文献

[1] 崔文超，焦雯珺，闵庆文，等. 基于碳足迹的传统农业系统环境影响评价：以青田稻鱼共生系统为例 [J]. 生态学报，2020，40（13）：4362-4370.

[2] 李永洁，王鹏，肖荣波. 国土空间生态修复国际经验借鉴与广东省实施路径 [J]. 生态学报，2021，41（19）：7637-7647.

[3] 邵全琴，刘树超，宁佳，等.2000—2019 年中国重大生态工程生态效益遥感评估 [J]. 地理学报，2022，77 (9)：2133-2153.

[4] 王夏晖，王金南，王波，等.生态工程：回顾与展望 [J]. 工程管理科技前沿，2022，41 (4)：1-8.

[5] 吴怀民，金勤生，殷益明，等.浙江湖州桑基鱼塘系统的成因与特征 [J]. 蚕业科学，2018，44 (6)：947-951.

[6] 杨京平.环境生态工程 [M]. 北京：中国环境科学出版社，2011.

[7] 张全国，雷廷宙.农业废弃物气化技术 [M]. 北京：化学工业出版社，2006.

[8] 朱晨.生态环境工程领域的进步与发展 [J]. 环境与发展，2018，30 (1)：232，236.

[9] He S，Wang D，Fang Y，et al. Guidelines for integrating ecological and biological engineering technologies for control of severe erosion in mountainous areas-A case study of the Xiaojiang River Basin，China [J]. International Soil and Water Conservation Research，2017，5 (4)：335-344.

[10] Tamagnone P，Comino E，Rosso M. Landscape metrics integrated in hydraulic modeling for river restoration planning [J]. Environmental Modeling & Assessment，2020，25：173-185.

[11] Trepel M. Evaluation of the implementation of a goal-oriented peatland rehabilitation plan [J]. Ecological Engineering，2007，30 (2)：167-175.

第二章
环境生态工程与环境问题及可持续发展

全球环境问题不仅体现于气候变化、生物多样性减少，也明显体现在土壤、水体和大气污染等重要方面。通过环境生态工程的方法和技术有效解决环境问题，是实现人与自然和谐共生、人类社会可持续发展的重要途径。本章主要围绕环境问题、环境生态工程、可持续发展展开：第一节环境问题与环境生态工程介绍了全球环境问题与环境生态工程的原理和设计；第二节环境生态工程与可持续发展介绍了可持续发展、生态文明建设、环境生态工程与可持续发展的关系。本章内容从环境问题切入，引出环境生态工程的原理、设计理念和设计原则，最终回归新时代生态文明建设主旨。

第一节　环境问题与环境生态工程

一、全球环境问题

全球环境问题，也称国际环境问题或者地球环境问题，指超越主权国国界和管辖范围的全球性的环境污染和生态平衡破坏问题。其含义为：第一，有些环境问题在地球上普遍存在，不同国家和地区的环境问题在性质上具有普遍性和共同性，如气候变化、臭氧层破坏、水资源短缺、生物多样性锐减等；第二，虽然是某些国家和地区的环境问题，但其影响和危害具有跨国、跨地区的结果，如酸雨、海洋污染、有毒化学品和危险废物越境转移等。

当今世界正面临着诸多环境问题，本节就以下五大主要问题进行论述。

（一）全球气候变暖

全球气候变暖是一种和自然有关的现象，是由于温室效应不断累积，导致地-气系统吸收与发射的能量不平衡，能量不断在地-气系统累积，从而导致温度上升，造成全球气候变暖。导致全球变暖的主要原因是人类在近一个世纪以来大量使用矿物燃料（如煤、石油等）、砍伐并焚烧森林，排放出大量的 CO_2 等多种温室气体。大气中主要的温室气体有二氧化碳（CO_2）、甲烷（CH_4）、一氧化二氮（N_2O）、臭氧（O_3）和氟利昂类物质（CFCs）等。这些温室气体对来自太阳辐射的可见光具有高度透过性，而对地球发射出来的长波辐射具有高度吸收性，能强烈吸收地面辐射中的红外线，导致地球温度上升，即温室效应。随着世界人口增加和人类生产规模的不断扩大，温室效应愈加严重。2022 年 8 月 3 日，中国气象局召开新闻发布会，正式发布《中国气候变化蓝皮书（2022）》（以下简称《蓝皮书》）。《蓝皮书》以及气候系统的综合观测和多项关键指标显示，全球变暖趋势仍在持续，2021 年中国地表平均气温、沿海海平面、多年冻土活动层厚度等多项气候变化指标打破观测纪录。

2020 年，全球平均温度较工业化前水平（1850—1900 年平均值）高出 1.2℃，是有完整气象观测记录以来的三个最暖年份之一；2011—2020 年，是 1850 年以来最暖的十年；2020 年，亚洲陆地表面平均气温比常年值偏高 1.06℃，是 20 世纪初以来的最暖年份。

全球变暖已经给人类带来了许多危害，全球变暖破坏自然生态系统的平衡，致使自然灾害变多，如极端天气气候事件（厄尔尼诺、干旱、洪涝、雷暴、冰雹等），威胁人类的生存。全球变暖致使两极冰川融化，引起海平面上升，不仅危及沿海的城市或者岛屿，而且对两极生物的生存也造成巨大的威胁。

（二）生物多样性减少

生物多样性即地球上所有生物及其生境和组成部分构成的综合体的丰富程度，包括物种多样性、遗传多样性和生态系统多样性，其中生态系统多样性最重要，它是物种多样性和遗传多样性的保障。

目前，生物多样性的锐减已经危及人类生存和发展。地球上生物产生 30 多亿年以来，由于自然原因出现过五次生物多样性危机，其中最高峰出现在人类产生的新生代后期。人口激增、过度消费、工业化和城市化对生态的破坏，引起生物多样性以空前速度减少，野生动物数量急剧下降。据科学测算，目前物种多样性的衰退比自然界本身的速度快了 1000～10000 倍。在最近 300 年中，全球的森林面积大约减少了一半，北美洲 200 年前 150 万平方千米的大草原现在只剩下不到 1%。2020 年 9 月，联合国秘书长古特雷斯在生物多样性峰会上表示，由于过度捕捞、破坏性做法和气候变化，世界上 60%以上的珊瑚礁濒临灭绝。世界自然基金会发布的《地球生命力报告 2020》显示，从 1970 年到 2016 年期间，监测到的哺乳类、鸟类、两栖类、爬行类和鱼类种群规模平均下降了 68%。

生物多样性减少既有自然原因又有人为原因，但就目前而言，人类活动是造成生物多样性减少的主要原因。主要集中在以下五个方面：①土地和海洋利用的变化，改变了生物的栖息环境，包括引起栖息地的丧失和退化；②物种过度开发，大肆砍伐树木，捕杀野生动物；③外来物种入侵或疾病侵扰，包括外来物种与本地物种抢夺资源，或传播在该环境中不存在的疾病等；④土壤、水、空气污染会干扰生物的正常生存，例如石油泄漏，影响物种食物供应或繁殖性能，也可以随着时间推移减少种群数量；⑤气候变化破坏自然生态系统的平衡，进而对物种生存、繁殖、迁徙等产生影响。

（三）土地荒漠化

《联合国防治荒漠化公约》将荒漠化定义为“因气候变化和人类活动等各种因素造成的干旱、半干旱和亚湿润干旱地区的土地退化”。荒漠化是全球性的重大生态问题，也是影响社会经济发展的重要因素。今天出现的荒漠化，大多与人类对自然资源不合理的开发利用有关，再加上气候变化通过改变温度、降雨量和风的时空模式，加速了荒漠化的进程。据联合国统计，全球 26 亿人直接依赖于农业，荒漠化已经影响到世界四分之一的土地表面，10%～20%的旱地已经退化，而用于农业的 52%的土地受中度或重度的退化影响，由于干旱和荒漠化，全球每年失去 1200 万公顷的土地，面对气候变化和人口增长，这一数字可能会大幅增长。这将造成生物多样性和全球生物量丧失、提高地表反射率进而影响全球气候，破坏生态系统，对人类的生存和发展构成严重威胁。

(四) 大气污染

世界卫生组织（WHO）规定，大气污染的定义是：室外的大气中若存在人为造成的污染物，其含量与浓度及持续时间可引起多数居民的不适感，在很大范围内危害公共卫生，并使人类、动植物生活处于受妨碍的状态。按污染物形成过程可分为一次污染物和二次污染物。所谓一次污染物，是指直接从污染源排放的污染物，如一氧化碳、二氧化硫等。二次污染物则是指由一次污染物经化学反应或光化学反应形成的污染物，如臭氧、硫酸盐、硝酸盐、有机颗粒物等。

由于大气的流动性和整体性，大气污染往往带有全局性的特征，由这些污染物造成的全球性的酸雨、温室效应、臭氧层的破坏等已成为世界各国特别关注的三大问题。全球性的大气污染将直接损害地球生命支持系统，同样给人类生存和发展造成巨大的威胁。在工业革命期间，大量使用煤炭引起了许多严重的城市空气污染事件。1952 年“伦敦烟雾事件”就是一个典型案例，居民燃煤、发电用煤以及工业污染与天气现象相互作用，使浓厚的烟雾笼罩在伦敦上空，导致交通瘫痪，居民健康受到危害，发病率和死亡率急剧增加。据统计，因这场烟雾丧生的多达 4000 人，此次事件成为 20 世纪十大环境公害事件之一。

造成空气污染的来源很广泛，既有自然的，也有人为的。自然来源包括火山爆发、海浪、土壤尘埃、自然火灾和闪电；较常见的人为来源包括燃烧发电、交通、工业、住宅供暖、农业、溶剂使用、石油生产、废弃物燃烧和建筑施工。虽然自然现象也会造成空气污染，但人类活动使得这种污染加剧。

(五) 水污染

水资源和水污染问题是人类目前面临的一项重大挑战。淡水资源不足严重制约人类的可持续发展，全世界的淡水资源仅占总水量的 2.5%，其中 70%以上被冻结在南极和北极的冰川中，加上难以利用的高山冰川和永冻积雪，有 86%的淡水资源难以利用。人类真正能够利用的淡水资源是江河湖泊和地下水中的一部分，仅占地球总水量的 0.26%。联合国预计，到 2025 年世界缺水人口将超过 25 亿。

在水资源短缺的同时，人类生产、生活中产生的大量污水不合理排放，农业生产中化肥和农药大量使用，使得部分水体污染严重。水污染不仅加剧了灌溉可用水资源的短缺，成为粮食生产用水的一个重要制约因素，而且直接影响到饮水安全、粮食生产和农作物安全，造成巨大经济损失。

我国水资源总量居世界第 4 位，但人均水资源占有量不足世界平均水平的 1/3，近 2/3 城市存在不同程度的缺水。近年来，随着工业化、城镇化快速推进和全球气候变化影响加剧，水资源短缺、水生态损害、水环境污染问题日益突出，部分地区已出现水危机，直接影响着居民的饮水安全。解决水资源短缺以及治理水污染已经成为目前迫切需要解决的问题。

二、环境生态工程原理和设计

(一) 环境生态工程基本原理

生态系统是生态学研究的基本单位，也是环境生态工程研究中重点关注的对象。生态系统是指生物群落与生存环境之间，以及生物群落内生物之间密切联系、相互作用，通过物质交换、能量转化和信息传递形成的，占据一定空间、具有一定结构、执行一定功能的动态平衡体。环境生态工程是一门交叉学科，其基本原理是综合考虑所涉及的各个学科，最终以较低的代价解决因人类生产生活而造成的环境污染问题，促进环境资源在人类社会系统内部的循环利用，同时提高生产效率和效益。因此，环境生态工程需要遵循多学科基本原理。

1. 生态位原理

生态系统是有层次的，宏观上的层次结构包括横向层次和纵向层次。横向层次有着系统的水平分异特性，是指同一水平上的不同组成部分；纵向层次有着系统的垂直分异特性，是指不同水平上的组成部分。

生态位是生态学当中的一个重要概念，指的是物种在生物群落或生态系统中的地位和角色。某种特定的生物只能生活在特定的环境条件范围内，并利用特定的资源。生态位理论阐明：第一，在同一生境中的群落或人工复合群体中，不存在两个生态位完全相同的物种，否则必然引起激烈竞争甚至导致某一方的死亡；第二，在同一生境中能够生存的相似的物种，其相似性是有限的，它们必然要有某种空间、时间、营养结构和年龄生态位的分离；第三，为了减少、缓和竞争，在同一小生境中同时存在两个或两个以上物种时，应尽量选择在生态位上有差异的类型。每一种生物都有理想的生态位和实际生态位，在实际应用时，以环境生态位原理为理论基础，根据不同生物的生态位特点，就可以选择在不同的环境中引入不同的物种，以实现生态位的合理利用，并填充空白生态位，从而形成物种丰富且稳定的生态系统。

2. 食物链原理

生态系统中的各种生物通过捕食关系构成食物链，食物链交错连接形成食物网，构成生态系统的营养结构。生态系统中的能量流动是单向传递、逐级递减的，“林德曼定律”指出，在一个生态系统中，从绿色植物开始的能量流动过程中，后一营养级获得的能量约为前一营养级能量的10％，其余90％的能量因呼吸作用或分解作用而以热能的形式散失，还有小部分未被利用。要减少能量在食物链各营养级传递过程中的损耗，应该尽量缩短食物链，但缩短食物链不利于生态系统的稳定，所以根据生态系统的食物链原理，可通过加环与利用相应的生物进行转化，来提高能量的利用率。例如，在水塘里种植水草，水里养草鱼、鲤鱼，这些鱼类都是草食动物，可以吃水草，鱼的产量比较高；再如，养猪可以积攒农家肥用于农作物，促进农作物优质高效生产。

3. 整体效应原理

生态系统的基本组成包括非生物部分和生物部分。非生物部分即无机环境，如各种化学物质、气候因素等；生物部分即有机环境，如不同种群的生物，可以分为生产者、消费者和分解者。各成分之间相互联系又相互制约，共同发挥能量流动、物质循环和信息传递的基本功能。生态系统是生物与环境相互作用形成的整体，由于组成成分不同，自然界的生态系统多种多样，其结构和功能也不尽相同，要想实现高的能流转化率，就要合理调配、组装、协调环境生态系统的各个组成部分。

4. 生物与环境协同进化原理

一方面生物的生长离不开环境，生物需要不断从环境中获得物质和能量以维持生命活动，即环境对生物的分布和生长起着制约作用；另一方面，生物也通过特定的形态、生理和生物化学的机制不断适应环境的变化，而且生物还能通过不同的途径不断地影响和改造环境。生态系统作为生物与环境的统一体，要求生物与环境相互影响、相互适应，这就是协同进化原理。生物与环境协同进化原理在农业生产上有很大的实践意义，如在盐分重、肥力低，又缺水灌溉的滩地，应先种植耐盐碱的田菁、黑麦草、苕子、苜蓿等，以改良土壤，待含盐量减少，肥力有所提高后再实行棉花、麦类与绿肥作物间作套种轮作制。

5. 生态经济效益原理

生态经济效益是由生态效益和经济效益相互结合形成的综合效益，生态经济效益是评价各种生态经济活动和工程项目的客观尺度，任何一项环境生态工程项目都需要进行近期和长期的生态、经济效益的比较、分析和论证，从而在解决环境问题的同时，取得最佳生态经济效果，促进社会经济发展。为了达到合理利用自然资源的目的，应用生态经济学原理是非常重要的，正确地运用生态经济学原理分析自然资源的利用情况，能更有效地指导生产。

（二）环境生态工程设计

1. 环境生态工程设计的概念

环境生态工程设计是以环境治理与保护为目标，从生态环境与经济发展的角度，利用环境学和生态学基本原理，通过人工设计的生态工程措施来达到环境保护和生态保护的目的。

2. 环境生态工程设计的原则

（1）因地制宜原则　因地制宜原则是紧紧围绕当地的生态环境和社会经济的具体情况，进行环境生态工程的设计。根据不同地区的实际情况确定本地区的环境生态工程模式，根据要实施生态工程地区的自然条件（如气候，地形，地貌，可供生态工程利用的土地及水体的类型、面积和体积，植被的状况等）、经济条件（可能的投资、物力、产品的市场及潜力等）、社会状况（如体制、文化、有关方针政策等）因地制宜，才能使资源得以充分利用，获得最大效益。

我国地域辽阔，各地自然条件和经济社会发展状况都存在很大差异，必然要求生态治理根据区域差异实行差别化治理措施。因此，必须遵循生态系统内在的机理和规律，科学规划、因地制宜、分类施策，打造与区域特征相适应的多样化的生态系统。充分考虑地理气候等自然条件、资源配置和生态区位等特点，坚持保护优先、自然恢复为主的方针，科学布局全国重要生态系统保护和修复重大工程，严格落实工程方案科学论证和影响评价制度，增强生态治理的科学性、系统性和长效性。澳大利亚就是一个很好的例子：利用不同地区的自然条件，因地制宜地发展农牧业，形成四个不同的农牧业区——粗放牧羊带、粗放牧牛带、绵羊与小麦混合经营带、牛羊与经济作物混合经营带。

（2）整体性原则　环境生态工程设计是着眼于社会-经济-自然生态系统的整体效率及效益，将各种单一的、孤立的生物环节、物理环节、化学环节和社会环节优化组合，统筹兼顾，将生态环境保护融于经济发展的相关生产中。环境生态工程在设计上必须以整体观为指导，在系统水平上研究，并以整体控制为处理手段，以可持续发展为目标。

（3）科学定量原则　为了达到高社会经济效益和高生态环境效益，在进行环境生态工程设计时，必须进行严谨的科学量化，不断优化设计方案。

3. 环境生态工程设计路线

环境生态工程设计路线见图 2-1。

（1）确定工程目标　任何一个环境生态工程的设计都必须遵循一定的原则，以整体、协调、可持续为目标。

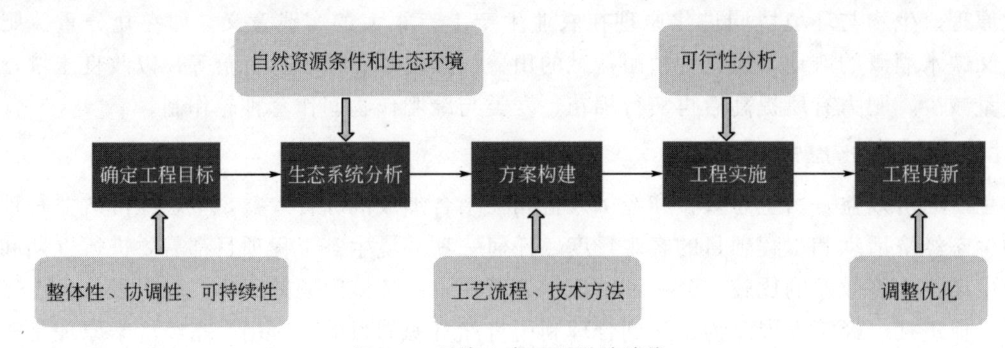

图 2-1 环境生态工程设计路线

（2）生态系统分析 确定该生态系统发展历史、结构与功能的演化过程，甄别生态系统存在的主要问题。

（3）方案构建 选择适宜的工艺流程及技术方法。

（4）工程实施 结合经济投入、自然生态特征及当地社会经济条件，对目标进行可行性分析，确认后，按照设计的流程实施。

（5）工程更新 环境生态工程的更新要遵循生态系统的演替规律，根据实际发展情况以及未来发展要求，不断调整优化技术方法。

第二节 环境生态工程与可持续发展

一、可持续发展

（一）可持续发展的历史与由来

可持续发展是关于自然、科学技术、经济、社会协调发展的理论和战略。春秋战国时期的儒家著作《荀子·富国》中提出“节其流，开其源”，《孟子·梁惠王上》中提出“不违农时”“数罟不入洿池”“斧斤以时入山林”等制度和办法，这是儒家思想对于资源利用和可持续发展的核心主张，与近代可持续发展理念不谋而合。

近代以来，可持续发展一词最早出现于 1980 年国际自然与自然资源保护同盟制订的《世界自然资源保护大纲》：“必须研究自然的、社会的、生态的、经济的以及利用自然资源过程中的基本关系，以确保全球的可持续发展。”1987 年，世界环境与发展委员会出版《我们共同的未来》报告，将可持续发展定义为：“既能满足当代人的需要，又不对后代人满足其需要的能力构成危害的发展。”1989 年，联合国环境规划署（UNEP）专门为“可持续发展”的定义和战略通过了《关于可持续发展的声明》，认为可持续发展主要包括四个方面的含义：①走向国家和国际平等；②要有一种支援性的国际经济环境；③维护、合理使用并提高自然资源基础；④在发展计划和政策中纳入对环境的关注和考虑。

20 世纪 90 年代以来，可持续发展已经成为经济学和社会学领域的重要范畴。在制订发展战略时，追求可持续发展已经成为国际社会的一个潮流。1991 年，中国发起召开了“发展中国家环境与发展部长级会议”，发表了《北京宣言》。1992 年 6 月，在里约热内卢举行的联合国环境与发展大会上，中国政府庄严签署了《关于环境与发展里约热内卢宣言》（简称《里约宣言》)。1994年3月25日，国务院通过了《中国21世纪议程》。为了支持《中国21世纪议程》的实施，同时还制订了《中国21世纪议程优先项目计划》。1995年，党中央、国务院把可持续发展作为国家的基本战略，号召全国人民积极参与这一伟大实践。

(二) 可持续发展的原则

可持续发展遵循公平性、持续性、共同性三大基本原则。

1. 公平性原则

可持续发展是一种机会、利益均等的发展。它既包括同代内区际的均衡发展，即一个地区的发展不应以损害其他地区的发展为代价；也包括代际均衡发展，即既满足当代人的需要，又不损害后代人的发展能力。该原则认为人类各代都处在同一生存空间，他们对这一空间中的自然资源和社会财富拥有同等享用权，他们应该拥有同等的生存权。因此，可持续发展把消除贫困作为重要问题提了出来，要予以优先解决，要给各国、各地区的人及世世代代的人以平等的发展权。

2. 持续性原则

人类经济和社会的发展不能超越资源和环境的承载能力。在满足人类需要的过程中，必然有限制因素的存在。主要限制因素有人口数量、环境、资源，以及技术状况和社会组织对环境满足眼前和将来需要的能力施加的限制。最主要的限制因素是人类赖以生存的物质基础——自然资源与环境。因此，持续性原则的核心是人类的经济和社会发展不能超越资源与环境的承载能力，从而真正将人类的当前利益与长远利益有机结合起来。

3. 共同性原则

各国可持续发展的模式虽然不同，但公平性和持续性原则是共同的。地球的整体性和相互依存性决定全球必须联合起来，认知我们的家园。

可持续发展是超越文化与历史的障碍来看待全球问题的。它所讨论的问题是关系到全人类的问题，所要达到的目标是全人类的共同目标。虽然国情不同，实现可持续发展的具体模式不可能是唯一的，但是无论发展水平如何，公平性原则、协调性原则、持续性原则是共同的，各个国家要实现可持续发展，都需要适当调整其国内和国际政策。只有全人类共同努力，才能实现可持续发展的总目标，从而将人类的局部利益与整体利益结合起来。

(三) 我国的可持续发展

“可持续发展”是20世纪90年代以来我国的一项基本国策。在1992年联合国环境与发展大会之后不久，我国政府就组织编制了《中国21世纪议程》(亦称《中国21世纪人口、环境与发展》白皮书)。

1995年9月，中共十四届五中全会通过《中共中央关于制定国民经济和社会发展“九五”计划和2010年远景目标的建议》。会议强调：“在现代化建设中，必须把实现可持续发展作为一个重大战略。要把控制人口、节约资源、保护环境放到重要位置，使人口增长与社会生产力的发展相适应，使经济建设与资源、环境相协调，实现良性循环。”

党的十五大报告指出：“我国是人口众多、资源相对不足的国家，在现代化建设中必须实施可持续发展战略”，“资源开发和节约并举，把节约放在首位，提高资源利用效率。统筹规划国土资源开发和整治，严格执行土地、水、森林、矿产、海洋等资源管理和保护的法律。实施资源有偿使用制度。加强对环境污染的治理，植树种草，搞好水土保持，防治荒漠化，改善生态环境。控制人口增长，提高人口素质，重视人口老龄化问题”。

党的十六大报告指出，把“可持续发展能力不断增强，生态环境得到改善，资源利用效率显著提高，促进人与自然的和谐，推动整个社会走上生产发展、生活富裕、生态良好的文明发展道路”作为“全面建设小康社会的目标”之一。

党的十七大报告进一步提出：“必须坚持全面协调可持续发展”，“坚持生产发展、生活富裕、生态良好的文明发展道路，建设资源节约型、环境友好型社会，实现速度和结构质量效益相统一、经济发展与人口资源环境相协调，使人民在良好生态环境中生产生活，实现经济社会永续发展”。

党的十八大首次将“生态文明”写入报告，提出“把生态文明建设放在突出地位，融入经济建设、政治建设、文化建设、社会建设各方面和全过程，努力建设美丽中国，实现中华民族永续发展”，在实现当代人利益的同时，“给自然留下更多修复空间，给农业留下更多良田，给子孙后代留下天蓝、地绿、水净的美好家园”。

2015年9月28日，习近平主席出席第七十届联合国大会一般性辩论，并发表《携手构建合作共赢新伙伴　同心打造人类命运共同体》的讲话，提出“携手构建合作共赢新伙伴，同心打造人类命运共同体”，中国可持续发展进入新时代。

党的十九大报告提出：“坚持人与自然和谐共生。建设生态文明是中华民族永续发展的千年大计。必须树立和践行绿水青山就是金山银山的理念，坚持节约资源和保护环境的基本国策，像对待生命一样对待生态环境，统筹山水林田湖草系统治理，实行最严格的生态环境保护制度，形成绿色发展方式和生活方式，坚定走生产发展、生活富裕、生态良好的文明发展道路，建设美丽中国，为人民创造良好生产生活环境，为全球生态安全作出贡献。”

2020年9月22日，习近平主席在第七十五届联合国大会一般性辩论上宣布“中国将提高国家自主贡献力度，采取更加有力的政策和措施，二氧化碳排放力争于2030年前达到峰值，努力争取2060年前实现碳中和”。

2022年10月16日，党的二十大提出：“中国式现代化是人与自然和谐共生的现代化。人与自然是生命共同体，无止境地向自然索取甚至破坏自然必然会遭到大自然的报复。我们坚持可持续发展，坚持节约优先、保护优先、自然恢复为主的方针，像保护眼睛一样保护自然和生态环境，坚定不移走生产发展、生活富裕、生态良好的文明发展道路，实现中华民族永续发展。”

发展是解决一切问题的基础和前提，但是发展不能竭泽而渔，不能牺牲后代人的利益来满足当代人的发展。从春秋时期的儒家思想到提出要实现碳达峰、碳中和，中华民族始终以智慧、责任与担当来实现人与自然和谐共生，也展示出积极履行国际承诺、为全人类共同事业做出贡献的姿态与决心。

二、生态文明建设

随着人类社会的发展，特别是工业革命以来，人类对于自然环境的破坏愈发严重。面对资源日趋紧张、环境污染严重、生态系统功能退化的严峻形势，尊重自然、顺应自然、保护自然的生态文明理念应运而生。

生态文明建设是新时代可持续发展的新高度，是中国特色社会主义事业的重要内容，关系人民福祉，关乎民族未来，事关“两个一百年”奋斗目标和中华民族伟大复兴中国梦的实现。党的十八大以来，以习近平同志为核心的党中央把生态文明建设作为统筹推进“五位一体”总体布局和协调推进“四个全面”战略布局的重要内容，谋划开展了一系列根本性、长远性、开创性工作，推动生态文明建设和生态环境保护从实践到认识发生了历史性、转折性、全局性变化。各地区各部门认真贯彻落实党中央、国务院决策部署，生态文明建设和生态环境保护制度体系加快形成，全面节约资源有效推进，大气、水、土壤污染防治行动计划深入实施，生态系统保护和修复重大工程进展顺利，核与辐射安全得到有效保障，生态文明建设成效显著，美丽中国建设迈出重要步伐，我国成为全球生态文明建设的重要参与者、贡献者、引领者。

关于生态文明建设，十八大报告第八部分提出了优、节、保、建四大战略任务。

① 优化国土空间开发格局。国土是生态文明建设的空间载体，必须珍惜每一寸国土。要按照人口资源环境相均衡、经济社会生态效益相统一的原则，控制开发强度，调整空间结构，促进生产空间集约高效、生活空间宜居适度、生态空间山清水秀，给自然留下更多修复空间，给农业留下更多良田，给子孙后代留下天蓝、地绿、水净的美好家园。加快实施主体功能区战略，推动各地区严格按照主体功能定位发展，构建科学合理的城市化格局、农业发展格局、生态安全格局。提高海洋资源开发能力，发展海洋经济，保护海洋生态环境，坚决维护国家海洋权益，建设海洋强国。

② 全面促进资源节约。节约资源是保护生态环境的根本之策。要节约集约利用资源，推动资源利用方式根本转变，加强全过程节约管理，大幅降低能源、水、土地消耗强度，提高利用效率和效益。推动能源生产和消费革命，控制能源消费总量，加强节能降耗，支持节能低碳产业和新能源、可再生能源发展，确保国家能源安全。加强水源地保护和用水总量管理，推进水循环利用，建设节水型社会。严守耕地保护红线，严格土地用途管制。加强矿产资源勘查、保护、合理开发。发展循环经济，促进生产、流通、消费过程的减量化、再利用、资源化。

③ 加大自然生态系统和环境保护力度。良好的生态环境是人和社会持续发展的根本基础。要实施重大生态修复工程，增强生态产品生产能力，推进荒漠化、石漠化、水土流失综合治理，扩大森林、湖泊、湿地面积，保护生物多样性。加快水利建设，增强城乡防洪抗旱排涝能力。加强防灾减灾体系建设，提高气象、地质、地震灾害防御能力。坚持预防为主、综合治理，以解决损害群众健康突出环境问题为重点，强化水、大气、土壤等污染防治。坚持共同但有区别的责任原则、公平原则、各自能力原则，同国际社会一道积极应对全球气候变化。

④ 加强生态文明制度建设。保护生态环境必须依靠制度。要把资源消耗、环境损害、生态效益纳入经济社会发展评价体系，建立体现生态文明要求的目标体系、考核办法、奖惩机制。建立国土空间开发保护制度，完善最严格的耕地保护制度、水资源管理制度、环境保护制度。深化资源性产品价格和税费改革，建立反映市场供求和资源稀缺程度、体现生态价值和代际补偿的资源有偿使用制度和生态补偿制度。积极开展节能量、碳排放权、排污权、水权交易试点。加强环境监管，健全生态环境保护责任追究制度和环境损害赔偿制度。加强生态文明宣传教育，增强全民节约意识、环保意识、生态意识，形成合理消费的社会风尚，营造爱护生态环境的良好风气。

2020 年，《全国重要生态系统保护和修复重大工程总体规划（2021—2035 年）》（以下简称《规划》）发布。《规划》指出，我国生态恶化趋势基本得到遏制，自然生态系统总体稳定向好，服务功能逐步增强，国家生态安全屏障骨架基本构筑，但是我国自然生态系统总体仍较为脆弱，生态承载力和环境容量不足，经济发展带来的生态保护压力依然较大，部分地区重发展、轻保护所积累的矛盾愈加凸显。综合各方面因素考虑，将全国重要生态系统保护和修复重大工程规划布局在青藏高原生态屏障区、黄河重点生态区（含黄土高原生态屏障）、长江重点生态区（含川滇生态屏障）、东北森林带、北方防沙带、南方丘陵山地带、海岸带等重点区域。《规划》提出，到2035年，以国家公园为主体的自然保护地占陆域国土面积18%以上，濒危野生动植物及其栖息地得到全面保护。

2021年10月12日，我国正式设立三江源、大熊猫、东北虎豹、海南热带雨林、武夷山等第一批国家公园，国家公园保护面积达23万平方千米，涵盖近30%的陆域国家重点保护野生动植物种类，是在习近平生态文明思想指导下的重要实践。

生态文明建设是实现中华民族永续发展的千年大计。习近平生态文明思想指导我国生态文明建设和生态环境保护取得历史性成就、发生历史性变革，开辟了生态文明建设理论和实践的新境界。

三、环境生态工程与可持续发展的关系

我国著名生态学家马世骏将生态工程定义为：生态工程是应用生态系统中物种共生、物质循环再生原理，结构与功能协调原则，结合系统分析的优化方法，促进材料的生产过程中使用的分层设计。其目标是在促进自然界良性循环的前提下，充分利用资源的生产潜力，防止和控制环境污染，实现经济效益和生态效益的同时发展。它可以是纵向的层次结构，也可以发展为几个纵向工艺链索横向联系而成的网状工程系统。

环境生态工程是一门环境学、生态学、工程学、经济学相互交叉的应用学科，主要研究环境学、生态学等方面的基本知识和技能，通过运用生态学的原理和工程学的手段来进行污染防治和环境保护等，其最大特点在于尽可能地促使环境资源及物质在生产系统内部得到合理、有效的循环利用，降低人类生产、生活活动对环境的污染及破坏，同时提高系统的生产效率和效益。

在生态学原理的指导下，通过生物修复及其他工程性措施对受到污染和破坏的环境进行修复，使其恢复原有的生态功能，这是环境生态工程的根本目的。环境污染物会通过水、大气、土壤、食物链等方式逐渐向生态系统扩散，影响生物的捕食，经过各级食物链的传递会导致生物的生存空间受到限制，环境容量下降，最终导致整个生态系统的崩溃。人类始终是自然的一部分，无法摆脱其所处的自然环境，环境生态工程的目的正是通过各种手段和措施扭转生态系统崩溃的趋势，使生态系统朝着健康、稳定、有利于人类生存的状态发展，进而实现人与自然和谐共生。

思考题

1. 名词解释

气候变暖、生物多样性、大气污染、生态位、可持续发展

2. 当今全球环境问题主要有哪些？请结合具体案例进行分析。

3. 环境生态工程所遵循的基本原理、设计原则有哪些？二者有何异同？

4. 说明可持续发展的必要性及所遵循的基本原则。

5. 结合生态文明建设，说明可持续发展的原则在我国新时代的具体运用。

参考文献

[1]　马世骏.生态工程：生态系统原理的应用［J］.北京农业科学，1984（1）：1-2.

[2]　马旭光，蔺海明，张宗舟.生态位理论及其在农业生产中的应用［J］.天水师范学院学报，2009，29（2）：47-51.

[3]　王正周.生物与环境协同进化原理在农业生产上的应用［J］.生物学通报，1992，5：2.

[4]　王俊峰."可持续发展"问题的由来及中国的对策［J］.长安大学学报（社会科学版），2003，2：23-25，29.

[5]　王湘国，张景元，赵新录，等.三江源国家公园　母亲河源头的故事［J］.森林与人类，2023，389（1）：10-21.

[6]　吴林锡，陈建伟，谷宝臣，等.东北虎豹国家公园与邻国接壤的虎豹之家［J］.森林与人类，2021，376（11）：80-97.

[7]　杨京平.环境生态工程［M］.北京：中国环境出版集团，2011.

[8]　郑绍佐.生物多样性减少的原因以及保护措施［J］.才智，2012，3：293.

[9]　朱端卫.环境生态工程［M］.北京：化学工业出版社，2017.

[10]　Huang，J P，Zhang G L，Zhang Y T，et al. Global desertification vulnerability to climate change and human activities［J］. Land Degradation & Development，2020，11：1380-1391.

第三章 水环境生态工程

水是世界上分布最广的资源之一，也是人类与生物体生存和发展不可或缺的物质。在一定区域范围内被开发利用后的地表水和地下水可以通过降水得到补给，具有循环性和可再生性。但是，实际上水体补给量存在有限性，而且世界上可供人类利用的水资源很少，所以水资源的用之不竭仅限于合理利用及有效保护的前提下。长期以来，不合理的污染排放，不可避免地对水环境造成不同程度的污染。未来，经济快速发展、人口持续增长、人类对水资源的服务需求越来越高，对水环境的保护和有效利用提出了更高的要求。针对水环境污染问题，环境生态工程的相关技术在环境治理中发挥了重要作用。目前，已针对河流、湖泊、地下水等水体环境建立了不同的修复与管理技术，包括人工湿地技术、人工生态浮床技术、生态补水技术、生物调控技术、多塘净化工艺等。

第一节 水环境概论

水是地球上一种特殊的物质，是重要的环境组成因素之一。水环境是指自然界中水体形成、分布和转化所处空间的环境，或指与人类活动有关以及可直接或间接影响人类生活和发展的水体，其正常功能是各种自然因素和有关社会因素的总体。在地球表面，水体占地面积约为地球表面积的71%。水由海洋水和陆地水两部分组成，分别占总水量的97.28%和2.72%。陆地水是分布在陆地上的各种水体的总称，其占总水量比例很小，且所处空间的环境十分复杂。陆地水环境又分为地表水环境和地下水环境两部分。地表水环境包括河流、湖泊、水库、海洋、池塘、沼泽、冰川等，地下水环境包括泉水、浅层地下水、深层地下水等。地球上各种形态的水体在太阳辐射和重力的作用下处于不断循环的动态平衡状态，各种水体不仅相互转化，也能相互补给，不断发生伴随相态转换的周而复始的运动过程。例如，我国大气降水在河流补给中占主要地位，河水径流量与降水量关系密切。如图3-1所示，水循环的主要过程包括水分蒸发、水汽输送、凝结降水、下渗、径流（地表径流和地下径流）。这些过程促进着各个水体资源持续更新，也加速了自然界中的物质循环和能量流动，甚至影响了全球气候变化并塑造了地表的形态以及样貌。天然水是由溶解性物质和非溶解性物质组成的化学成分极其复杂的溶液综合体，它的基本化学成分和含量反映了它在不同的自然环境循环过程中的原始物理化学性质，是研究水环境中元素存在、迁移、转化和环境质量（或污染程度）与水质评价的基本依据。

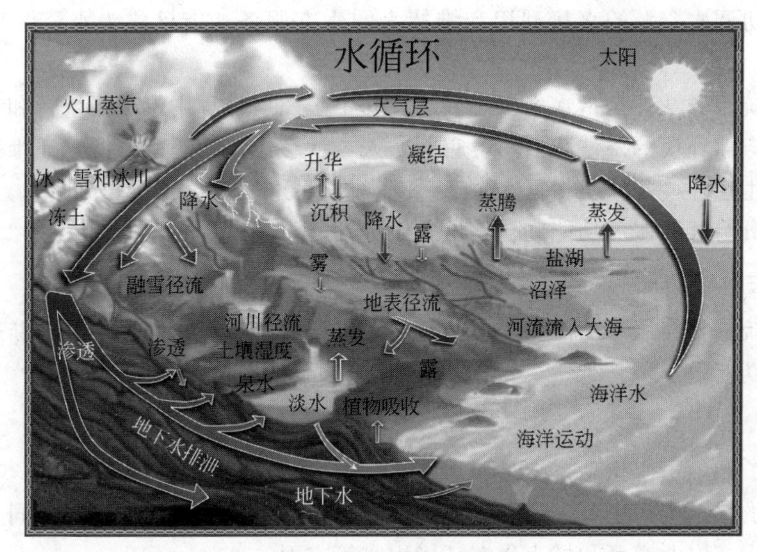

图 3-1　水循环示意图

水资源不同于土地资源和矿产资源，有其独特的性质，只有充分了解它的特性，才能合理、有效地利用，防止因水资源过量利用而造成地表、地下水体枯竭。水资源的特性有以下几个方面。

① 循环性和有限性。地表水和地下水可以不断通过大气降水得到补给，开发利用后可以恢复和更新。但各种水体的补给量是有限和不同的，为了能够可持续供水，水的利用量不应超过补给量。水循环过程的无限性和补给量的有限性，决定了水资源只有在一定数量限度内才是取之不尽、用之不竭的。

② 时空分布不均匀性。水资源在地区分布上十分不均匀，年际年内变化大。为满足各地区和各部门的用水要求，必须修建蓄水、引水、提水、水井和跨流域调水工程，对天然水资源进行时空再分配。

③ 用途广泛性。水资源用途广泛，不仅用于农业灌溉、工业生产和城乡生活，还用于水力发电、航运、水产养殖、旅游娱乐等。

④ 经济上的两重性。水的用途及可能引起的灾害（如由于水资源开发利用不当，造成水体污染、地面沉降等人为灾害），决定了水资源在经济上的两重性：既有正效益也有负效益。因此，水资源的综合开发和合理利用，应达到兴利、除害的双重目的。

水环境是构成环境的基本要素之一，是人类社会赖以生存和发展的重要场所，也是受人类干扰和破坏最严重的领域。水环境的污染和破坏已成为当今世界的主要环境问题之一。

一、水生态功能

水环境、水资源与水生态，是一个有机联系的整体。水资源就是地球上可以利用的水。水环境是指我们所处的环境中与水相关的部分。水生态主要是指人或动物、植物所依赖的与水有关的环境条件。水作为一种特殊的生态资源，是支撑整个地球生命系统的基础，水生态系统不仅提供了维持人类生活和生产活动的基础产品，还具有维持自然生态系统结构、生态过程与区域生态环境的功能。在我国，个别地区水资源过度开发，对生态系统的需水要求及水的生态服务功能重视不够，导致河流断流、湿地丧失、区域生态环境退化、生物多样性受到威胁，如何协调水资源的直接利用和维持水的生态服务功能已成为水资源管理所面临的挑战。

水生态系统服务功能是指水生生态系统及其生态发展过程中形成的维持和提供人类生存和活动所需的自然环境的条件和效用，它既是人类社会经济的基础资源，还维持着人类赖以生存与发展的生态环境条件。根据水生态系统提供服务的机制、类型和效用，把水生态系统的服务功能划分为社会服务功能和自然生态服务功能。

（一）社会服务功能

水生态系统的社会服务功能主要包括供水、水产品生产、水力发电、内陆航运、休闲娱乐和文化美学功能。

1. 供水

河流、湖泊和地下水生态系统是淡水贮存和保持的主要场所，供水是基本的服务功能，人类生存所需的淡水资源主要来自河流、湖泊和地下水，根据水质的状况不同，被用于生活饮用、工业用水、农业灌溉和城市生态环境用水等方面。

2. 水产品生产

水生态系统显著的特征之一是具有水生生物生产力。水生态系统中，自养生物（高等植物和藻类等）通过光合作用，将 CO_2、水和无机盐等合成为有机物质，并把太阳能转化为化学能贮存在有机物中；异养生物对初级生产的物质进行取食加工和再生产，进而形成次级生产。水生态系统通过这些初级生产和次级生产，生产丰富的水生植物和水生动物产品，为人类的生产、生活提供原材料和食物，为动物提供饲料。

3. 水力发电

相较于核电、煤电及天然气发电，水力发电具备更为迅速的电力生产调节能力。随着未来风电、光伏等间歇性电力来源的大规模应用，水电将发挥出色的调峰作用。据统计，2020年全球电力供给中，水电占比高达六分之一，不仅是目前全球占比最高的清洁能源，其份额更是超过光伏、风电等其他清洁能源发电的总和。展望未来十年，全球水电新增装机主要集中在中国、印度、土耳其和埃塞俄比亚等国家，其中中国将稳居全球最大水电市场地位，预计新增装机量将占全球新增总量的四成。《2022年度全国可再生能源电力发展监测评价报告》显示，截至2022年底，我国水电装机高达4.13亿千瓦（含抽水蓄能0.45亿千瓦）。总之，水力发电已然成为众多发达国家、发展中国家及新兴经济体电力系统的中流砥柱，全球有35个国家的水电发电量占比超过半数。

4. 内陆航运

河流生态系统承担着重要的运输功能，与铁路、公路、航空等其他运输方式相比，内陆航运具有成本低、效益高、能耗低、污染轻、运输量大等优点。因此，人类在主要利用自然河流发展内陆航运的同时，还修建人工运河，如中国的京杭运河。河流生态系统内陆航运功能的开发和利用，对节约土地资源、减少环境污染、促进区域经济社会可持续发展具有重要意义。截至2021年底，全国内河航道通航里程达12.8万千米，居世界首位，其中国家高等级航道超过1.6万千米。以南北海运、长江干线、西江航运干线、京杭运河—淮河等水运主要通道为骨架，以主要港口为枢纽，以国家高等级航道为主体，衔接铁路、公路、管道等方式，连通世界、干支衔接的水路交通运输总体框架已经形成。

5. 休闲娱乐

在同一个流域内，河流、湖泊、沼泽等既相对独立又相互联系，与草地、森林等景观相结合，使其景观多样性明显。截至 2018 年，全国已有 878 个国家水利风景区，2000 多个水利风景区达到省级标准，遍布七大流域，分布在 31 个省（自治区、直辖市）和新疆生产建设兵团，涵盖各大江河湖库、重点灌区和水土流失治理区，为广大人民群众休闲娱乐、体育健身、观光旅游、科普教育、文化活动等提供了清新灵秀的场所空间。

6. 文化美学功能

文化美学功能是指水生态系统对人类精神生活的作用，带给人类文化、美学、教育和科研价值等。不同的水生态系统，尤其是不同的河流生态系统孕育了不同的地域文化和艺术，还孕育了多种多样的民风民俗，由此也直接影响着科学教育的发展和文明水平等。例如，尼罗河孕育了埃及文明，幼发拉底河和底格里斯河孕育了古巴比伦文明，黄河和长江孕育了中华文明，等等。

（二）自然生态服务功能

水生态系统自然生态服务功能主要包括调蓄洪水、生物多样性维护、净化环境、物质输移和气候调节等。

1. 调蓄洪水

湖泊、沼泽等湿地具有蓄洪能力，对河川径流起到重要的调节作用，可以削减洪峰、滞后洪水过程，减少洪水造成的经济损失。

2. 生物多样性维护

水是生命之源。河流、湖泊、沼泽、洪泛区等多种多样的生境，不仅为各类生物物种提供繁衍生息的场所，还为生物进化及生物多样性的产生与形成提供了条件，同时也为天然优良物种的种质保护及经济性状的改良提供了基因库。一些水生态系统是野生动物栖息、繁衍、迁徙和越冬的基地，另一些水生态系统是珍稀濒危水禽的中转站，还有一些水生态系统养育了许多珍稀的两栖类动物。

3. 净化环境

水提供或维持了良好的污染物物理化学代谢环境，提高了区域环境的净化能力。水体中生物从周围环境吸收化学物质，形成了污染物的迁移、转化、分散、富集过程，污染物的形态、化学组成和性质随之发生一系列变化，最终起到净化作用。另外，进入水生态系统的许多污染物吸附在沉积物的表面，而沼泽和洪泛平原缓慢的水流速度有助于悬浮物的沉积，污染物（如重金属）黏附在悬浮颗粒上并沉积下来，实现污染物的固定和缓慢转化。水体通过水面蒸发和植物蒸腾作用可以增加区域空气湿度，有利于空气中污染物的去除，从而使空气得到净化。例如，湿度增加能够大大缩短 SO_2 在空气中的存留时间，能够加速空气中颗粒物的沉降过程，促进空气中多种污染物的分解转化，等等。

4. 物质输移

河流具有输沙、输送营养物质、淤积造陆等一系列生态服务功能。河水流动能冲刷河床上的泥沙，起到疏通河道的作用。河流携带并输送大量营养物质如碳、氮、磷等，是全球生物地球化学循环的重要环节，也是海洋生态系统营养物质的主要来源，对维系近海生态系统高生产力起着关键作用。河流携带的泥沙在入海口处沉降淤积，不断形成新的陆地，一方面增加了土地面积，另一方面也可以保护海岸带免受风浪侵蚀。《中国河流泥沙公报2021》显示，2021年我国主要河流代表站实测总径流量为14270亿立方米，与多年平均年径流量基本持平，较2020年径流量减少14%；代表站年总输沙量为3.31亿吨，较多年平均年输沙量减少77%，较2020年输沙量减少29%。

5. 气候调节

水体中的绿色植物通过光合作用固定大气中的CO_2，将生成的有机物贮存在自身组织中；泥炭沼泽累积并贮存大量的碳，一定程度上起到了固定并持有碳的作用。因此水生态系统对全球大气CO_2浓度升高具有巨大的缓冲作用。此外，水生态系统对稳定区域气候、调节局部气候有显著作用，能够提高湿度、诱发降雨，对温度、降水和气流产生影响，可以缓冲极端气候对人类的不利影响。

水的生态服务功能依赖于水所支持的生态系统本身的结构和生态特征，从根本上讲是受水体自然属性特征要素的影响，这些要素包括水量、水质、水深、流速和水温等。水质和水量是最受关注的直观影响因子，也是人类对水生态系统干扰最为显著的指标体现。通常可采用水量和水质作为评价淡水生态服务功能的主要影响因子。

二、水环境污染和生态毒理

（一）水环境污染

水环境问题是伴随着人类对自然环境的作用和干扰而产生的。长期以来，自然环境给人类的生存发展提供了物质基础和活动场所，而人类则通过自身的种种活动给环境打下了深深的烙印。科学技术的迅猛发展使得人类改变环境的能力日渐增强，但发展引起的环境污染则使人类不断受到惩罚和伤害，甚至使赖以生存的物质基础遭到严重破坏。

我国水资源人均占有量少，分布不均匀，并且由于水资源利用不当等原因，当前我国水资源日益短缺且存在污染现象，这不仅影响了生活质量，对地球生态环境也造成了破坏。我国水污染的主要来源包括生活污水、农药滥用、工业废水等。

1. 工业废水

我国经济能够快速发展，很大一个原因就是工业的带动。我国过去的工业发展以粗放式的经济发展形式为主，各种密集型产业汇集，加之人们对环境污染缺乏清晰的认识和严格的控制，我国水环境遭受了一定程度的污染。

2. 农药残留

据报告，2021年农药使用量（折百量）为24.83万吨，其中微毒、低毒和中毒农药用量占比超99%；全国三大粮食作物统防统治覆盖率达42.4%，主要农作物绿色防控覆盖率46%，农药包装废弃物回收率58.6%。农药使用后残存于生物体、农副产品及环境中的微量农药原体、有毒代谢产物和降解产物及杂质超过农药的最高残留限制，毒素保留在土壤中可能对土壤、大气及地下水造成污染。

3. 生活污水

随着人们生活水平的提升，物质得到了极大的满足，用水量增加，生活污水的排放量也大大增加。在个别地方，未经过处理的生活污水被肆意地排入河流、湖泊，对水环境造成了严重的污染。

（二）水生生态毒理

毒理学是研究物理、化学和生物有毒有害因素，特别是化学有毒有害因素对各种生物体的损害作用及其机理的科学。生态毒理是指对有毒有害污染物对生命有机体的危害程度或暴露风险及其危害范围的判定方法，已形成生态毒理学学科。生态毒理学（ecotoxicology）是毒理学、生态学和环境化学等多学科交叉和融合的学科，是应对人类活动造成的环境污染物暴露而发展起来的新兴边缘学科，是研究有毒有害物质以及各种不良生态因子暴露对生命系统产生毒性效应，以及生命系统反馈解毒与适应进化及其机理与调控的一门综合性学科。生态毒理学中的有毒有害物质主要是指一些化学物质，生态毒理学研究这些化学物质对自然生态系统的影响，其试验对象主要是藻类、细菌、鱼虾和蚯蚓等。生态毒理学关心的重点是这些有毒有害化学物质低剂量长期作用的效应。由此可见，在解决环境问题过程中，生态毒理学的数据非常重要，它在环境政策、法律、标准及污染控制方法的制定中具有非常重要的参考价值。生态毒理学是20世纪70年代初期发展起来的一个毒理学分支，它的出现，在很大程度上是由于环境污染促使传统的毒理学从研究个体效应扩大到群体效应。我国生态毒理学的研究起步相对较晚，但到20世纪80年代中期，随着环境保护事业的迅速发展，我国许多高等院校和科研机构逐步开展了生态毒理学的研究。到目前为止，我国在这方面的研究已积累了许多经验，取得了丰硕成果。生态毒理学不仅是一门科学，而且是污染防治中应用性很强的一种工具，其核心部分是生物效应，即有毒有害物质对生命有机体危害的程度及范围，生物监测和生物检测是进行生物效应研究的两种技术手段。由于各种环境问题的突显，生态毒理学成为目前最具有生命力的边缘学科之一，实际上也是可持续发展的一种技术支撑。

水生生态毒理（aquatic ecotoxicology）采用水生生物为试验对象进行毒理学研究，是水生毒理学、环境毒理学及环境生物学的重要组成部分，可为水质、生物毒素评价及各种水质标准（包括渔业水质标准、排放标准等）制订提供科学依据，在环境卫生研究中起着重要作用。国内外对水生生态毒理学的一些方法进行了标准化，如ISO（国际标准组织）已向各国推荐了一些标准方法，我国生态环境部也制定了相应标准，即国家标准。生态毒理试验范围包括水体中主要生物类群中代表性生物的毒性试验，如游泳性生物代表鱼类毒性试验，浮游动物代表水蚤类毒性试验，浮游植物代表藻类毒性试验，原生动物代表梨形四膜虫毒性试验，甲壳动物代表虾毒性试验，贝类代表贻贝及毛蚶毒性试验，以及这些代表性生物的富集试验、致突变试验、长效应试验和各级水生食物链生物对毒物的迁移转化等。

水生生态毒理在环境卫生研究中至少可以应用于以下几个方面。

1. 为制定各种环境标准提供依据

浮游动物的代表性生物大型水蚤，由于生活在自然界的江河及湖泊中，是工业废水排放的接水生物，在国际上广泛用于毒物和废水的生物监测和评价、危险品评价以及工业废水管理标准和方法制定。因此，由水蚤类试验得到的资料可以作为制定环境标准的重要依据，例如渔业水质标准及工业废水排放标准、饮用水水源标准等。例如在地表水中苯胺最高容许浓度研究中采用大型水蚤的苯胺毒性研究资料，观察了苯胺对大型水蚤生存、生长繁殖、心率变化等指标的影响，并结合脊椎动物试验结果及感观性状要求，推荐地表水苯胺最高容许浓度为0.1mg/L。而镉对大型水蚤、鱼类及栅藻的毒性试验资料已成为镉的渔业标准修订依据。

2. 对废水、废渣进行综合评价

废水、废渣毒性的概念已从个体水平扩大到种群、群落和生态系统，因此生物检测中不是利用单物种对毒物的反应，而是多物种的毒性试验，如微宇宙毒性试验（microcosm toxicity test）、模拟毒性试验（model toxicity test）。可以用人工河流装置进行模拟试验，同时观察多种毒物对生物的联合毒性作用。

废水中的多种毒物间存在着复杂的关系，毒物间的拮抗作用使毒性降低，而协同作用使毒性增加，这种增加往往不是简单的相加，而是相乘作用，毒性可以成十倍、百倍地增加。化学方法可以测出单一毒物的含量，但难以测出毒物间的联合作用，而栅藻、大型水蚤的毒性试验法就可以对废水的综合毒性进行评价。例如通过栅藻的毒性试验研究生活废水经过二级处理后的毒性，判断废水的处理效果，筛选生活废水治理方案，是生态毒理试验的又一应用。

生态毒理学方法也可以对工厂排出的可溶性废渣进行毒性鉴定，将废渣按要求溶解后进行水蚤的毒性试验，可以确定其毒性大小。

3. 评价环境毒物对人体健康的影响

由于水蚤类是鱼的重要饵料，因此水蚤类成为水生食物链的重要一环。水环境中微量毒物第一环生物（如藻类）富集后被水蚤类吞食，使毒物转移到水蚤体内。水蚤被鱼取食后，鱼体内富集了较高浓度的毒物，人吃了鱼会直接危害健康。因此对于一些有富集作用的毒物，大型水蚤及鱼类的富集试验可作为一种监测手段，提供重要的监测数据。如大型水蚤及鱼类对甲基汞的富集。研究表明，大型水蚤能直接从水中富集甲基汞，富集系数为 3.92，通过水生食物链富集系数为 1.511。鱼吃了富集甲基汞的大型水蚤后，甲基汞很快进入鱼体，几天后鱼体中甲基汞含量就超过我国食品中汞允许量。可见水蚤的富集试验在水生食物链研究中占有重要地位。水生食物链的研究资料可用来评价环境污染对人体健康的危害。

4. 研究饮用水的致突变活性

原生动物中的纤毛虫类是一种真核生物，其刺泡发射受基因控制。当基因发生突变时，刺泡发射即发生故障。根据这一原理，运用大孔树脂浓集饮用水有机物进行刺泡突变试验，即可判断该饮用水中是否存在致突变物质，这是一种经济、快速而敏感的方法。

5. 研究毒物的联合毒性效应

只用单一毒物的毒性试验结果往往不能客观反映出污染物共存时对人类的危害程度，而生态毒理试验具有快速、敏感、廉价、可靠等特点，因此国内外有不少学者采用鱼类毒性试验法作为毒物联合作用机制研究手段。如氟、硒浓度 1∶1 条件下的联合毒性试验，按半数致死时间曲线比较法，其长效应联合毒性结果为协同作用，而用大型水蚤和美丽猛水蚤两种无脊椎动物研究氟、硒联合毒性作用，在各种浓度配比下所获得的联合毒性试验结果均为拮抗作用，可见不同试验生物，联合试验结果不同。

6. 对农药的毒性评价

有的农药具有强烈的触杀作用和内渗作用，适用于防治棉花、果树、蔬菜、水稻、小麦等作物的刺吸式和咀嚼式口器害虫，有的对人类具有高毒性，易溶于水，使用中易造成环境污染。可利用水蚤生命周期短、对毒物敏感的特点，研究残留农药的毒性。

1μg/L 的速灭杀丁（氰戊菊酯）在 96h 内能使全部水蚤失去运动能力。水蚤的半数运动受抑制浓度（EC_{50}），24h 为 2.5μg/L（1.8～3.2μg/L），48h 为 0.049μg/L（0.032～

1.0μg/L)，96h 为 0.0128μg/L（0.01～0.016μg/L）。水蚤的中毒症状与哺乳动物中毒后兴奋乱跳、共济失调等现象一致。由此可见，生物测试系统是检验农药毒性的有效方法，可为防止水环境的污染、确保人体健康提供科学依据。

7. 对食品毒素的综合评价

食品毒素能引起中枢神经系统受损，能造成儿童死亡或终身残疾，对大鼠、小鼠、猪和狗都能引起急性神经中毒和死亡。利用浮游动物大型水蚤对食品毒素进行综合评价，节菱孢霉菌毒性培养物能引起试验水蚤的死亡，在浓度为 18mg/L 的实验液中 24h 死亡 6.7%，48h 死亡 30%，96h 死亡 96.67%。随着中毒时间增加，毒性明显增大。回归测定结果显示，48h 试验水蚤死亡百分率与毒素浓度的相关系数是 0.9296，96h 相关系数为 0.9774，P 值分别小于 0.01 及 0.001，可见水蚤的死亡率与浓度直接相关。所测得的半致死浓度（LC_{50}），24h、48h 及 96h 分别为 38.07mg/L、24.37mg/L 及 10.67mg/L。按急性毒性分级标准，本结果表明节菱孢霉菌毒素的毒性在高毒与中等毒物之间。

8. 对长效应的生物标志物研究

环境污染物进入生物体所产生的生物学变化，从分子相互作用到细胞损伤乃至整个生物体的毒性显现都反映于生物系统与环境因子的相互作用，这些作用可发生在分子、细胞及个体水平上，使生物体产生功能、生理、生化变化的信号指标。

利用鱼类长效应毒性试验，观察毒物暴露下的斑马鱼胚胎和仔鱼的半数存活时间（median survival time，MST）和半数孵化时间（median hatching time，MHT），以及畸形等生态相关性指标，结果显示 MST 和 MHT 指标都能较好地反映灭多威对斑马鱼胚胎发育速率的减缓。随着污染暴露浓度变化，鱼类的中毒反应存在剂量-反应关系，揭示了低剂量灭多威对鱼类的慢性毒性作用及其潜在生态后果，观察中毒现象，发现仔鱼出现畸形、心包和卵黄囊中部位水肿等，是理想的效应标志物指标。

生物标志物检测能提供有毒化学污染物环境生物效应的信息，对应用生态毒理的环境危险评价具有重要意义。标志物早期检测可使人们采取措施预防和缓解污染物危害。另外，胚胎仔鱼长效应生物标志物与生态危害的发生有着直接的联系，它能较好地反映污染物胁迫下生物的能量现状，能有效地对污染物潜在危害做出预报。

9. 对抗菌剂的毒性评价

利用浮游植物、浮游动物及鱼类对抗菌剂进行毒性评价，结果证明了不同生物都能反映出抗菌剂的毒性程度。抗菌剂对大型水蚤及栅藻的 48h EC_{50} 都在 1.15～1.85mg/L。可见对浮游生物而言，抗菌剂有一定的杀灭效果。

综上所述，水生生态毒理中的生物测试系统不但可用来评价化学毒物、农药、抗菌剂、灭藻剂、生物毒素等单一毒物的毒性，同时对工业有毒废水、生活污水的处理效果可以做出鉴定，而且还可以通过食物链的研究说明蓄积性毒物对人体健康的危害。

第二节 河流环境生态工程

一、河流生态修复技术

河流生态修复具体是指在确保具有防洪功能、防止河岸侵蚀结构的前提条件下，以恢复河流生态系统过程、结构和功能为目的，通过对河流治理工程的生态设计与调控，采用生态系统自我修复能力和人工辅助相结合的技术手段，使受损害的河流生态系统恢复到受干扰前的自然状态及其景观格局，恢复河流生态系统合理的内部结构、高效的系统功能和协调的内在关系。

（一）曝气增氧技术

通过向水体中充入空气，提高水体中溶解氧的含量，加快溶解氧与污染物之间的氧化还原反应速率，同时强化好氧微生物的活性，增强其代谢活动，从而降低水体中的污染物含量，达到净化水体的目的。该技术主要适用于流速较慢或者静态的水体，以及气温过高导致的水体缺氧。以无锡芙蓉塘为例，利用带有自沉功能的高分子材料曝气管，实现河底曝气增氧，河流溶解氧含量增加，氨氮含量明显降低，有效遏制了黑臭水体的形成，水质指标已经达到地表Ⅴ类水质的标准。

河水中增氧的途径有：环境中的氧气通过水的溶解进入水体；水生植物（藻类）的光合作用产氧；通过人工方法如人工曝气实现全水域曝气。对于流速缓慢、有机污染物含量较高的城镇河流，若单靠大气增氧和水生植物等自然增氧方法，由于水中溶解氧浓度无法满足水体对氧气的要求，水体难以得到净化，因而需要人工辅助措施弥补自然复氧的不足。人工曝气增氧技术能让缺氧的水体与空气中的氧气迅速进行交换，使整个水体由死水变为富含氧的流动水，因而提高了河流的自净能力，促进河流水质的改善（图 3-2）。

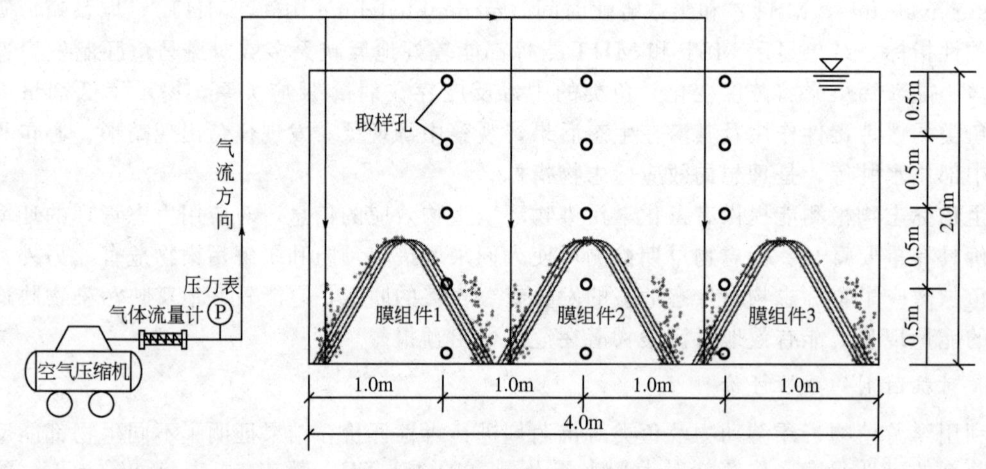

图 3-2 曝气膜生物反应器（MABR）增氧系统

目前，常用的人工曝气增氧技术有许多种，如鼓风机曝气系统、叶轮吸气推流式曝气系统、水下射流曝气系统和纯氧增氧系统。此外，在人工曝气增氧技术的基础上联用其他改良剂和生物制剂，或水生动植物、微生物等技术综合治理河道，河流生态修复的效果比单独使用曝气增氧技术显著。

（二）生态补水技术

生态补水技术是指采取人工手段向污染水体中补充大量相对清洁的水，从而加大水体流动性和水环境容量，提高水中溶解氧浓度及水体的自净能力，逐渐改善河流的水质并增加河流的生物多样性，使河流生态系统的结构与功能得以恢复。该技术主要适用于有机污染物含量较高的富营养化水体或缺水河流的生态修复。充分利用再生水或者调配其他类型水资源，向无法满足需水量的河流调水，以改善、恢复河流生态系统的功能、结构以及自我调节能力。此外，用相对清洁的水补给富营养化的水体可以提高水体的溶解氧浓度，而且可以有效稀释和降解水体中的营养盐，从而可以控制藻类的疯狂繁殖，进而有效控制蓝藻水华，改善富营养化水体的水质，达到净化水体的目的。

中国生态补水研究与实践发展迅速，尤其是平原河湖地区。为解决太湖流域水污染问题，中国实施了“引江济太”生态调水工程，2013—2017 年共计调水 13 次，在提升太湖流域水资源和水环境承载能力方面发挥了重要作用。2002 年 12 月，从长江应急向南四湖生态补水 1.1 亿立方米，以基本满足南四湖湖区鱼类、水生植物、浮游生物和鸟类等生态链的最低用水需求。此外，昆明滇池、杭州西湖、武汉东湖、南京玄武湖、雄安新区白洋淀等众多湖泊先后开展了生态补水研究与实践，在湖泊的水环境治理和水生态修复中发挥了重要作用。后三峡时期，江湖关系深度演变打破了大型湖泊“西、北进，东、南出”的水力格局。为了研究变化环境下益阳大通湖的生态补水周期以及大通湖的流场分布特征，基于 MIKE21 FM 构建了大通湖二维水系水动力模型，模拟了大通湖河湖连通及生态补水工程的水动力条件，研究了在不同生态补水流量和不同闸控等 6 种工况下，大通湖的补水周期和流场形态特征。

生态补水技术通常包括闸坝设置、闸坝生态调度和生态输水等。闸坝设置是指通过在河道内布设堰、低坝等维持基本水量。闸坝生态调度是指利用河道闸坝进行水量调度时，考虑各项生态要素，满足工程下游河道的生态需水，缓解对河流生态系统的胁迫。生态输水是指通过闸、泵等水利设施的调控，引入上游河道、水库水源或处理厂处理水，补充河道水量，促进河流生态修复。生态补水技术可直接有效地改善河道缺水状况，提升水环境容量，但其工程量大、施工成本高的缺点也较为明显。生态补水技术与应用实例见表 3-1。

表 3-1 生态补水技术与应用实例

生态补水技术	应用实例
闸坝设置技术	1. 深圳市观澜河翻板闸水量调节设施建设 2. 山东临沂城区段沂河干支流上下串通、水面连接的梯级橡胶坝群建设
闸坝生态调度技术	1. 美国爱达荷州 Snake 河枯水期流量调度研究 2. 长江上游大型梯级水电站多目标、多任务、多尺度的联合调度
生态输水技术	1. 深圳市小型水库的河道生态补水研究 2. 常熟市生态补水试验研究

（三）人工生态湿地技术

人工湿地是指通过人为设计与建造由饱和基质、挺水与沉水植物、水体、动物构成的复合体，构建人工生态湿地系统，利用自然生态系统的物理-化学-生物的多重协同作用，通过过滤、吸附和降解等过程，同化或异化水体营养物质，实现水污染治理，恢复河道水质（图 3-3）。该技术主要适用于对河流水质进行异位处理，以及土地空间、地形条件适宜的区域。

在适当的位置采取措施建造一个模拟自然生态湿地系统运行的湿地系统，并进行监督控制。人工湿地系统主要利用物理、化学、生物三者的协同作用来实现可持续地吸收水体中的有机污染物质。当污水缓慢地流经湿地时，在重力的沉降作用、泥沙的过滤作用、植物的吸附作用、各种离子的交换作用以及各种微生物的作用下，污染物质得到有效稀释和降解，水体得以净化，同时还可以提高生物多样性以及美化河流景观，实现一定的生态环境效益和

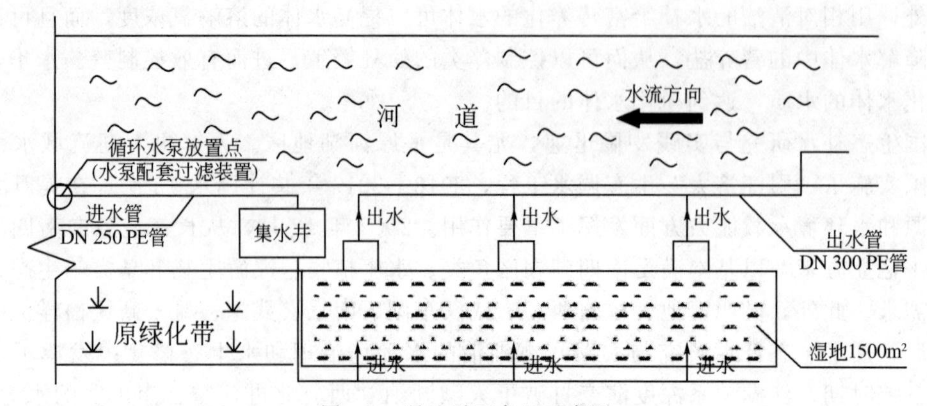

图 3-3 湿地平面布置示意图

经济效益。常见的生态湿地有垂直潜流人工湿地、水平潜流人工湿地和表面流人工湿地。一个完整的生态湿地系统包括性能良好的基质、好氧或厌氧的微生物、生长良好的植物、脊椎或无脊椎动物以及流动的水体等五个部分，由此构成的人工生态湿地系统可以无限接近于自然湿地系统，可以保证系统良好地运行，从而达到净化水体的目的。

目前，常见的生态湿地技术有组合景观技术、表面流湿地技术以及塘-床组合式人工湿地技术。表面流湿地技术是指污水在湿地基质表面漫流，水面暴露于空气中，氧通过水面扩散补给。这种人工湿地通常由一个或者几个池体或渠道组成，池体或渠道间设隔墙分隔，有时底部亦铺设防水材料防止污水下渗，保护地下水。池中一般填有土壤、沙、煤渣或者其他基质材料，供水生植物固定根系。表面流水位较浅，水流缓慢，通常以水平流的流态流经各个处理单元。塘-床组合式人工湿地由氧化塘（或沉淀池）及潜流湿地组合而成，氧化塘作为预处理单元，在具体组合形式上又可细分（图 3-4）。

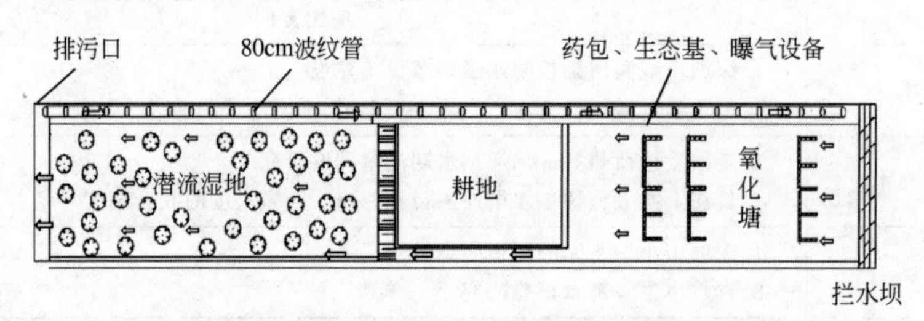

图 3-4 塘-床组合式人工湿地具体组合形式

此外，芦苇生态湿地在调节气候、净化环境和保护生物多样性等方面具有重要意义。芦苇湿地有助于减缓水流，当含有毒物及污染物的污水经过湿地时，流速减慢，有利于污染物的沉淀和排出，湿地的生物和化学过程可使有毒物质降解和转化。相关研究成果表明，芦苇湿地对 BOD、总氮（TN）、总磷（TP）的去除率可分别达到 80%、85%和 85%，具有显著的生态效益。典型芦苇湿地的固碳能力一般为 1.0～2.4kg/(m^2·a)。在调节气候方面，芦苇湿地积水面积大，特殊的地热学性质使其能够增加大气湿度，大量的水蒸气散发起到了提高空气湿度、降低地表温度、调节区域小气候的良好作用。

（四）人工生态浮床技术

人工生态浮床技术是根据植物的生长规律，运用无土栽培技术，采用现代农艺技术并结合生态工程措施，将水芹、蕹菜（空心菜）等水生植物以无土种植的方式栽培在受损水域水面上并加以木头、泡沫等轻质生物浮岛材料来固定植物，在水面的轻质漂浮床体上种植高等水生植物或陆生植物，一方面，通过植物的根系作用吸收水中的氮、磷等营养物质，另一方面，借助由此构成的植物-微生物-动物生态系统的分解、合成、代谢功能除去污染水体中的有机物及其他营养元素以起到净化水体的作用。该技术主要适用于没有航道要求的城市景观河流，以及富营养化及有机污染的河流。人工生态浮床的主要机理包括吸收作用、物理化学作用、抑制藻类生长、微生物降解作用以及植物与微生物的协同效应。

20世纪80年代，我国开始研究并使用生态浮床技术修复河道水体。到目前为止，生态浮床技术在我国也得到了较高的重视和较广的发展，1991年以来，我国在大型水库、河流和湖泊等水域采用生态浮床技术种植了130多种陆生植物。北京在2002年首次采用人工浮床治理技术治理受污染水体什刹海、永定河，部分消除蓝藻富营养化现象，水体异味明显减少，水体透明度显著提高。

依据水与植物接触情况，生态浮床主要分为湿式浮床和干式浮床。干式浮床因其植物不与水接触的特殊结构，具有栽培大型木本、园艺植物的能力，形成不同的木本组合，为鸟类提供了栖息场所。但其不能起到高效净化水体的作用。湿式浮床中植物与水体密切接触，分为有框和无框两种，有框架的湿式浮床，其框架一般可以用纤维强化塑料、盐化乙烯合成树脂、混凝土等材料制作。目前国内外应用较广的浮床为框架式浮床。传统的生态浮床由框架、水下固定装置、植物三个部分组成。浮床的固定方法有重力型、杆定型、锚定型三类，所选的水生植物应具有代表性、美观性和高净化效果，如菖蒲、美人蕉等植物。

在传统工艺基础上，组合式生态浮床在相应基础浮床上增加了基质，并在植物、填料、浮体上增加滤食性动物。组合式浮床由于增加了填料、植物、微生物，对污染水体有着良好的净化效果。

（五）河流形态修复技术

河流形态修复主要指基于近自然原理，尽可能恢复河流横向连通性和纵向连续性、形态多样性、河床与河岸的生态化等。目前，河流形态修复主要分为横断面结构修复、河道蜿蜒性修复、河道纵向连通性修复、生态河床构建和生态岸坡构建。河流形态修复技术及其应用实例见表3-2。

表3-2 河流形态修复技术及其应用实例

河流形态修复技术	应用实例
河道蜿蜒性修复技术	1.丹麦斯凯恩河蜿蜒性塑造 2.日本北海道标津川下游的再蛇行化试验
河道纵向连通性修复技术	1.太湖流域杭嘉湖地区平原水网连通性改善机理及措施研究 2.巴西巴拉那河伊泰普水电站鱼道设置
横断面结构修复技术	1.四川某一山区河流的断面深槽修复试验 2.连山区凉水井子河段钢筋混凝土槽式结构复式断面方案研究
生态岸坡构建技术	1.卵砾石生态河床的水质修复作用研究 2.杭州余杭塘河流域水环境综合治理项目
生态河床构建技术	1.深圳市小型水库的河道生态补水研究 2.上海青浦区华新镇境内东风港滨岸缓冲带示范工程建设

① 河道蜿蜒性修复。蜿蜒性是天然河流平面形态的典型特征。所谓河道蜿蜒性修复包括大尺度和小尺度两个层面。前者是指应尊重河流地貌特性，应弯则弯，应直则直，尽可能保持原有蜿蜒性，确保河流连续；后者则多借助堆石、丁坝等结构营造局部蜿蜒性。

② 河道纵向连通性修复。所谓河道纵向连通性的修复，是指尽可能恢复河流的纵向连续性，通畅其物质和能量的纵向流动，常通过拆除或降低阻碍水流的闸门、水坝、浆砌谷坊坝、跌水等挡水建筑物，或通过人工布设辅助水道，改直立跌水为缓坡，于水位落差大的河段设置鱼道等方式来实现。河道纵向连通性的改善有利于恢复河流的生物多样性。

③ 横断面结构修复。所谓河流横断面结构修复，主要指在不影响河道功能的条件下，尽量保持河流天然断面形态，若无法保持天然断面，则按照复式、梯形、矩形断面的顺序选择。其中，河道滩地占地面积较大的复式断面因有助于改善水生动植物栖息环境，在天然河流中应用广泛。以四川某山区河流为例，探讨河道横断面深槽设置的生态改善效果，结果发现，特征流量下采用深槽修复可增加可使用栖息地面积约 48%，生境改善效果显著。

④ 生态岸坡构建。河岸生态化主要是指河道岸坡的生态防护，将植物、自然材料等与工程技术有机结合，在保证河岸稳定性与抗侵蚀性前提下，营造多种生物共生的生态景观，常用措施有植物。

⑤ 生态河床构建。河床的生态化主要是指深槽与浅滩形态序列构建、河床生态化以及栖息地结构加强三个方面。针对水量偏少或易发生断流的河流，采用人工机械挖掘方式塑造河床深槽浅滩犬牙交错分布的形态格局；条件允许的情况下，亦可利用生态丁坝和潜坝进行河床深槽浅滩形态构建。河床生态化主要是指河床组成材料的生态化，手段包括：采用透水性能较好的材料构筑河床，以木桩、块石或混凝土块体等提高河床孔隙率，等等。还包括生物栖息结构加强，主要是指运用树墩、砾石等改善河床地貌，旨在提高河道生境异质性。

二、河流生态护岸技术

河流生态护岸，是指恢复后的自然河岸或具有自然河岸“可渗透性”的人工护岸。生态护岸作为一种高级的护岸形式，拥有渗透性的自然河床、河岸基底与丰富的河流地貌，可以充分保证河岸与河流水体之间的水分交换和调节功能，同时具有一定的抗洪强度。生态护岸在洪水来临时，可以起到延滞径流的作用；当枯水季节到来时，储存在大堤中的水反渗入河流从而起到调节作用。同时生态护岸把水、河道与堤防、河畔植被连成一体，构成一个完整的河流生态系统。生态护岸顺应了现代人回归自然的心理，使得昔日碧水、青草的动态美得以重现，提升了整个城市的品位和生活品质。生态护岸上种植的植物，能从水中吸收无机盐类营养物质，庞大的根系还是大量微生物吸附的良好介质，有利于水体净化。

生态护岸类型、主要形式及适用范围见表 3-3。例如，始于 1986 年的江苏南通壕河综合整治工程，通过引水、生态河道建设、截污等综合措施，已收到良好效果，形成了“水包城，城包水”的特有景观，2005 年荣获建设部颁发的“中国人居环境奖”。大连、西安、天津、成都、深圳等城市进行了城镇河流生态建设，取得了美化城市、改善居住环境、提高城市品位等良好效果。目前，我国各地中小城镇都广泛开展了城镇河道生态建设，在生态护岸形式、选用原则和方法、设计等方面取得了一定成绩，为我国生态河道建设提供了宝贵经验。

表 3-3　生态护岸类型、主要形式及适用范围

生态护岸类型	主要形式	适用范围
自然原型护岸	草皮护岸、水生植物护岸、防护林护岸	流速不快、流量较小、冲刷能力较弱的乡镇级河道，河床过水断面较小
自然型护岸	松木桩护岸、石笼护岸、石积护岸	各种流速稍大、河床不平整的景观河道
多自然型护岸	植被型生态混凝土、网笼垫块护岸、水土保护毯、骨架内植草	高差≥4m，坡度≤70°的对稳定性要求高的河段

（一）自然原型护岸

自然原型护岸通过种植植被保护河岸、保持自然堤岸特性，主要采用乔灌混交，发挥乔木与灌木的自身生长特性，充分利用高低错落的空间和光照条件以达到最佳郁闭效果。同时利用植物舒展而发达的根系稳固堤岸，增强其抵抗洪水、保护河堤的能力。其优点是纯天然、无污染、投资少、施工方便。缺点是抵抗洪水的能力较差，抗冲刷能力不足。适用于流速不快、流量较小、冲刷能力较弱的乡镇级河道，河床过水断面较小。

（二）自然型护岸

自然型护岸（也称半自然型或人工自然型护岸）是指除种植植被外，还用石材、木材等天然材料保护坡脚，增强岸坡的稳定性。研究表明，木栅栏砾石笼生态护岸对水体有净化作用，可改善河流水生植物和水生动物群落结构。相比自然原型护岸，自然型护岸增加了护脚工程的成本，但是抗冲刷能力显著增强，同时也达到了生态需求。

（三）多自然型护岸

多自然型护岸（也称自然型与工程类结合护岸）是一种植物与工程措施相结合的复合型护岸技术。工程措施一般采用生态混凝土、土工合成材料等能与动植物和谐共生的生态材料。研究表明，生态混凝土、生态袋、水土保护毯等材料不仅有很强的抗冲刷能力，还具有生态环保、亲水自然等特性。

第三节　湖泊环境生态工程

我国湖泊众多，全国大小湖泊共 24890 个，总面积 83500 平方千米。此前，我国湖泊水污染现状主要表现为：水质下降，总体污染严重；底泥污染负荷较高；水生生态遭到破坏，植被退化，生物量下降，生物多样性锐减。十八大以来，我国大力推行河长制、湖长制、湿地保护修复制度，着力实施湿地保护、退耕还湿、退田（圩）还湖、生态补水等保护和修复工程，积极保障河湖生态流量，初步形成了湿地自然保护区、湿地公园等多种形式的保护体系，改善了河湖、湿地生态状况。然而，目前我国自然生态系统总体仍较为脆弱，生态承载力和环境容量不足，经济发展带来的生态保护压力依然较大。

湖泊具有调节河川径流、发展灌溉、提供工业和饮用的水源、繁衍水生生物、沟通航运、改善区域生态环境以及开发矿产等多种功能，在国民经济的发展和人民安居乐业中发挥着重要作用。湖泊环境生态工程是指利用生态学原理并结合工程性措施对遭到污染或生态被破坏的湖泊进行修复，利用水体自身强大的净化能力，降低湖泊中污染物的浓度，提高环境

容量，恢复水体生物多样性。本节主要介绍湖滨带生态修复技术和湖泊生态修复技术。

一、湖滨带生态修复技术

湖滨带是指湖泊流域中陆地生态系统与湖泊水域生态系统之间的生态过渡带，是在湖泊水动力和周期性水位变化等环境因子的作用下形成的以水文过程为纽带、以湿地生物为特征的水陆生态交错带。该半交错带可以起到半渗透界面的作用，能够控制物质、能量、信息在相邻生态系统之间的流动，是湖泊水体生态系统的重要组成部分，在拦截污染物、调蓄洪水及控制沉积和侵蚀等方面具有重要作用。

湖滨带在空间结构上表现出明显的圈层结构特征，生物群落也表现出与水相关的层次性，其中水生植物表现得最为明显，由陆地向水域方向依次为陆向辐射带、水位变幅带、水向辐射带（图 3-5）。

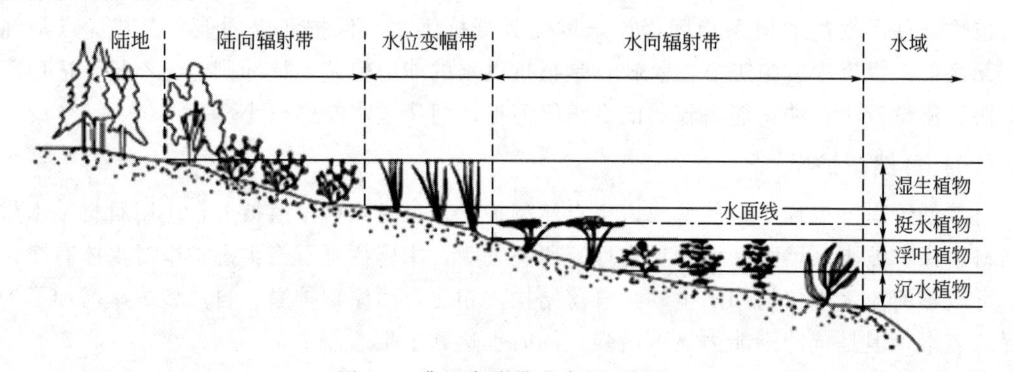

图 3-5 典型湖滨带垂直剖面结构

湖滨带生态修复技术工艺主要包括生态修复模式设计、湖滨带基底修复、湖滨带群落配置设计、景观设计四部分内容。

（一）生态修复模式设计

湖滨带所处位置不同，所连接的生态系统类型也各不相同，要根据具体的湖滨带类型因地制宜制定修复对策，湖滨带类型总体上可以分为两大类：缓坡型湖滨带和陡坡型湖滨带。

1.缓坡型湖滨带

（1）滩地型 该类型湖滨带现状地势平缓，原有湖滨带生态系统仍有保留，但人为干扰造成其生态退化。该类型湖滨带生态修复重点考虑生态多样性保护，一般按照陆生生态系统向水生生态系统逐渐过渡的完全岩体系列设计。

（2）农田型 该类型湖滨带现状受农田侵占，地形地貌受到一定的破坏。该类型湖滨带植物配置中应采用根系发达的乔木来净化农田浅层地下径流，在基底修复中应加固原有护岸设施以维持基底稳定性（图 3-6）。

（3）房基型 该类型湖滨带被房屋所侵占，滨湖生态系统被破坏，需以生物多样性保护为主要修复方向，全部退房还湖进行基底修复。房屋不能完全清退的，拆除部分房屋并设计生态岸坡，坡度须小于25°。

（4）鱼塘型 该类型湖滨带周围为大型鱼塘，湖滨水质恶化，生态系统受损。基底修复时需将鱼塘塘埂拆除至水面以下，仅保留塘基，拆除物两侧就地倾倒形成斜坡。针对底质污染较重、底泥较厚的鱼塘，应先进行清淤处理，再拆除塘基。

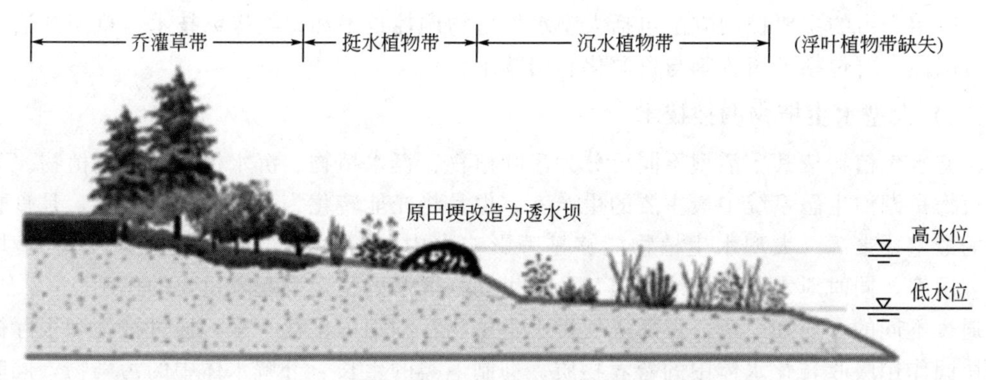

图 3-6　农田型湖滨带生态修复断面示意图

2. 陡坡型湖滨带

(1) 山地型　该类型湖滨带为山体直接入湖，地势陡峭，湖滨带较窄。生态功能定位为水土流失控制区的，仅修复陆生植被，采用不完全演替系列修复模式。

(2) 路基型　该类型湖滨带现状为路基侵占湖滨带，生境受损。路基型湖滨带以护岸功能为主，同时应考虑生物多样性保护，实施消浪、生态岸坡构架、修复营造鱼类及其他水生生物栖息地。

(3) 房基型　该类型湖滨带被房基侵占，生境受损。该类型湖滨带生态脆弱，侵占房屋应全部清退。

(二) 湖滨带基底修复

基底修复主要内容包括物理基底稳定性设计和基底修复与改造，其主要目的是：控制沉积和侵蚀，保持湖滨带物理基底的相对稳定；解决风浪、水流等不利水文条件对湖滨带生物的负面影响；对由于人类活动改变的地形地貌进行修复与改造；对底质的物理化学性质进行适当的调整和改造。

(三) 湖滨带群落配置设计

生态恢复初期，应尽可能选择生态幅较大的物种，确保物种能够在此环境下生存，以适应并改造初期生境；恢复中期，植物选择应以填充生态位空白为主，对群落结构进行优化，使原有群落逐渐稳定；恢复后期，要充分考虑湖滨带整体生态系统的健康性与稳定性，全面恢复水鸟、鱼类、底栖动物、水生植物等高级生态系统。

(四) 景观设计

景观设计应遵循以自然景观为主的原则，注重人文景观与自然景观的协调性，以体现生态价值的景观美学的原则对生态修复进行指导。湖滨景观设计以湖滨生态多样性为基础，构建层次分明、随季节变化的优美湖滨景观。

二、湖泊生态修复技术

目前，湖泊生态修复技术主要包括：生物调控技术、大型水生植物调控技术、沉水植物调控技术、生物操纵调控技术、湖滨湿地修复调控技术。

(一) 生物调控技术

生物调控指通过人为或工程手段，使水体的初级生产力维持在合理的水平范围内。藻型湖泊初级生产力的主要控制方法包括大型水生植物调控技术和生物操纵技术。草型湖泊初级生产力调控主要包括平衡收割与资源化利用技术。

（二）大型水生植物调控技术

大型水生植物依其生活型不同可分为浮叶植物、挺水植物、沉水植物及湿生植物。大型水生植物是湖泊生态系统中最主要的生产者，也是将光能转化为化学能的实现者，是食物链能量的最主要来源。大型水生植物能够显著影响水中的溶解氧、pH、无机碳及藻类对氮、磷的利用率，同时对水生态系统的演替及水生动物群落的稳定都起着重要的作用。

通过不同的介质如浮床、浮岛等使得水生植物在湖泊内生存下来，通过植物和根际微生物的协同作用吸收转化水体中的营养物质、抑制藻类的生长、分解水体中的污染物，同时能够为水生动物提供食物和栖息地，恢复水体生态，改善水质。

（三）沉水植物调控技术

沉水植物是水生态系统食物链中重要的生产者，直接吸收底泥中的氮、磷等营养，利用透入水层的太阳光和水体好氧生化分解有机物过程产生的 CO_2 进行光合作用并向水体复氧，从而促进水体好氧生化自净作用；同时沉水植物又为水体中其他生物提供生存或附着的场所，提高生物多样性，促进水体自净。研究表明沉水植物可以通过对营养物质的竞争、改变水体的理化环境，影响藻类对氮、磷的利用率，可以有效地抑制藻类的生长。在沉水植物实际应用中，有两点需要特别注意：

① 必须根据不同植物的生长特点进行合理搭配，使水生植物的覆盖率始终维持在较高的水平。因为水体中的大型水生植物和藻类生长于同一生态空间，二者在光照、营养盐等方面存在着激烈的生态竞争，互相影响，互相制约，只有一定的覆盖率才能保证水生植物的竞争优势，从而抑制藻类的生长。

② 在水生植物群落恢复后，必须应用生态系统稳定化管理技术进行维护管理。水生植物死亡后，其分解腐败过程将严重影响水质，因此必须定期进行收割管理。

（四）生物操纵调控技术

生物操纵调控技术包括经典生物操纵技术与非经典生物操纵技术。

① 经典生物操纵技术指通过控制捕食浮游动物的鱼类提高浮游动物的数量，进而控制藻类生物量的方法，即上行效应。浮游动物只能控制细菌和小型藻类等，可以起到提高水体透明度的作用，而对于丝状藻和大型藻类的水华无能为力。

② 非经典生物操纵技术可用滤食浮游植物的鱼类直接控制微囊藻水华。鲢鱼、鳙鱼能滤食 $10\mu m$ 至数毫米的浮游植物，而枝角类仅能滤食 $40\mu m$ 以下的较小浮游植物。与枝角类相比，鲢鱼、鳙鱼可有效摄取形成水华的群体蓝藻、有效控制大型蓝藻。

（五）湖滨湿地修复调控技术

湖滨带是水陆生态交错带的一种类型，是健康湖泊生态系统的重要组成部分。狭义的湖滨带是指护堤外 1～2km 范围内浅滩及浅水区域。随着对湖滨带认识的不断加深，湖滨带还包括湖内的敞水区及沿岸带湿地系统。

湖滨带的理化环境（光照、氧气及营养条件）、生物种群及数量极为丰富，是湖泊最主要的生产地带之一。湖滨带是水生和陆地生态系统间的过渡带或生态交错区。湖滨湿地在涵养水源、蓄洪防旱、促淤造地、维持生物多样性和生态平衡、生态旅游以及缓解污染等方面均有十分重要的作用。同时湖滨带也是受人类干扰最大的区域，长期以来人类的剧烈活动

（如围湖造田、破坏植被、围湖养殖、过度旅游开发）使湖滨带严重退化，严重地威胁了湖泊生态系统的健康。因此湖滨带的修复，对于湖泊系统的水质改善和生态恢复具有重要意义。

湖滨湿地的主要形式有前置库、河口湿地、沿岸带湿地系统（生态驳岸湿地系统）等。前置库是利用湖滨带内天然的水塘、水库、废弃鱼塘或矿坑，通过生态修复或工程强化进行湿地修复的一种效果好、建设运行费用低的工程措施。前置库在我国的滇池、太湖、巢湖等湖泊均有成功的案例，为削减流域内的污染物起到了重要的作用。传统的前置库主要是对来水中污染物进行初步的沉淀与净化，出水自流入湖泊中，净化效率较低，不能满足流域污染物削减与总量控制的要求。随着该技术的不断发展与演化，逐渐形成了多种样式的前置库系统，如生态深度净化塘、曝气型前置库、多塘组合系统等。

1. 生态深度净化塘

生态深度净化塘主要用于低浓度水的深度净化，净化塘系统主要设置于入湖前，对入湖水进一步净化。生态净化塘是对废弃的鱼塘进行改造，重建或恢复生态净化系统，构建健康塘系统实物量，大幅提升塘系统的净化能力及缓冲能力，使其成为入湖前湖泊最有力的屏障。该系统具有净化效果好、氮磷削减能力强、投资少、运行费用低的特点。

2. 曝气型前置库

曝气型前置库主要针对来水有机物浓度高，氮、磷负荷大的问题而设计。我国部分湖泊流域内存在大量的生活或工业污水未经处理而直排入湖的情况，短期内如果由于经济、技术等方面的限制，不能将污水收集进行集中处理，可采取曝气型前置库对来水进行深度处理。曝气型前置库对有机物和氨氮的削减能力强，但其一次性投入较高，运行费用较高，太阳能曝气机或风光互补的曝气方式是曝气型前置库的首选。

3. 多塘组合系统

多塘净化工艺主要利用湖库边的自然或人工塘对水体进行净化。多塘系统利用具有不同生态功能的稳定塘处理来水，属于生物处理工艺，其原理与自然水域的自净机理相似，利用塘中细菌、藻类、浮游动物、鱼类等形成多条食物链，构成相互依存、相互制约的复杂生态体系。水中的有机物通过微生物的代谢活动而被降解，从而达到净化水体的目的。其中微生物代谢活动所需要的氧由塘表面复氧及藻类光合作用提供，也可通过人工曝气供氧。按塘内充氧状况和微生物优势群体，将稳定塘分为好氧塘、兼性塘、厌氧塘和曝气塘。由于使用环境不同，多塘系统的组成也有所不同。

我国水生态领域的市场大幕刚刚拉开，湖泊水体生态修复技术的需求会越来越大，对湖泊的治理，应从生态系统整体出发，应用生态学原理，在控制外源污染的同时，应注重湖泊生态系统的修复，做到标本兼治。湖泊生态系统修复的核心是食物链及食物网，初期阶段的关键是控制湖泊的初级生产力，使其维持在一定的合理水平，后期辅以科学的管理维护。

三、湖泊生态修复案例

滇池，亦称昆明湖、昆明池、滇南泽、滇海，位于昆明市西南，有盘龙江等河流注入，湖面海拔1886.3米，面积298平方千米，是云南省最大的淡水湖，有高原明珠之称。湖水在西南海口泄出，为长江上游干流金沙江支流普渡河上源。

滇池属于富营养型湖泊，部分呈异常营养征兆，水色暗黄发绿，内湖有机、有害污染严重，污染发展迅速，氮、磷、重金属及砷大量沉积于湖底，致使底质污染严重，滇池近百年来已处于“老年型”湖泊状况，年均水温16℃。20世纪80年代末调查结果表明，随着滇池生态环境的变化导致鱼类产卵、孵化场地的生态环境破坏，加之过度捕捞和鱼类种群间相互作用等因素影响，滇池鱼类种群发生巨大变化，土著鱼种仅存4种，如肉嫩味美的金线鱼，濒临灭绝。

经过多年来的治理与生态修复，滇池较以往污染严重的局面得到了较大的改观，据2020年的统计数据，滇池湿地每年可吸收水体中总氮1324吨、总磷74吨；植物从2007年的232种增加至303种，喜清水的水生植物（如海菜花、苦草、轮藻、竹叶眼子菜、穿叶眼子菜等）重现滇池；鸟类从89种增加至139种；现有鱼类26种，土著鱼类滇池金线鲃、滇池高背鲫、泥鳅、侧纹云南鳅、银白鱼、云南光唇鱼6种已恢复，滇池特有鱼种——滇池金线鲃的濒危状况得到缓解。生态环境部水质监测数据显示，滇池生物多样性恢复明显，湖滨湿地植物物种增加到290种，鱼类达到23种，鸟类达到140多种。

滇池在多年的治理中，全面实施环湖截污治污，点源入湖污染大幅削减。开展了工业污染防治“零点行动”、山洪拦截滞蓄设施建设、城市排水管网及污水处理厂建设。在主城区及环湖片区建成了27座城镇污水处理厂，日污水处理规模达到216万立方米；建成雨季溢流污染防控设施（河道、排管）94座，年均调蓄量97.74万立方米。

城乡生活垃圾全部收集进行无害化处理。实施农业农村面源治理，面源入湖污染得到控制。建成了945个村庄生活污水处理设施，建立了农村垃圾“组保洁、村收集、乡运输、县处置”的运转机制；实施了规模化畜禽的禁养，取缔滇池流域畜禽养殖680万头（只），减少农业面源污染。

全面实施环湖生态修复，首次出现了“湖进人退”。实施了滇池面山及矿山植被修复、流域退耕还林、植树造林、水土流失治理，流域森林覆盖率由1988年的34.1%上升到53.55%；完成滇池湖滨退塘退田4.5万亩[1]、退房233万平方米、退人2.8万人、拆除防浪堤43.14千米，恢复滇池水域面积11.51平方千米，建成湿地5.4万亩，实现了“人进湖退”到“湖进人退”的历史转变，湖滨生态功能和生物多样性得到恢复。

实施河道支流沟渠整治，入湖河道水质明显提升。实施了35条主要入湖河道及支流沟渠综合整治，对4100多个河道排污口进行截污改造，铺设改造截污管道1300千米，河道清淤101.5万立方米；采取控源截污、内源治理、生态修复、活水保质等举措，完成22个城市黑臭水体治理，河道生态得到明显改善，水质明显提升。

实施湖内清淤生态治理，内源污染释放逐步减轻。实施了人工增殖放流，2019年向滇池投放鲢鱼和鳙鱼656吨、高背鲫鱼743万尾；开展蓝藻水华防控处置，2019年收集富藻水2.78亿立方米，削减总氮1851吨，削减总磷117吨；种植水生植物净化水体，完成滇池草海和外海主要入湖口及北部区域污染底泥疏浚1517万立方米，去除湖内污染物总氮约2.33万吨，总磷约0.63万吨，减轻了滇池内源污染。

实施节水及外流域引水，加快了水质改善步伐。开展了污水、雨水再生利用，减少污水排放，在主城区范围内建成10座集中式再生水处理厂、约600千米再生水供水干管，建成分散式再生水利用设施549座、海绵城市设施项目346个，成功创建国家节水型城市。完成牛栏江—滇池补水工程建设并通水运行，截至2020年5月，累计向滇池补水34.75亿立方

[1] 1亩＝666.67m^2。

米，缩短了滇池的换水周期，改善了滇池的水环境。

第四节　地下水环境生态工程

地下水是指埋藏在地表以下的各种形式的重力水，狭义上是指地下水面以下饱和含水层中的水。地下水是水资源的重要组成部分，由于水量稳定、水质好，是农业灌溉、工矿和城市的重要水源之一。但是由于受人类活动影响，如工业废水向地下直接排放，受污染的地表水侵入地下含水层，受人畜粪便污染，或因过量使用农药而受污染的水渗入地下等，地下水环境正受到不同程度的污染。地下水环境生态工程技术主要包括原位修复技术和生物修复技术，其中研究较多的为地下水植物修复技术和微生物处理技术。

一、地下水污染植物修复技术

植物修复是利用绿色植物来转移、容纳或转化污染物使其对环境无害的技术。植物修复的对象是重金属、有机物或放射性元素污染的土壤及水体。地下水污染植物修复技术主要是利用水生植物的吸收、降解和转运功能，实现地下水体净化和生态效应的恢复。植物修复是一种很有潜力、正在发展的清除环境污染的绿色技术，具有成本低、不破坏土壤和水体生态环境、不引起二次污染等优点。

（一）植物修复类型

1. 植物固定

植物固定修复是利用植物根际的一些特殊物质使地下水中的污染物转化为相对无害物质的一种方法。植物在植物固定中主要有两种功能：①保护污染土壤不受侵蚀，减少土壤渗漏，防止金属污染物的淋移；②通过金属根部的积累和沉淀或根表吸持来加强土壤中污染物的固定。然而植物固定修复没有将环境中的重金属离子去除，只是暂时将其固定，使其对环境中的生物不产生毒害作用，因此并没有彻底解决环境中的重金属污染问题。如果环境条件发生变化，重金属的生物可利用性可能又会发生改变。因此，植物固定不是一种很理想的修复方法。同时，应用植物固定原理修复污染土壤，应尽量防止植物吸收有害元素以避免昆虫、草食动物及牛、羊等牲畜在这些地方觅食后对食物链带来污染。

2. 根系降解

植物中超过20%的营养成分都聚集在根部，因此根部土壤中会生长很多微生物，尤其在根表面向外1～3mm的地方，这里微生物数量是没有种植过植物的土壤的3～4倍。一些微生物可以同植物相结合促进重金属的降解，也可以矿化某些有机污染物，如多环芳烃(PAHs)、多氯联苯（PCBs）。

3. 植物促进

植物促进，也称为植物提取，指植物根系将重金属或有机污染物从受污染的地下水中转移到地上部分。1583年，Cesalpino首次发现在“黑色的岩石”上生长的特殊植物。1848年，Minguzzi和Vergnano测定该植物叶片中含Ni量高达7900mg/kg。1977年，Brooks将这类能累积超过叶子干重1.0%的Mn或0.1%的Co、Cu、Pb或0.01%的Cd的植物命名为“超富集植物”。

4. 植物降解

植物降解是指通过植物体内的新陈代谢作用对吸收的污染物进行分解，或者通过植物分泌出的化合物（比如酶）的作用对植物外部的污染物进行分解，如硝基还原酶和树胶氧化酶可以将弹药废物（如 TNT）分解。植物降解主要是通过植物的根、茎、叶吸收或降解污染物。植物降解技术适用于疏水性适中的污染物，如三氯乙烯（TCE）等。修复途径主要包括两个方面：①污染物由于植物体的木质化作用转移到植物组织当中；②污染物通过植物体被矿化为 CO_2 和 H_2O 或其他无毒、低毒物质。

5. 植物挥发

植物挥发是指某些易挥发污染物被植物吸收后从植物表面组织空隙中挥发。如桉树降解 TCE、甲基叔丁基醚（MTBE）；印度芥菜降解硒化合物；烟草挥发甲基汞。从植物茎叶挥发出的物质可能被空气中的活性羟基分解，如有毒物质 Hg^{2+} 经植物挥发后变成了低毒的 Hg^0，高毒的硒变成了低毒的硒化合物气体等。

6. 挥发转移

挥发转移是指植物通过叶表孔隙挥发水分的形式转移水体中的污染物。如白杨、桉树等树木具有很深的根系，每天可以蒸腾大量的水，将水中某些污染物转移至植物体内。

（二）植物的修复作用

1. 植物吸收

植物为了维持自身的正常生命活动，必须不断地从周围环境中吸收水分和营养物质。植物具有广泛的吸收性，除了对少数几种元素表现出选择性吸收外，对不同元素来说只是吸收能力大小不同。植物吸收重金属的方式主要是被动吸收、超量吸收并运移到地上部积累。

2. 植物排泄

植物排泄是指植物通过排泄物或挥发的形式向外排泄体内多余的物质和代谢物质。排泄途径主要包括：①经过根吸收后，再经叶片或茎等地上器官排出（如汞、硒等）；②叶片吸收后，由根排泄；③去旧生新。

3. 植物积累

进入植物体内的污染物质虽可经生物转化过程成为代谢产物，并经排泄途径排出体外，但大部分污染物质与蛋白质或多肽等物质具有较高的亲和性因而长期存留在植物的组织或器官中，在一定时期内不断积累增多而形成富集现象，还可在某些植物体内形成超富集。常用富集系数来表征植物对某种元素或化合物的积累能力。富集系数越大，表明植物积累该种元素的能力越强。用位移系数来表征某种重金属元素或化合物从植物根部到植物地上部分的转移能力。位移系数越大，说明植物由根部向地上部分运输该元素的能力越强。

富集系数（BCF）＝植物体内某种元素含量/地下水中该元素含量

位移系数（TF）＝植物地上部分某种元素含量/植物根部该元素含量

（三）植物修复的影响因素

1. pH

pH 是影响土壤和地下水中重金属活性的主要因素，包括影响重金属的溶解和沉淀平衡。当 pH 较高时，重金属易沉淀而不易被植物吸收。在低 pH 条件下，沉积物中的重金属（如 Cd、Zn）可转化为植物可吸收态或可交换态，更易于被植物吸收，进而增加植物暴露于这些元素的风险，并可能对其生长产生潜在影响。

2. 氧化还原电位

重金属在不同的氧化还原状态下有不同的形态且可以相互转化。如在还原条件下，有机结合态 Cd 最稳定；在氧化条件下，有机结合态 Cd 则被转化为植物可利用的水溶态、可交换态或溶解络合态而释放到地下水环境中，并且随着氧化还原电位的增大，其释放量也增多。

3. 共存与营养物质

地下水环境中可能存在着可以改变重金属存在状态的一些物质。例如，富里酸对结合态汞有较强的吸收能力，易于促进矿物汞由固定结合态向有机溶解态转化而容易被植物吸收。

营养物质也是影响植物修复的重要因素。其中植物必需元素（如 N、P、K 等）对超积累植物修复有着较大的影响。

4. 其他因素

温度会影响水生植物的生长，还会影响污染物的活性。由于地下水环境受污染的复杂性，当存在复合污染情况时，可能会对植物修复产生拮抗或促进作用。此外，植物激素对植物生长发育有明显的调节作用。

（四）地下水污染植物修复应用

1. 氮磷吸收与代谢

氮是富营养化的主要原因，在大多数淡水生态系统中，氮被认为是初期生长的限制因素。因此，氮是淡水环境恢复的重点控制目标。然而，在许多水生生态系统中，高含量的磷常导致蓝藻水华，引发生态失衡和大量环境挑战。选择合适的水生植物物种可以显著增强多余养分的去除。由于硝酸根离子的还原，植物根系可以直接吸收铵离子。铵离子被谷氨酰胺合成酶进一步同化为谷氨酰胺的酰氨基，然后被谷氨酸合成酶同化成谷氨酸，这两种酶导致大部分铵离子被同化。值得注意的是，铵离子是有害的，高浓度的铵离子会影响植物中碳和氮的代谢，因此不能储存在植物组织中。因此，铵离子要么转化为酰胺，要么氧化为硝酸根离子，要么同化生成氨基酸。此外，游离 NH_3 会影响叶绿素含量、呼吸，并影响植物的电子传输。

2. 有机污染物修复

地下水中有机污染物通过植物直接吸收、降解、酶和根系作用降解（图 3-7）。水葫芦（学名凤眼莲）可以去除水体中的有机磷农药、染料、酚、多环芳烃、甲基对硫磷等有机污染物；龙葵能有效降解多氯联苯；苜蓿和水稻可用于修复多环芳烃污染。除单一植物的修复手段外，多种植物间作能够增加可修复污染物的种类，提高修复效率。有研究表明，与单独种植东南景天相比，其与黑麦草或蓖麻间作能够提高蒽和芘的去除率。

3. 重金属修复

重金属超富集植物是植物修复的核心和基础。只有寻找到某种重金属相对应的超富集植物，才能实施植物修复。蜈蚣草作为砷超富集植物，野外条件下体内砷的浓度最高可达

(a) 水葫芦　(b) 龙葵

(c) 苜蓿　(d) 水稻

图 3-7　有机污染物植物修复常用物种

2.3%。诸葛菜、黄杨和龙船花（图 3-8）是镍超富集植物。锌超富集植物分布较少，目前发现的约有 18 种，主要是十字花科遏蓝菜属植物。玉米和芥菜是铅超富集植物。东南景天是锌和镉共超积累和铅富集植物。

(a) 诸葛菜　(b) 龙船花

图 3-8　重金属植物修复常用物种

目前，对植物富集后的生物量的处理还没有比较妥善的解决办法。目前常用的处理办法是暂时存放，将超富集植物烧成灰后当作特殊垃圾填埋，或者运至重金属矿区的尾矿中与尾矿渣一起贮存。

二、地下水污染微生物处理技术

微生物处理技术是20世纪80年代以来出现和发展的治理环境污染的工程技术。它以微生物的代谢活动为基础，通过对有毒有害物质进行降解和转化，修复受破坏的生态平衡以达到治理环境污染的目的。微生物修复的关键是针对处理体系的污染物找到相应的高效降解菌株。因其可以施行原位治理，并以其技术可行和成本相对低廉而被人们普遍接受，具有广阔的应用前景。

（一）微生物处理技术的影响因素

1.营养元素

在代谢过程中，有些有机化合物既可作为微生物的碳源，又可作为能源。微生物分解这些有机化合物从而获得生长、繁殖所需的碳、氮及能量。当碳源和氮源缺乏时，微生物的生长就会受到抑制。

此外，地下水中的微生物也受到营养盐的限制。在地下水环境中，氮、磷和硫等元素可以通过矿物溶解获得。但如果有机污染物质量浓度过高，在完全降解之前，这些元素可能就已被耗尽。因而人为地添加一些营养物质可以保证微生物持续有效地活动。

2.电子受体

生物氧化反应中有许多最终电子受体，包括溶解氧、无机离子（硝酸根、硫酸根等）以及被分解的有机物的中间产物。它们的种类和浓度对生物降解的速度和程度有极大的影响。在好氧情况下，溶解氧是原位生物修复过程中的关键因素。增加溶解氧的方法主要有：①通过不同的供氧方式增强微生物的活性，如输入空气，或通过注射井注入氧气，从而为好氧微生物提供最终的电子受体；②加入氧发生剂（如 H_2O_2 等），使氧在介质中缓慢释放。

3.微生物的种类

在生物处理中，可以采用的微生物从其来源上可分为土著微生物、外来微生物和基因工程菌。土著微生物对环境的适应能力强且污染过程中已经历了一段自然驯化，因此是生物修复的首选菌种。但土著微生物不一定能对污染物有较好的降解效果，此时则需要考虑外来菌种。基因工程菌是采用基因工程技术将多种降解基因转入同一微生物中而培养出来的菌种，但基因工程菌引入地下后可能与土著菌产生竞争关系，进而影响原生态系统。

4.环境因素

生物修复在很大程度上还取决于地下水的环境因素，主要包括温度、pH值和盐度等。微生物所处环境pH一般应保持在6.5～8.5，以保证微生物的活性。20～35℃是普通微生物最适宜的温度，所以在实际应用过程中要考虑季节的温度变化。

（二）地下水污染微生物修复

地下水污染的生物修复技术大致可分为天然生物修复和人工生物修复，而人工生物修复又可分为原位生物修复和异位生物修复两类。

1. 天然生物修复技术

天然修复是指不采取任何工程辅助措施或不调控生态系统，完全依靠天然衰减机理去除地下水中溶解的污染物，同时降低对环境危害的修复过程。天然修复分为物理、化学和生物作用，包括对流、弥散、稀释、吸附、挥发、化学转化和生物降解等作用，在这些作用中，生物降解是唯一将污染物转化为无害产物的作用。

2. 原位生物修复技术

地下水的原位生物修复方法是指向含水层内通入氧气及营养物质，依靠土著微生物的作用分解污染物。目前多采用原位生物修复的方法，包括生物注射法、有机黏土法、地下水抽提和回注系统相结合法等。

（1）生物注射法　生物注射法，也称空气注射法，是在传统气体技术的基础上加以改进形成的新技术。其原理为将加压后的空气注射到污染地下水的下部，气流加速地下水和土壤中有机物的挥发和降解。此方法常与气相提取技术联用，并通过延长停留时间促进生物降解，提高修复效率，主要用于修复挥发性有机物（VOCs）污染的饱和地下水。以前的生物修复利用封闭式地下水循环系统往往氧气供应不足，而生物注射法提供了大量的空气以补充溶解氧，从而促进微生物的降解作用（图 3-9）。

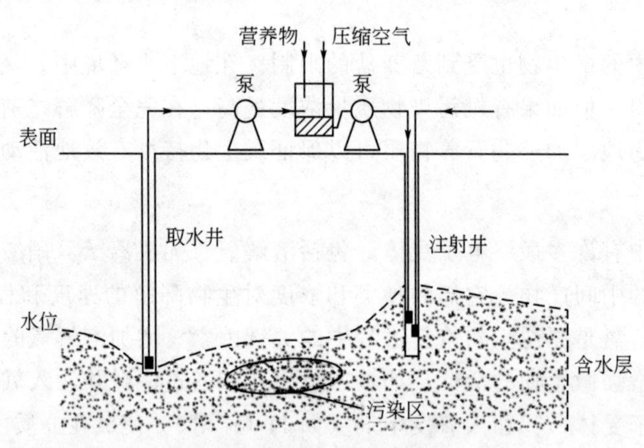

图 3-9　地下水的生物注射技术示意图

（2）有机黏土法　有机黏土法是利用人工合成的有机黏土有效去除有毒化合物的修复技术，即把阳离子表面活性剂通过注射井注入蓄水层，通过化学键键合到带负电荷的黏土表面，合成有机黏土矿物，从而形成有效的吸附区，控制有毒化合物在地下水中的迁移，利用现场的微生物，降解富集在吸附区的有机污染物，从而彻底消除地下水中的有机污染物。

（3）地下水抽提和回注系统相结合法　该方法主要是将地下水抽提系统和回注系统结合起来，通过注入空气、营养物质和已驯化的微生物，促进有机污染物的生物降解。Smallbeck 和 Donald R. 等人在加利福尼亚的研究表明，采用此系统修复地下水污染时，生物降解得到了明显的促进。

3. 异位生物修复技术

地下水异位生物修复主要采用生物反应器的方法。生物反应器的处理方法是将地下水抽提到地上部分，再用生物反应器加以处理的过程，处理后将地下水通过渗灌系统回灌到土壤内，形成一个闭路循环。同常规废水处理一样，反应器类型有很多，如细菌悬浮生长的活性污泥反应器、串联间歇反应器和生物固定生长的生物滴滤池（图 3-10）等。

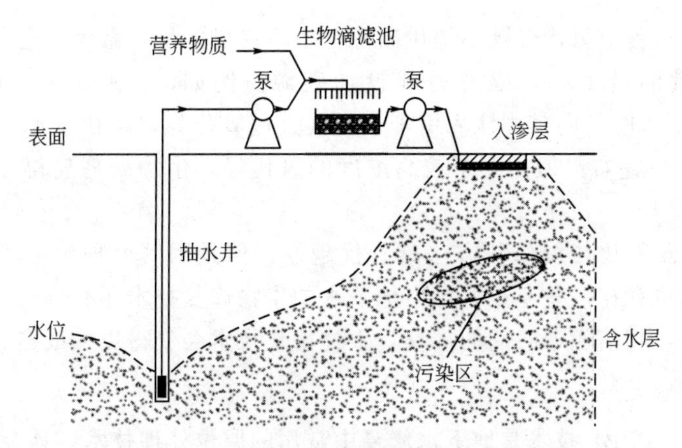

图 3-10 地下水生物滴滤池修复技术示意图

生物反应器法不但可以作为一种实际的处理技术，也可以用于研究生物降解速率及修复模型。近年来，生物反应器的种类得到了较大的发展。连泵式生物反应器、连续循环升流床反应器、泥浆生物反应器等在修复污染地下水方面已初见成效。

（三）地下水污染微生物修复应用

1. 硝酸盐污染修复

地下水硝酸盐污染的主要来源是农业氮素化肥流失、工业废水和生活污水的排放等。硝酸盐在地下水中以 NO_3^- 的形式存在，进入生物体后会形成亚硝酸盐，对人类和其他生物的健康造成极大的伤害。

生物反硝化是指硝态氮（NO_3^--N）或亚硝态氮（NO_2^--N）在缺氧或厌氧条件下，被微生物还原转化为氮氧化物或氮气（N_2）的过程。反硝化微生物的代谢活动有两种转化途径：①同化还原反硝化，反硝化菌在进行反硝化的同时，能将 NO_3^- 同化为 NH_4^+ 而供细胞合成有机氮化合物，成为菌体的一部分；②异化反硝化，即在缺氧条件下，反硝化菌以 NO_3^- 为电子受体进行无氧呼吸氧化有机物，将 NO_3^- 还原为 N_2 的过程。自养生物脱氮指反硝化微生物利用 CO_2 等作为无机碳源，以还原态硫化物或氢气为主要电子供体将硝酸盐还原为氮气的生物反硝化过程。自养型细菌一般情况下增长速度慢且增长量少，因此剩余污染物少。

脱氮沟是采用生化法原位去除地下水中硝酸盐的新技术，其核心是脱氮墙。脱氮沟技术作为污染地下水的原位修复技术，其优点是不需抽提地下水至地面处理系统，且反应介质消耗很慢，有几年甚至几十年的处理能力，除了需长期监测外，几乎不需要运行费用。但是，大量脱氮菌和氮气的产生可能会引起土壤的堵塞。在丹江口水库的运用中，脱氮沟能有效去除地下水中的硝酸盐，且两种填料都没有发生明显的二次污染现象，但是在脱氮墙中发生了不同程度的扰流、短流现象。

2. 有机物污染修复

多环芳烃（PAHs）难溶于水，而且密度大于水，从而形成重的非水相，成为地下水的持久污染源。由于 PAHs 化学结构很稳定，而且一般具有相当的毒性，因此使用生物处理的难点在于高效的菌种很少。Mueller 等利用纯培养技术得到了一株假单胞菌，应用两步连续接种法，可以有效地去除 PAHs 污染，使木馏油的去除率＞99％，多环芳烃的去除率＞98％。

氯代烃是很好的溶剂，被化工、电子等行业广泛使用。虽然实践证明微生物可以降解氯代烃，但是降解的过程中氯代烃既不提供碳源，也不提供能量，微生物会大量死亡。因此需要定期补加一定量的微生物，或者另外投加碳源。例如，McCarty 等在处理三氯乙烯（TCE）污染的地下水时，向其中注入甲苯、氧气、过氧化氢以提供碳源与能量供微生物生长，处理率达到85%左右。但是对于较高浓度的氯代烃，生物处理显得不够有效，必须与化学氧化法联合使用。

生物修复技术虽然比传统修复方法具有优越性，但是因其处理效果受到生物特性的限制，生物修复方法也存在一些不足。污染地下水的生物修复技术还有待进一步研究，并在应用实践中逐步完善，相信随着时间的推移，生物修复技术会变得更加成熟。

3. 重金属污染修复

可渗透反应墙（PRB）技术是地下水修复中常用的原位处理技术，具有效率高、成本低、安装简单、环境干扰小等优点。表3-4列举了不同PRB墙体结构的优缺点。通常在自然水力梯度下，地下水污染羽渗流通过反应介质，重金属等污染物与介质发生物理、化学或生物作用得到阻截或去除，处理后的地下水从PRB的另一侧流出。Maamoun 等对几种PRB常见反应介质进行了比较，其中纳米零价铁（nZVI）的修复效果远高于活性炭和砂/沸石混合物。

表3-4 不同PRB墙体结构的优缺点

名称	结构	优势	限制	适用场地
连续反应墙式	垂直安装墙体	结构简单、成本低、干扰小	不适用于宽度大的污染羽	污染较浅或规模小
漏斗-导水门式	隔水墙漏斗、反应介质、导水门	工程费用低、处理效率高、范围大	对天然地下水流产生干扰	污染严重且污染物扩散较广
注入处理带式	反应井重叠	垂直修复深度最大	不适用于低渗透性含水层，反应介质易堵塞	渗透性高、污染深度大
反应单元被动收集式	收集槽、反应容器	可直接更换反应介质、水平修复范围大	环境干扰较大	点源污染、地形坡度较大

当前，较大规模的PRB工程研究及商业应用已在北美和欧洲等的发达国家进行。我国PRB研究起步较晚，目前的研究主要集中在PRB反应介质的筛选和修复效果的提升。但分析已有处理数据发现，基于我国污染现状，在实际修复过程中采用PRB原位修复技术并使用混合反应介质，可达到较好的协同去除效果。结合我国地下水重金属污染情况及PRB技术当前发展状况，我国PRB技术的应用与发展面临如下挑战：①应用和安装受到场地的限制；②易出现反应介质堵塞、失效以及渗透率降低等问题；③诸多因素会对处理结果产生较大影响；④墙体开挖深度受当前技术限制，深层地下水的修复仍有难度；⑤对复合污染场地修复的研究较少。

思考题

1. 名词解释

水环境、水生态系统服务功能、水污染、水体富营养化、生态补水技术、人工湿地、生态浮床、湖滨带、沉水植物、富集系数

2. 简述水资源的特性。

3. 水生态的社会服务功能和自然生态服务功能有哪些?

4. 水生生态毒理在环境卫生研究中可以应用在哪些方面?举例说明。

5. 简述人工湿地污染物去除机理以及分类。

6. 常见的湖泊生态修复技术有哪些?举例说明。

7. 植物可通过哪些途径实现污染环境的修复作用?

8. 原位生物修复技术与异位生物修复技术的区别是什么?

参考文献

[1] 陈小勇. 滇池遥感水污染变迁分析研究 [D]. 昆明:昆明理工大学,2009.

[2] 代克岩,姬国杰,胡焕焕,等. 城市内河污染综合治理及生态修复效果分析:以无锡芙蓉塘为例 [J]. 中国资源综合利用,2021,39 (2):183-187.

[3] 高吉喜,沈英娃,曹洪法. 中国生态毒理学研究现状 [J]. 环境科学研究,1997,10 (3):59-63.

[4] 环境保护部办公厅. 关于印发江河湖泊生态环境保护系列技术指南的通知:环办〔2014〕111 号.

[5] 孔繁鑫,朱端卫,范修远,等. 脱氮沟对农业面源污染中地下水硝酸盐的去除效果 [J]. 农业环境科学学报,2008 (4):1519-1524.

[6] 欧阳志云,赵同谦,王效科,等. 水生态服务功能分析及其间接价值评价 [J]. 生态学报,2004 (10):2091-2099.

[7] 邵珠涛. 水环境污染现状及其治理对策 [J]. 中国资源综合利用,2017,35 (4):14-15,18.

[8] 孙秋慧,邓恒,曹翠翠,等. 一种改进型 MABR 系统的增氧性能评估 [J]. 水力发电学报,2019,38 (1):75-85.

[9] 魏玉萍,李超. 生态护岸技术研究综述 [J]. 治淮,2014 (6):44-45.

[10] 王俭,吴阳,王晶彤,等. 生态浮床技术研究进展 [J]. 辽宁大学学报 (自然科学版),2016,43 (1):50-55.

[11] 修瑞琴. 水生毒理学方法在环境卫生研究中的应用 [J]. 中华预防医学杂志,1987 (4):221-224.

[12] 肖勤. 农村水环境污染现状及其治理对策 [J]. 畜牧与饲料科学,2009,30 (1):123-125.

[13] 叶春,李春华,邓婷婷. 论湖滨带的结构与生态功能 [J]. 环境科学研究,2015,28 (2):171-181.

[14] 杨海军,李永祥. 河流生态修复的理论与技术 [M]. 长春:吉林科学技术出版社,2005.

[15] 杨素霞,姜久宁,杨寓筠,等. 氧化塘组合人工湿地提高污水厂出水水质 [J]. 有色冶金节能,2022,38 (4):75-78.

[16] 赵伟明,刘启,盛东,等. 大通湖生态补水周期及流场分布特征分析 [J]. 人民珠江,2022,43 (6):65-70.

[17] 邹合萍,陆效军. PKA 人工湿地技术在河道深度处理中的应用 [J]. 安徽农业科学,2019,47 (19):96-98.

[18] Mueller J G,Lantz S E,Ross D,et al. Strategy using bioreactors and specially selected microorganisms for bioremediation of groundwater contaminated with creosote and pentachlorophenol [J]. Environmental Science & Technology,1993,27 (4):691-698.

[19] McCarty P L,Goltz M N,Hopkins G D,et al. Full-scale evaluation of In Situ cometabolic degradation of trichloroethylene in groundwater. [J]. Environmental Science & Technology,1998,32 (1):88-88.

[20] Maamoun I,Eljamal O,Falyouna O,et al. Multi-objective optimization of permeable reactive barrier design for Cr (Ⅵ) removal from groundwater [J]. Ecotoxicology and Environmental Safety,2020,200:110773.

第四章

土壤环境生态工程

土壤生态系统是陆地生态系统的组成部分，能够不断供应和协调作物生长发育所必需的水分、养分、空气、热量和其他生活必需条件，其在人类社会生存和发展过程中一直发挥着重要作用。随着工农业现代化的发展，人口数量的持续增加，人们对土壤的利用程度已达到前所未有的高度。此外，由于人类生产生活的影响，重金属等各类污染物向土壤中的排放使得土壤中的有毒有害物质逐渐增加，加剧了土壤污染和土壤质量的降低。现在，人们对于土壤环境保护的意识逐渐增强，党的二十大报告也提出了加强土壤污染源头防控、开展新污染物治理的要求。关于土壤污染的有效治理，人们也在不断进行探索研究，希望通过物理、化学、生物单一或者联合方式转化、吸收和降解土壤中的污染物，使其浓度降低至可接受水平，或将有毒有害的污染物转化为无害的物质。坚持精准治污、科学治污、依法治污是土壤环境生态工程的重要目标。

第一节　土壤环境及污染

一、土壤概述

（一）土壤的概念及物质组成

1.土壤的概念

土壤是地球陆地表面能够生长植物的疏松表层，是由一层层厚度各异的矿物质成分所组成的大自然主体，又分为自然土壤和农业土壤。土壤同样是农业生态系统的重要组成部分，是农业生产的基础。持地质学观点的人认为：土壤是地表岩石风化的碎屑。持化学观点的人认为：土壤是植物营养的贮存库。从农业生产的观点来看：土壤是能够生产植物收获物的地球陆地表面的疏松表层，或者说土壤是地球陆地表面能够生长植物的疏松表层。合理地利用土壤资源，充分发挥土壤的生产潜力，使土壤能为人类制造出更多的物质财富，是农业科学的首要任务。

2.土壤的基本物质组成

土壤是由固相、气相和水相三相物质组成的疏松多孔体（图 4-1）。土壤固体组分约占总容积的50%，其中一部分来自岩石的风化矿物质，约占固体质量的95%，可分为原生矿物和次生矿物；另一部分为有机质，约占固体质量的5%，为动植物残体及其转化产物。土壤另一半是土壤空隙，由水和空气填充。气相占土壤空隙的20％～30％，土壤空气一部分由地上大气层进入，主要为O_2、N_2等，另一部分由土壤内部产生，主要为CO_2、水汽等。与气相相似，水相也占土壤空隙的20％～30％，主要由地上进入土中，其中含有溶质，包括离子、分子、胶体颗粒等，实际上是浓度不同的溶液（土壤溶液）。此外，土壤中还分布有重要的生物体，包括土壤动物和土壤微生物等。

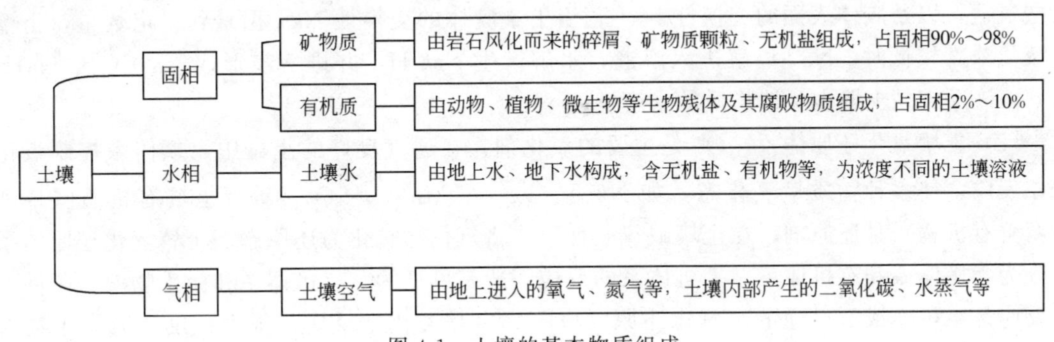

图4-1　土壤的基本物质组成

（二）土壤的物理化学及生物属性

1. 土壤的物理性质

土粒是指土壤中各种粒径的固相颗粒，通常将土粒假定为球形，人为地将土壤单粒按直径大小划分成若干等级，同一等级在性质和化学成分上基本一致，称土壤粒级。土壤由各种大小不同的土粒组合而成，各粒级土粒在土壤中的相对比例（质量分数）称为土壤质地，或称土壤机械组成。土壤质地分类标准各国也不统一，例如国际制土壤质地分类标准，这是一种3级分类法，即按砂粒、粉粒和黏粒3种粒级的质量分数将土壤质地共分为4类12级。

土壤质地和石砾含量对土壤肥力及植物生长有如下影响：砂土类含砂粒多，充气孔隙多，持水孔隙少，土壤孔隙度小，通透性良好，但不易蓄水保肥；黏土类含黏粒多，持水孔隙多，充气孔隙少，土壤孔隙度大，通透性差，蓄水力强，易积水，黏粒本身含养分多，有机质分解慢，易积累，保肥力强，施用的肥料后劲较大；壤土类砂黏适中，充气孔隙与持水孔隙比例适当，通透性良好，蓄水保肥力强，养分含量丰富，有机质分解速率适中，供肥和保肥性能良好。

土粒密度是单位容积土粒的质量，单位是g/cm^3，其值一般在2.65左右。土壤密度又称“土壤容重”，指单位容积土壤的质量。根据干土和湿土质量，又可分为干土壤密度和湿土壤密度。在紧实的黏土中，种子发芽和幼苗出土困难，造成出苗延迟，影响出苗率、出苗整齐度等，同时根系下扎受阻，块根和块茎不易膨大，尤其是对直根植物、块根和块茎花卉、根系较弱的植物影响更大。某些城市土壤常有紧实土层，森林土壤下层（B层）往往紧实，影响树木扎根。

2. 土壤的化学性质

（1）土壤酸碱性　土壤酸化过程始于土壤溶液中的活性H^+。土壤胶体上吸附的盐基离子被溶液中活性H^+替换进入土壤溶液，然后遭雨水淋失，土壤胶体上的交换性H^+不断增加，土壤盐基饱和度下降、氢饱和度增加，并出现交换性铝，使得土壤酸化，形成酸性土壤。土壤胶体上交换性H^+的饱和度达到一定限度，就会破坏硅酸盐黏粒晶体结构，水铝片

（八面体片）中的 Al 就脱离晶格束缚，转化为活性 Al^{3+}，进而取代交换性 H^{+} 而成为交换性 Al^{3+}，交换性 Al^{3+} 水解就产生 H^{+}。土壤活性酸是土壤固相处于平衡状态的土壤溶液中的 H^{+} 所反映出来的酸度。土壤潜性酸是吸附在土壤胶体表面的交换性致酸离子（H^{+} 和 Al^{3+}）所反映出来的酸度，交换性 H^{+} 和 Al^{3+} 只有转移到溶液中，转变成溶液中的氢离子，才会显示酸性，通过滴定确定其大小。土壤中碱性物质主要是 Ca、Mg、Na、K 的碳酸盐及碳酸氢盐，以及胶体表面的交换性 Na^{+}。当土壤胶体的交换性 Na^{+} 积累到一定数量，土壤溶液盐浓度较低时，Na^{+} 离解进入溶液，水解产生 NaOH，并进一步形成 Na_2CO_3、$NaHCO_3$，该反应是土壤中碱性物质的水解反应。

（2）土壤氧化还原体系　O_2 是主要的氧化剂，在通气良好的土壤中，氧体系控制氧化还原反应，使多种物质呈氧化态，如 NO_3^{-}、Fe^{3+}、Mn^{4+}、SO_4^{2-} 等。土壤有机质（特别是新鲜有机物）是还原剂，在土壤缺氧条件下，将氧化物转化为还原态。土壤氧化还原体系可分为无机体系和有机体系，无机体系的反应一般是可逆的，有机体系和微生物参与条件下的反应是半可逆或不可逆的。氧化还原反应不完全是纯化学反应，很大程度上有微生物参与，如：$NH_4^{+} \longrightarrow NO_2^{-} \longrightarrow NO_3^{-}$（在硝化细菌作用下完成）。

（3）土壤胶体　土壤中的固相、液相和气相呈互相分散的胶体状态，其固体颗粒直径小于 1μm，土壤胶体常指这些固相颗粒，即土壤学中所指的土壤胶体是指直径小于 2μm 或者小于 1μm 的土壤微粒。

3. 土壤生物及其对土壤环境的影响

（1）土壤动物　土壤动物是指长期或一生中大部分时间生活在土壤或地表凋落物中的动物。它们直接或间接地参与土壤中物质和能量的转化，是土壤生态系统中不可分割的组成部分。它们可以破碎土壤中的生物残体，为微生物活动和有机物质进一步分解创造条件；可以改变土壤的物理、化学以及生物学性质，对土壤形成及土壤肥力发展起着重要作用。土壤动物的群落结构随环境因素和时间变化呈明显的时空变化。土壤动物对环境具有指示作用，土壤动物的数量和群落结构的变异能指示生态系统的变化。

（2）土壤微生物　土壤微生物是指生活在土壤中借用光学显微镜才能看到的微小生物。其中土壤细菌是一类无完整细胞核的生物，占土壤微生物总数的 70%～90%，其基本形态有球状、杆状和螺旋状。自生固氮细菌是指独自生活时能将分子态氮还原成氨，并营养自给的细菌类群。共生固氮是指两种生物相互依存生活在一起时，由固氮微生物进行固氮。根瘤菌可以与豆科植物共生，形成根瘤，能固定大气中的分子态氮，向植物提供氮营养。部分腐生微生物可以分解有机质，为土壤提供肥料。

（3）植物　植物根系通过根表细胞或组织脱落物、根系分泌物向土壤输送有机物质，一方面对土壤养分循环、土壤腐殖质的积累和土壤结构的改良起着重要作用；另一方面作为微生物的营养物质，大大刺激了根系周围土壤微生物的生长，使根周围土壤微生物数量明显增加。由于植物根系的细胞组织脱落物和根系分泌物为根际微生物提供了丰富的营养和能量，因此，在植物根际的微生物数量和活性常高于根围土壤，这种现象称为根际效应。

总之，土壤是发育在地球陆地表面具有生物活性和孔隙结构的介质，它在生态系统中的主要作用是为植物提供物理支承、水分、养分，甚至空气。而生物又是土壤中必不可少的成分，我们要尽可能在不破坏土壤结构的情况下保持丰富的土壤生物，因为它们不仅是大自然的重要成员之一，而且是碳循环中必不可少的一部分。土壤生物的存在对人类的生活也有着重要意义。

（三）土壤环境检测及质量标准

土壤环境质量标准是土壤中污染物的最高容许含量。污染物在土壤中的残留积累，以不致造成作物的生育障碍、在籽粒或可食部分中的过量积累（不超过食品卫生标准）或不影响土壤、水体等环境质量为界限。为贯彻《中华人民共和国环境保护法》，保护土壤环境质量，管控土壤污染风险，制定了《土壤环境质量 农用地土壤污染风险管控标准（试行）》《土壤环境质量 建设用地土壤污染风险管控标准（试行）》。这两项标准为国家环境质量标准，规定了农用地和建设用地土壤污染风险筛选值和管制值，以及监测、实施与监督要求。《土壤环境质量 农用地土壤污染风险管控标准（试行）》适用于耕地土壤污染风险筛查和分类，园地和牧草地可参照执行。《土壤环境质量 建设用地土壤污染风险管控标准（试行）》适用于建设用地土壤污染风险筛查和风险管制。

农用地土壤污染风险：指因土壤污染导致食用农产品质量安全、农作物生长或土壤生态环境受到不利影响。

农用地土壤污染风险筛选值：指农用地土壤中污染物含量等于或者低于该值的，对农产品质量安全、农作物生长或土壤生态环境的风险低，一般情况下可以忽略；超过该值的，对农产品质量安全、农作物生长或土壤生态环境可能存在风险，应当加强土壤环境监测和农产品协同监测，原则上应当采取安全利用措施。

农用地土壤污染风险管制值：指农用地土壤中污染物含量超过该值的，食用农产品不符合质量安全标准等农用地土壤污染风险高，原则上应当采取严格管控措施。

农用地土壤污染风险筛选值基本项目：农用地土壤污染风险筛选值的基本项目为必测项目，包括镉、汞、砷、铅、铬、铜、镍、锌，风险筛选值见表 4-1。

表 4-1　农用地土壤污染风险筛选值（基本项目）　　单位：mg/kg

序号	污染物项目		风险筛选值			
			pH≤5.5	5.5＜pH≤6.5	6.5＜pH≤7.5	pH＞7.5
1	镉	水田	0.3	0.4	0.6	0.8
		其他	0.3	0.3	0.3	0.6
2	汞	水田	0.5	0.5	0.6	1.0
		其他	1.3	1.8	2.4	3.4
3	砷	水田	30	30	25	20
		其他	40	40	30	25
4	铅	水田	80	100	140	240
		其他	70	90	120	170
5	铬	水田	250	250	300	350
		其他	150	150	200	250
6	铜	果园	150	150	200	200
		其他	50	50	100	100
7	镍		60	70	100	190
8	锌		200	200	250	300

注：1. 重金属和类金属砷均按元素总量计。

2. 对于水旱轮作地，采用其中较严格的风险筛选值。

重金属是指密度＞$4.5g/cm^3$ 的金属。在土壤环境学领域，重金属不是以元素的密度来划分的，其主要包括汞、镉、铬、铅、铜、钴、锌、镍、硒、砷、锡等。土壤环境重金属污染主要有以下特点：①形态变化较为复杂，一般来说重金属在离子态时比络合态时的毒性大，络合物越稳定，毒性越低；②有机态比无机态毒性大，甲基氯化汞＞氯化汞，二甲基镉＞氯化镉，四乙基铅＞二氯化铅，四乙基锡＞二氯化锡，酒石酸锌＞硫酸锌，柠檬酸锌＞氯化锌；③毒性与价态和化合物的种类有关，二价铜＞铜单质，亚砷酸盐＞砷酸盐，砷酸铅＞氯化铅，氧化铅＞碳酸铅；④环境中的迁移转化形式多样化；⑤生物毒性效应的浓度较低；⑥在生物体内积累和富集；⑦在土壤环境中不易被察觉；⑧在环境中不会降解和消除；⑨在人体中呈慢性中毒过程；⑩土壤环境分布呈现区域性。各项土壤污染物的分析方法如表 4-2 所示。

表 4-2　土壤污染物分析方法

序号	污染项目	分析方法	标准编号
1	镉	土壤质量　铅、镉的测定　石墨炉原子吸收分光光度法	GB/T 17141
2	汞	土壤和沉积物　汞、砷、硒、铋、锑的测定　微波消解/原子荧光法	HJ 680
		土壤质量　总汞、总砷、总铅的测定　原子荧光法　第 1 部分：土壤中总汞的测定	GB/T 22105.1
		土壤质量　总汞的测定　冷原子吸收分光光度法	GB/T 17136
		土壤和沉积物　总汞的测定　催化热解-冷原子吸收分光光度法	HJ 923
3	砷	土壤和沉积物　12 种金属元素的测定　王水提取-电感耦合等离子体质谱法	HJ 803
		土壤和沉积物　汞、砷、硒、铋、锑的测定　微波消解/原子荧光法	HJ 680
		土壤质量　总汞、总砷、总铅的测定　原子荧光法　第 2 部分：土壤中总砷的测定	GB/T 22105.2
4	铅	土壤质量　铅、隔的测定　石墨炉原子吸收分光光度法	GB/T 17141
		土壤和沉积物　无机元素的测定　波长色散 X 射线荧光光谱法	HJ 780
5	铬	土壤　总铬的测定　火焰原子吸收分光光度法	HJ 491
		土壤和沉积物　无机元素的测定　波长色散 X 射线荧光光谱法	HJ 780
6	铜	土壤质量　铜、锌的测定　火焰原子吸收分光光度法	GB/T 17138
		土壤和沉积物　无机元素的测定　波长色散 X 射线荧光光谱法	HJ 780
7	镍	土壤质量　镍的测定　火焰原子吸收分光光度法	GB/T 17139
		土壤和沉积物　无机元素的测定　波长色散 X 射线荧光光谱法	HJ 780
8	锌	土壤质量　铜、锌的测定　火焰原子吸收分光光度法	GB/T 17138
		土壤和沉积物　无机元素的测定　波长色散 X 射线荧光光谱法	HJ 780
9	六六六总量	土壤和沉积物　有机氯农药的测定　气相色谱-质谱法	HJ 835
		土壤和沉积物　有机氯农药的测定　气相色谱法	HJ 921
		土壤质量　六六六和滴滴涕的测定　气相色谱法	GB/T 14550
10	滴滴涕总量	土壤和沉积物　有机氯农药的测定　气相色谱-质谱法	HJ 835
		土壤和沉积物　有机氯农药的测定　气相色谱法	HJ 921
		土壤质量　六六六和滴滴涕的测定　气相色谱法	GB/T 14550

续表

序号	污染项目	分析方法	标准编号
11	苯并[a]芘	土壤和沉积物　多环芳烃的测定　气相色谱-质谱法	HJ 805
		土壤和沉积物　多环芳烃的测定　高效液相色谱法	HJ 784
		土壤和沉积物　半挥发性有机物的测定　气相色谱-质谱法	HJ 834
12	pH	土壤　pH 值的测定　电位法	HJ 962

二、土壤环境污染及危害

（一）土壤污染的概念

土壤污染是指进入土壤中的有毒、有害物质超出土壤的自净能力，导致土壤的物理、化学和生物学性质发生改变，降低农作物的产量和质量，并危害人体健康的现象。土壤污染直接的影响是土地生产力下降，通过土壤—植物—动物—人体食物链的污染，危害人体健康、威胁人类生存；土壤污染还危害其他环境要素如大气等。

土壤的自净作用是指土壤在矿物质、有机质和土壤微生物的作用下，经过一系列的物理、化学及生物化学过程，降低进入土壤的污染物浓度或改变其形态，从而消除或降低污染物毒性的现象。

人类活动向土壤施加有害物质，是加速土壤污染、引起土壤环境质量恶化加剧的主要原因。导致土壤污染的人类活动包括工农业生产、生活废弃物排放，如开矿、冶炼、化工生产、施肥等。

《中华人民共和国国民经济和社会发展第十一个五年规划纲要》决定从 2006 年起“开展全国土壤污染现状调查，综合治理土壤污染”。2022 年 2 月 16 日，国务院发布了《关于开展第三次全国土壤普查的通知》，宣告时隔 40 年，中国将启动新一轮的土壤普查。调查的准备工作和试点目前已经展开，全部工作将在 2025 年下半年完成。中国经历了 40 年高速经济发展，土壤也经历了重大变化，因此有必要全面查清我国土壤类型及分布规律、资源现状和变化趋势，真实准确掌握各种基础数据，为认识和保护土壤资源打好基础，保障粮食安全，并助力碳达峰、碳中和目标的实现。

（二）土壤污染的类型及危害

对于土壤污染的类型目前并无严格的划分，如果从污染物的属性考虑，一般可分为有机物污染、无机物污染、生物污染和放射性污染。

1. 有机物污染

有机污染物可分为天然有机污染物和人工合成有机污染物，后者包括有机废物（工农业生产及生活废物中生物易降解和生物难降解的有机毒物）、农药（包括杀虫剂、杀菌剂和除草剂）等。有机污染物进入土壤后，可危及农作物的生长和土壤生物的生存，如稻田因施用含二苯醚的河泥曾造成稻苗大面积死亡，泥鳅、鳝鱼绝迹。

2. 无机物污染

无机污染物有的随着地壳变迁、火山爆发、岩石风化等天然过程进入土壤，有的随着人类的生产和消费活动而进入。采矿、冶炼、机械制造、建筑材料、化工等生产部门，每天都排放大量的无机污染物，包括有害的元素氧化物、酸、碱和盐类等。生活垃圾中的煤渣也是土壤无机污染物的重要组成部分。

3. 生物污染

生物污染是指一个或几个有害的生物种群，从外界环境侵入土壤，大量繁衍，破坏原来的动态平衡，对人类健康和土壤生态系统造成不良影响。造成土壤生物污染的主要物质来源是未经处理的粪便、垃圾、城市生活污水、饲养场和屠宰场的污物等以及传染病医院未经消毒处理的污水和污物。土壤生物污染不仅可能危害人体健康，而且有些长期在土壤中存活的植物病原体还能严重地危害植物，造成农业减产。例如一些植物致病细菌和某些致病真菌污染土壤后能引起农作物病变。

4. 放射性污染

放射性核素可通过多种途径污染土壤。例如，放射性废水排放到地面上，放射性固体废物埋藏处置在地下，核企业发生放射性排放事故等，都会造成局部地区土壤的严重污染。大气中的放射性沉降，施用含有铀、镭等放射性核素的磷肥和用放射性污染的河水灌溉农田也会造成土壤放射性污染，这种污染虽然一般程度较轻，但污染的范围较大。土壤被放射性物质污染后，通过放射性衰变，能产生 α 和 γ 射线，这些射线能造成外照射损伤或内照射损伤。

（三）土壤污染的特点及危害

土壤污染主要有以下特点，从而也带来很多相关危害。

1. 隐蔽性或潜伏性

水体和大气的污染比较直观，严重时通过人的感官即能发现，但是土壤污染往往要通过农作物包括粮食、蔬菜、水果或牧草以及摄食的人或动物的健康状况才能反映出来，待反映出来，就已经有了严重的后果，从遭受污染到产生恶果有一个逐步积累过程，具有隐蔽性或潜伏性。例如日本痛痛病在20世纪60年代发生，直至70年代才基本证实是当地居民长期食用被污染了的土壤生产的“镉米”所致，其间历经20多年。

2. 不可逆性和长期性

土壤一旦遭到污染后极难恢复，重金属元素对土壤的污染是一个不可逆过程，而许多有机物质的污染也需要比较长的降解时间，例如，镉污染会造成大面积的土壤毒化、水稻矮化、稻米异味和含镉量超过食品卫生标准，需要付出大量的劳力和巨大的代价才能有所改善。

3. 后果的严重性

土壤污染具有隐蔽性或潜伏性以及不可逆性和长期性，往往通过食物链危害人体和动物的健康。研究表明，土壤和粮食的污染与一些地区居民肝肿大之间有着明显的剂量-效应关系，污灌引起的污染越严重，人群的肝肿大率越高。土壤污染严重威胁着粮食生产，受害品种包括小麦、花生、玉米等10多种农作物，轻则减产，重则绝收。有的田块毁苗后重新播种多次仍然受害，损失惨重。

“化学定时炸弹”问题是指在一系列因素的影响下，长期储存于土壤中的化学物质活化而导致突然爆发的灾害性效应。“化学定时炸弹”包括两个阶段，即累积阶段（往往经历数十年或数百年）和爆炸阶段（往往在几个月、几年或几十年内造成严重灾害）。化学物质在土壤中累积与储存，在一定时间内有时并不表现出危害，但当累积储存量超过土壤或沉积物承受能力的限度，即超过其负载容量时，或者当气候、土地利用方式发生改变时，就会突然活化，导致严重灾害。来自不同污染源的污染物，开始在土壤或沉积物中仅形成一些局部“热点”，继而伴随工业化进程的加剧，其污染范围逐步扩大，因此“化学定时炸弹”的影响面可以从局部直至全球。所谓的“化学定时炸弹”分为地带性和泛地带性两种类型。地带性的“化学定时炸弹”包括土壤盐渍化、土壤酸化等，泛地带性的“化学定时炸弹”主要是施肥和工业污染造成的，除此之外还有特殊成土作用所形成的“化学定时炸弹”。导致土壤中这些“化学定时炸弹”内在和外在的触爆因素，包括土壤有机质含量的降低、土壤遭受强烈侵蚀，以及阳离子交换容量、pH、氧化还原电位变化等。

第二节 污染土壤的生物修复技术

近几十年，世界人口总量持续增长，人类生存和发展的物质需求也随之呈现增长趋势，与此同时，世界工业、农业、交通和经济水平等诸多方面均有明显提高。但是，在早期生产业的飞速发展过程中，由于管理制度和治理手段并不健全等，很多废料和废气未能被合理地处理，导致人类生产和生活中产生的重金属或有机污染物等对土壤等资源造成了严重污染，从而影响了地球生态系统的健康与平衡。当今，在生态与环境可持续发展、人与自然和谐共生等思想的引领下，如何有效且安全地对污染土壤进行生态修复已经成为全人类共同关注的话题。

土壤污染修复是指通过物理的、化学的和生物的方法，吸收、降解、转移和转化土壤中的污染物，使污染物浓度降低到可以接受的水平，或将有毒有害的污染物转化为无害物质的过程。目前，被用于处理土壤污染的技术包括污染土壤的物理修复技术、化学修复技术以及生物修复技术三种。其中，生物修复技术因其安全、无二次污染及修复成本低等优点而受到越来越多的关注。

一、重金属污染的生物修复技术

重金属不能为土壤微生物所分解，易于积累，或转化为毒性更大的甲基化合物，甚至有的通过食物链以有害浓度在人体内蓄积，严重危害人体健康。所以，重金属污染土壤的修复及技术方法一直都是人们广泛关注的话题。在土壤重金属污染修复方法或技术中，传统的物理和化学修复方法主要包括隔离法、换土法、清洗法、热处理法、电化学法等。但是，这些方法在诸多方面存在缺陷，例如成本高、治理规模小、改变土壤原有特性、干扰土壤微生物、造成二次污染等。相比之下，生物修复技术是一种较新的利用植物和相关微生物来降低环境中污染物浓度或毒性作用的生物修复技术，被认为是环保、无副作用、成本低、收益高且可通过清洁能源——太阳能驱动的技术，具有良好的修复效果和发展前景。

（一）土壤环境中的重金属

重金属污染指的是铜、铅、汞、镍、砷、镉、铬等重金属元素在土壤中的含量超标，造成了整个土壤的重金属浓度偏高，降低了土壤的肥沃程度和土壤质量，直接影响着植被的正常生长，造成农业生态环境的恶化。

1. 重金属的类型和来源

土壤重金属污染的主要污染物有铜、铅、汞、镍、砷、镉、铬、锌等，土壤中重金属种类和含量常因土壤类型、利用方式和污染来源的差异而有所不同。总体上，土壤重金属的来源主要包括自然来源和人为来源两大类。其中，自然来源包括矿物风化、侵蚀和火山活动等；人为来源包括金属矿石开采、冶炼、电镀，使用杀虫剂和磷酸盐肥料以及农业中的生物固体废物、污泥倾倒、废气排放等。

2. 重金属的危害

土壤重金属的危害是多方面的。首先，大多数重金属在土壤中相对稳定且难以去除，从而对土壤理化性质产生影响。例如，受重金属污染的土壤，pH 往往低于未受污染的土壤，不同 pH 水平也会影响重金属的吸附和解吸过程。其次，重金属也会影响土壤生物及其生命过程，包括对土壤有机质矿化、氮固定和酶活性等的影响，从而进一步影响土壤生态系统的稳定性。例如，汞和砷对土壤中氨化和硝化细菌具有抑制作用，影响植物氮素供应。铜和铅在土壤中过度积累后，土壤呼吸速率显著下降，也说明重金属污染对土壤碳矿化过程产生抑制。不仅如此，土壤中的重金属还会污染地下水、农产品等，最终被人类或其他动物摄入，影响健康。人体重金属超标不仅会影响新陈代谢与正常身体机能，还会造成胎儿畸形、生殖障碍等缺陷。重金属会提高细胞质中毒概率，对人体神经组织造成伤害，从而提高毒素对人体器官造成损害的概率。特别是铅、汞、镉等已经成为重点防治对象，镍、镉、铬等有严重的致癌作用。因此，重金属污染土壤的环境生态修复具有迫切性和重要意义。

（二）修复型植物、微生物的选择

在选取用于修复重金属污染的植物及微生物时要考虑多方面因素，不仅要考虑修复时间、效果，还要考虑修复成本、修复植物及微生物对修复地区环境的适应能力等复杂因素。总之，用于修复技术的生物应满足以下基本条件：修复率高、耐受目标重金属的毒性作用、对修复地区的环境和气候有良好的适应性、能够抵抗病原体和害虫、培育成本低、易于培育或种植、植物应排斥草食动物以免食物链受污染等。

具体的生物修复技术需要满足更具体的要求。例如对于植物提取技术，所选植物一般需要根系发达，而且，植物提取潜力主要取决于地上部分重金属浓度和地上部分生物量两个关键因素。研究表明，超积累植物产生的地上生物量较少，但目标重金属的积累程度更大，而对于其他植物，例如芥菜等，其目标重金属积累程度较低，但可以产生更多的地上生物量，因此总体积累程度与超积累植物相当。

（三）修复方法及原理

1. 植物修复

（1）植物提取　植物提取也称为植物蓄积、植物吸收或植物吸附，是植物根系从土壤或水中吸收和积累金属进入植物芽，然后可以收获并从现场移除的技术。在重金属污染土壤中，植物根部甚至芽部普遍对重金属具有较强的吸收能力（表 4-3）。重金属被植物吸收和提取的路径主要包括两个方面，一是通过主动运输的方式穿过根表皮细胞的质膜，二是被动地随着水流入根部。

（2）植物稳定化　植物稳定化也称植物固定，指使用某些植物抑制受污染土壤中污染物的活性，防止污染物进一步扩散。植物通过根系的吸附、沉淀、络合或降低金属价来固定土壤中的重金属，从而降低污染物在环境中的流动性和生物利用度，防止其污染地下水或进入食物链。

表 4-3　杰克逊维尔遗址土壤和植物样品中的铅浓度　　单位：mg/kg

学名	中文名	位点	根部	芽部	土壤
Paspalum notatum Flüggé	百喜草	4	575	428	1375
		5	397	92	1886
		9	nd	nd	nd
Gentiana primuliflora	报春花龙胆	1	968	453	90
		8	881	491	1451
Bidens alba var. *radiata* (Sch. Bip.)	白花鬼针草	2	947	91	143
		3	149	23	4100
		5	660	77	1886
Cynodon dactylon (L.) Pers.	狗牙根	5	293	88	1886
		6	75	52	767
Cyperus esculentus L.	油莎草	1	28	18	90
		2	16	26	143
		8	417	26	1451
Stenotaphrum secundatum (Walt.) Kuntze	钝叶草	1	31	14	90
		3	68	32	4100
Tradescantia ohiensis Raf.	紫露草	5	206	140	1886
Verbena rigida Spreng	直立美女樱	1	23	11	90
		8	35	11	1451

注：1. nd 表示未检出。
2. 铅的检出限是 2mg/kg。

以重金属污染物汞为例（图 4-2），环境中不同形态的汞能够相互转化，无机汞在生物或非生物的甲基化作用下能够转化为脂溶性强、毒性更大的甲基汞，甲基汞能够通过水生食物链吸收、传递。汞除了具有累积性、高生物毒性、持久性等特点外，最显著的特征是具有二次挥发和再沉降特性。研究发现，柳树可以将土壤中生物有效态汞固定在其根部，以此减少土壤有效态汞含量，但汞的总含量相对不变；香根草能有效地减少地表径流中总汞、颗粒

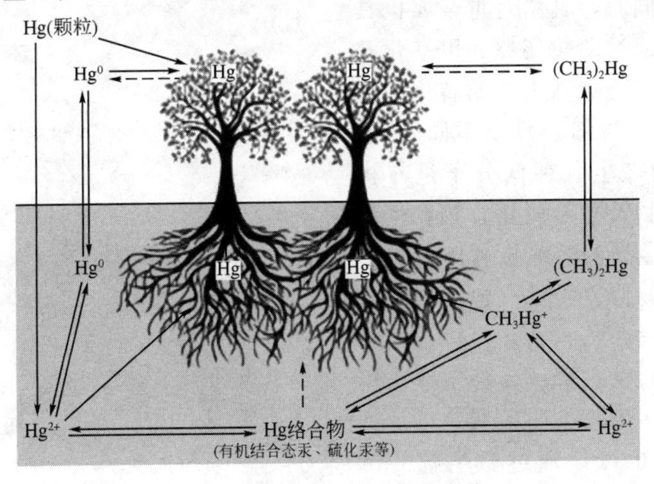

图 4-2　植物与土壤中汞的交换

态汞和可溶态汞的迁移。值得注意的是，采用植物稳定化方式修复汞污染土壤时，并没有将土壤中的汞元素去除，只是将活性强、可被植物利用的溶解态汞转变成活性低、难溶性的汞。

(3) 植物挥发　植物可以将吸收的污染物，包括有机污染物和一些重金属污染物转化成可挥发的状态，进而通过蒸腾等作用进入大气。但这种方法不能完全去除污染物，同时大气中的污染物可以重新回到土壤或水环境中。

(4) 植物过滤　植物过滤指植物通过根茎过滤（使用植物根）、胚芽过滤（使用幼苗）或毛茛过滤（切除植物芽），从受污染的地表水或废水中吸收、沉淀和富集重金属，以最大限度地减少其向地下水的迁移。植物过滤与植物提取的原理相似，但前者主要应用于污染地下水或地表水的修复。

基于植物过滤原理，产生了用于去除环境污染物的植物过滤系统。全球半数以上的城市依河而建，近二三十年，这些河流的水质和水生生物环境严重恶化，城市植物过滤系统可以缓解这一问题。植物过滤系统是指沿城市河流水系网络，通过有效的植物配置，形成植物群落或绿色长廊，最大限度地发挥植物自身的净化功能，以转移、容纳或转化水体、空气和土壤中的有害物质，属于可持续且低成本维护的植物净化体系，是城市生态环境修复的重要手段之一。

2. 微生物修复

微生物修复技术的原理是利用微生物自身的生命代谢活动，改变重金属在环境中的存在形态，降低其移动性和生物有效性，从而减少污染。根据修复所使用菌类的不同，微生物修复技术可以分为细菌修复技术和真菌修复技术。

(1) 细菌修复技术　细菌修复技术包括三种作用机理，即胞外络合沉淀、细胞表面吸附和细胞内部解毒。胞外络合沉淀，指细菌通过分泌特异性胞外物质来降低重金属在环境中的移动性。细胞表面吸附，指细菌表面化学基团吸附重金属离子，相互作用形成金属络合物。细胞内部解毒，指细菌通过氧化还原、甲基化等反应降低重金属离子毒性，例如硫铁杆菌通过氧化作用降低 Fe^{2+}、As^{5+} 等重金属离子活性。

(2) 真菌修复技术　真菌对重金属具有吸附和富集的作用，重金属离子与各类化学基团络合成重金属分子被吸附到真菌内部或表面，其中富集是主动运输的过程，需要能量和呼吸作用相互配合，通过多种金属运输机制达到富集解毒的效果。同时，真菌对重金属也具有转化作用，真菌通过氧化还原、甲基化及配位络合等作用，将高毒性重金属转化为低毒态或无毒态物质。与细菌修复不同的是，真菌可以通过代谢产生各种低分子量有机酸，与含重金属矿物及重金属化合物发生反应，加速环境中重金属的溶解与络合。

综上所述，生物修复技术（包括植物修复和微生物修复）是多方面的，可以通过植物的吸收、挥发、过滤、降解、稳定等作用净化土壤环境中的污染物（图 4-3），以达到净化环境的目的；也可以通过微生物的沉淀、吸附、富集解毒等方式减少土壤环境中

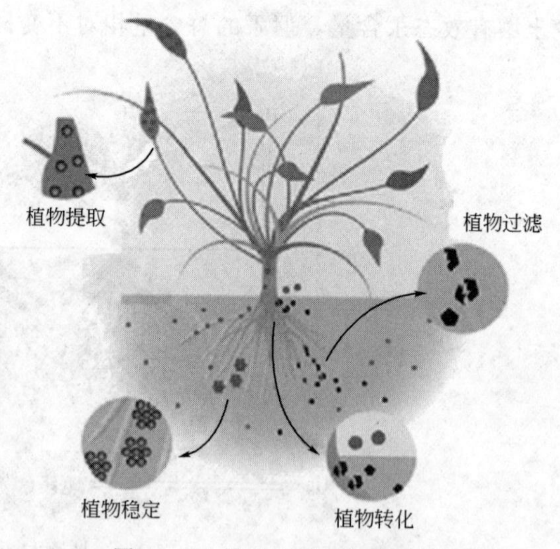

图 4-3　土壤重金属植物修复技术

的污染物。因此，生物修复是一种具有较大潜力和广阔发展前景的解决环境污染问题的绿色技术。

二、有机物污染的生物修复技术

有机污染物指进入环境并能够造成环境污染的有机化合物。有机污染物分布范围广，土壤、水体、大气和岩石中均有有机物分布。有机污染物按照挥发性可分为挥发性有机污染物、半挥发性有机污染物、持久性有机污染物。按照来源可分为天然有机污染物和人工合成有机污染物两大类。前者主要是由生物体的代谢活动及其他生物化学过程产生的，包括萜烯类、黄曲霉毒素、氨基甲酸乙酯、麦角固醇、草蒿脑、黄樟素等；后者是随着现代合成化学工业的兴起而产生的，包括塑料、合成纤维、合成橡胶、洗涤剂、染料、涂料、农药等。

人工合成有机物种类繁多，经济社会的发展更加促进了有机物合成的速度，但同时也将大量有毒有害的有机污染物带到土壤、水体、沉积物或者大气中。从 20 世纪 70～80 年代起，发达国家率先对有毒有害的有机污染物进行研究。美国、日本、德国、荷兰等发达国家公布了优先控制污染物名单，其中超过半数为有机污染物。1989 年，中国也公布了 68 种优先控制的污染物，其中 58 种为有机污染物。环境中的有机污染物不仅会降低土壤肥力、降低作物品质与产量、破坏自然生态系统，也能直接或者间接导致人体出现各种健康问题，如癌症、畸形、突变、免疫系统失衡等，对人类可持续发展造成威胁。因此，如何修复被有机污染物影响的环境已引起学术界的广泛关注。

（一）有机污染物修复技术比较

修复有机物污染土壤或者沉积物最常用的方法是将污染物从现场取出，然后通过光降解或焚烧的方式将其去除，但该法费用昂贵，对于大面积污染土壤或沉积物难以实施。此外，该方法还可能破坏当地的生态资源。各种常用有机污染土壤修复技术的优缺点见表 4-4。

表 4-4 常用有机污染土壤修复技术的优缺点

技术类型	修复技术	优点	缺点
物理修复技术	气相抽提	技术成熟，对高挥发性有机物处理效果好	对低挥发性有机物的处理效果较差，对土壤渗透性要求高
	热脱附	处理效率高，过程易控制，适用于较难处理的重污染土壤	能耗高，费用高，破坏土壤结构和生态系统
化学修复技术	光催化降解	能耗低，无二次污染	技术成熟度不高
	淋洗	方法简单，成本低，处理量大，见效快，对于污染严重的土壤修复效果好	可能造成二次污染，对结构紧实的土壤处理效果较差
	化学氧化还原	对于污染严重的土壤修复效果好	对土壤的结构和成分会造成不可逆的破坏
物理-化学修复技术	固化/稳定化	成本低，操作简单	处理有机污染物并不十分有效，需要加入表面活性剂
生物修复技术	植物修复	修复费用低，环境友好，可大范围应用	修复周期长，难以处理深层的污染
	微生物修复	修复费用低，环境友好	对外界环境敏感，修复周期长

（二）生物修复类型

近 20 年来，以生态毒理学为基本原理的环境生物修复技术的研究与应用已得到各国政府和科学家的高度重视，其中生物修复技术因具有独特的优势而异军突起。

1.植物修复技术

针对土壤有机污染，植物修复有以下6种类型。

① 植物提取/植物萃取，即通过超积累植物对有机污染物的富集作用，将环境中的有机污染物富集于植物可收获部分，对植物体收获后进行处理。

② 植物降解，利用植物的代谢作用及与其共生的微生物活动来降解有机污染物。

③ 植物固定，利用植物根系的吸附作用来降低环境中有机污染物的生物可获得性，减少其对生物与环境的危害。

④ 植物挥发，通过植物对有机污染物的吸收和转化作用，最终将其挥发到空气中，或把原先非挥发性的污染物转化为挥发性污染物送入大气中。

⑤ 根际过滤，通过植物根系吸附或吸收水中污染物，与周围微生物共同将有机污染物分解为小分子产物，或完全矿化为 CO_2、H_2O，降低或消除其毒性。

⑥ 植物激活，利用植物分泌物激活微生物的降解行为。

2.微生物修复技术

微生物修复技术指微生物借助环境中的有机物进行生长繁殖和代谢，从而将有机污染物变成 CO_2、H_2O 等非污染物质，环境由此得到修复。

(三) 生物修复机理

1.植物修复

有机化合物的亲水性、可溶性、极性和分子量决定了有机化合物能否被植物吸收，并在植物体内发生转移。有机质亲水性越强，被植物吸收就越少。植物主要通过三种机理去除环境中的有机污染物：植物直接吸收，植物与根际微生物的联合降解作用，植物分泌物和酶的降解作用。

① 植物直接吸收。植物自身便对有机物具有吸收、降解作用。例如，杀虫剂双对氯苯基三氯乙烷（DDT）及其代谢产物在环境中难以分解，并易对人与其他生物造成危害。Lunney等研究了节瓜、苜蓿、牛毛草（寸草）、黑麦草和南瓜5种植物在温室内对DDT及其代谢产物1,1-双(对氯苯基)-2,2-二氯乙烯（DDE）的运输和修复能力，结果表明葫芦科植物节瓜和南瓜对DDT和DDE有较强的运输及富集能力，并且嫩芽的富集能力高于根系。实验证明正辛醇-水分配系数（$\lg K_{ow}$）在0.5～3.0之间的化合物易于被吸收。此外，吸收的效率同时取决于pH、吸附反应平衡常数（pK_a）、土壤水分、有机物含量和植物生理特征等。植物根系对有机物的吸收与有机物的相对亲脂性有关。某些化合物被吸收后，能以一种难以被生物利用的形式储存在植物组织中。如土壤中亲脂性的污染物DDT可被胡萝卜根系吸收，将胡萝卜晒干后完全燃烧以破坏污染物。环境中大多数苯系物（BTEX）、有机氯化剂和短链脂肪族化合物都可以通过植物直接吸收途径去除。有机污染物被植物吸收后有多种去向：通过木质化作用转化为植物体的组成部分；转化成无毒性的中间代谢产物；完全降解成 CO_2 和 H_2O。

② 植物与根际微生物的联合降解作用。植物根系与根际微生物群落相互作用，提供了复杂的、动态的微环境，在有机污染物的去毒化方面具有很大潜力。植物可通过根系向土壤分泌氨基酸等低分子量有机物，研究显示，具有植物根系的土壤中，其微生物数量和活性比无根系土壤中增加了5～10倍，有的高达100倍，微生物的代谢活性也比原土体高。此外，

植物根系分泌物能选择性地影响微生物生长，使根际不同微生物的相对丰度发生改变，从而有利于根际有机污染物的降解。已有研究表明，具有发达根系的植物能够促进根际菌群对除草剂、杀虫剂、表面活性剂和石油产品等有机污染物的吸附、降解。

③ 植物分泌物和酶的降解作用。植物分泌物包括糖类、氨基酸、脂肪酸、甾醇、生长素、核苷酸、黄烷酮及其他化合物，这些分泌物能改变土壤的理化性质，促进有机污染物的降解。植物根系分泌的酶可直接降解有关污染物，如植物根系中的硝基还原酶能对含硝基的有机污染物进行降解，脱卤酶可降解氯化剂如 TCE，生成 Cl^-、H_2O 和 CO_2。植物死亡后酶释放回到环境中，可以继续发挥分解作用。图 4-4 表示植物根系分泌的酶促进环状有机化合物降解为植物可吸收的小分子有机物的过程。

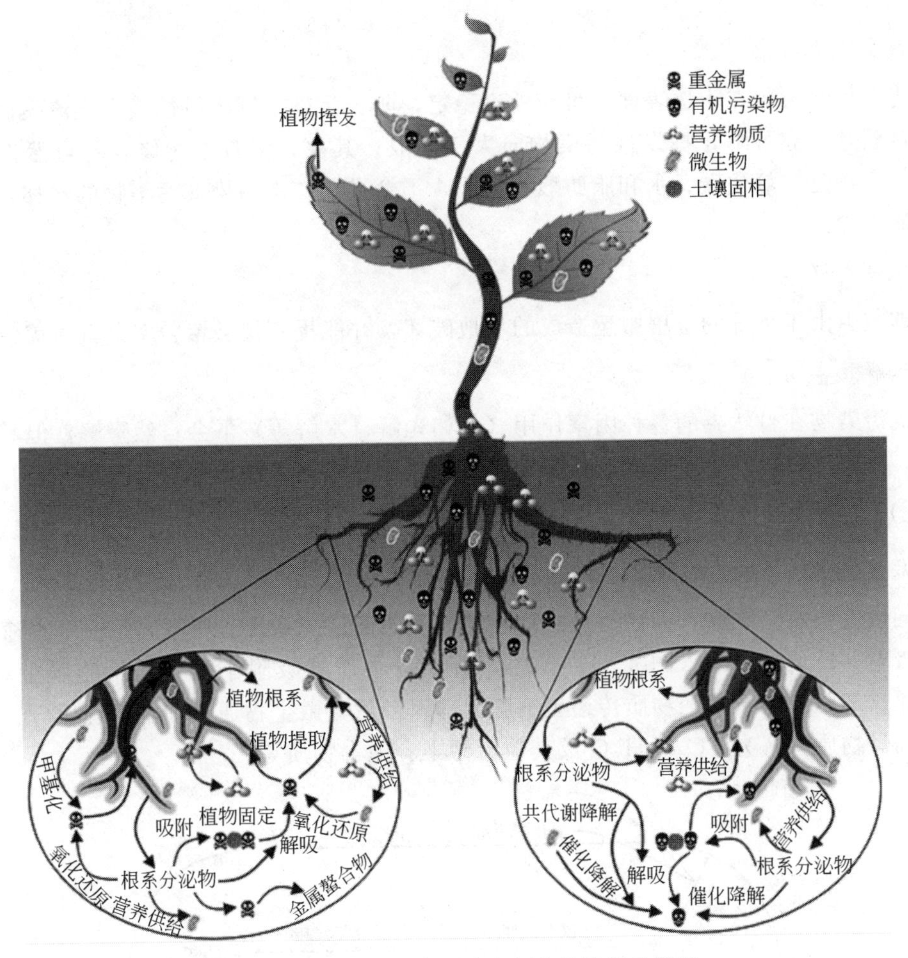

图 4-4 根系分泌物促进有机污染物降解示意图

2. 微生物修复

① 微生物能以有机污染物为碳源和能源或与其他有机物进行共代谢而将其降解，这便是有机物污染微生物修复技术的主要原理。而在具体修复中，人们利用天然存在的或者人工培养的功能微生物，主要有土著微生物、外来微生物和基因工程菌，在人为优化的适宜条件下，促进微生物的代谢，从而达到降低有机污染物活性或将其降解成无毒物质的目的。

② 有机物污染的微生物修复技术还可以利用微生物改变环境的理化性质从而降低有机

污染物有效性的原理，间接达到修复的目的。

（四）生物修复优势

1. 成本低廉

有机物污染土壤采用传统物理或化学原位修复方法成本在 10～100 美元/m^3，异位修复可高达 30～300 美元/m^3，而生物修复技术利用生物自身的新陈代谢来降解污染物，仅需太阳能驱动，成本有可能低至 0.05 美元/（m^3·a）。

2. 原位修复

利用修复植物的提取、挥发、降解及修复微生物代谢等作用，可在原位解决环境污染问题。

3. 减少二次污染

首先，植物覆盖在土壤表面，可使地表稳定，防止污染土壤因风蚀或水土流失而带来的污染扩散问题，亦可阻止挥发性污染物向大气扩散；其次，多数生物修复是自然作用的强化，最终产物是二氧化碳、水和脂肪酸等物质，不会导致二次污染或污染物的转移，能将污染物彻底去除。

4. 环境友好

能够减少由于传统的土壤搬运造成的场地破坏，并能提高植被覆盖率，具有美学价值。

5. 降解效率高

有机污染物在自然界的各种因素作用（例如光解、水解等）下会自然降解，但其速度相对缓慢，而生物修复技术可以加速其降解进程，从而具有高效性的特点。

（五）生物修复技术案例

1. 微生物修复石油烃污染土壤技术

不同微生物对于土壤石油烃污染的降解性能、代谢反应条件有所不同，但基本途径却相同，即吸附、转运、降解（图 4-5）。首先，石油烃物质被吸附于微生物细胞膜上；而后，微生物通过细胞膜将石油烃物质传递至细胞内部；最后，微生物通过细胞生理反应、酶促反应将石油烃物质分解为 CO_2、H_2O 及其他无污染、无毒物质等。

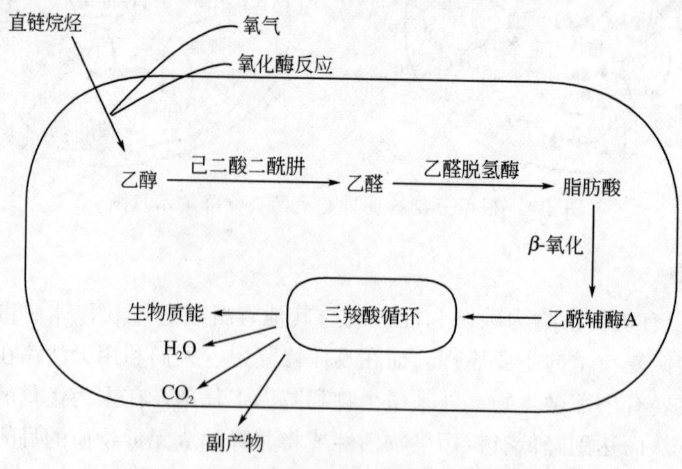

图 4-5 直链烷烃微生物的利用途径

在实际工程修复中往往将多种修复技术联合应用，以应对污染环境中的复杂情况，从而达到较理想的修复效果。石油污染土壤热强化-生化修复技术集成与应用示范项目就是联合修复法——固定化微生物修复技术的典型应用。该研究团队首先从天津某石油污染场地表层土壤中得到的石油烃降解菌中选取了PDB1食碱戈登氏菌 *Gordonia alkanivorans* 菌株，将其与硅藻土载体结合后，制备了耐盐石油烃降解菌菌剂。然后，进行石油污染土壤化学氧化-生物联合修复测试，用芬顿（Fenton）试剂对石油污染土壤进行化学氧化，待其与石油烃充分反应后，再加入制备的耐盐石油烃降解菌菌剂，80d处理后石油烃降解率达77.6%。由此可见，土壤化学氧化-生物联合修复（多技术联合修复技术的其中一种）是一种行之有效的手段，通过多种较简单而有效的技术联合来达到预期效果并且经济快速，是实际工程应用的常用思路。

2. 植物-微生物联合代谢修复

植物-微生物联合代谢修复技术越来越受到人们的关注，因为其综合了植物修复和微生物修复的优点，两者通过协同作用可加速土壤污染物的降解和污染土壤的修复，比如对持久性有机污染物多环芳烃的降解。

对于石油污染土壤的修复问题，2019年在辽宁省沈阳市苏家屯的中国科学院沈阳生态实验站开展了关于植物-固定化多菌剂联合修复试验，石油污染土壤采自天津大港油田。针对大港油田原油污染土壤，研究团队首先利用在火凤凰根际土壤中发现的3种优势菌［分枝杆菌（Ⅰ）、产黄纤维单胞菌（Ⅱ）、少动鞘氨醇单胞菌（Ⅲ）］构建多菌剂体系，并将其按不同比例进行固定化处理，然后将固定化供试菌剂接种于修复植物火凤凰根际（图4-6），以此探讨供试菌剂强化火凤凰修复PAHs污染土壤的效果。该研究结果表明，相比对照处理，处理Ⅰ Ⅲ（有效活菌数为10^9CFU/mL）和Ⅰ Ⅱ Ⅲ（有效活菌数为10^7CFU/mL）对PAHs的降解有显著促进作用，PAHs降解率分别为32.2%和41.4%。此外，处理Ⅰ Ⅱ Ⅲ对火凤凰的地下生物量有明显促进作用，相比对照处理增加了31.2%。研究表明由3种优势菌构建的多菌剂Ⅰ Ⅱ Ⅲ可以作为火凤凰修复PAHs污染土壤的强化手段，为微生物强化植物修复技术提供了新的思路及方法。

图4-6 不同比例固定化材料成球效果

（SA：sodium alginate，海藻酸钠；PVA：polyvinyl alcohol，聚乙烯醇）

第三节 土壤改良的环境生态工程

农用地土壤污染多是由于人们对土地的不合理利用、大量施用化肥等导致的。土壤改良剂作为目前最具发展前景的土壤改良技术，可在保持土壤水分的同时稳定土壤结构，改善土壤理化性质，提高土壤养分，促进作物的生长，提高作物产量。

土壤改良是指运用土壤学、生物学、生态学等多学科的理论与技术，排除或防治影响农作物生长和引起土壤退化的不利因素，改善土壤性状，提高土壤肥力，为农作物创造良好土壤环境条件的一系列技术措施的统称。目前，土壤改良的基本措施包括：土壤水利改良，如建设农田排灌工程，调节地下水位，改善土壤水分状况，排除和防止沼泽化和盐碱化；土壤工程改良，如运用平整土地、兴修梯田、引洪漫淤等工程措施，改良土壤条件；土壤生物改良，运用各种生物途径（如种植绿肥），增加土壤有机质以提高土壤肥力，或营造防护林防止水土流失等；土壤耕作改良，通过改进耕作方法改良土壤条件；土壤化学改良，如施用化肥和各种土壤改良剂等提高土壤肥力，改善土壤结构，消除土壤污染等。

土壤改良技术主要包括土壤结构改良、盐碱地改良、酸化土壤改良、土壤科学耕作等。土壤结构改良，通过施用天然土壤改良剂（如腐殖酸类、纤维素类、沼渣等）和人工土壤改良剂（如聚乙烯醇、聚丙烯腈等）来促进土壤团粒的形成，改良土壤结构，提高肥力和固定表土，保护土壤耕层，防止水土流失。盐碱地改良，主要是通过脱盐剂技术、盐碱土区旱田的井灌技术、生物改良技术进行土壤改良。酸化土壤改良，通过控制废气的排放，制止酸雨发展，或对已经酸化的土壤添加碳酸钠、消石灰等土壤改良剂来改善土壤肥力、增加土壤的透水性和透气性。土壤科学耕作，采用免耕技术、深松技术来解决由于耕作方法不当造成的土壤板结和退化问题。

生态修复是指在生态学原理指导下，以生物修复为基础，结合各种物理修复、化学修复以及工程技术措施，通过优化组合，从而达到最佳效果和最低耗费的一种综合的修复污染环境的方法。生态修复的顺利施行，需要生态学、物理学、化学、植物学、微生物学、分子生物学、栽培学和环境工程等多学科的参与。对受损生态系统的修复与维护涉及生态稳定性、生态可塑性及稳态转化等多种生态学理论。

一、盐碱土生态修复技术

我国盐碱土地面积较大，分布较广，且大量的盐碱土地处于荒置状态，开发和利用盐碱化土地成为改变我国土地分配、改善生态环境的重要途径。盐碱土壤中的盐分含量相对较高，这类土壤的盐碱危害大，不适宜作物生长。

（一）盐碱土壤类型

由于地形、气候、水文因素等的不同，形成的盐碱土壤也不尽相同，采取不同的分类方式可将盐碱土壤简单分为以下几种。

1. 按盐碱土壤形成过程划分

原生盐碱化土壤：主要是指自然条件下产生的盐碱土，尽管可能采取了一系列改良措施，但由于地下水位无法降低等自然原因，土壤依旧处于盐碱化的状态。

次生盐碱化土壤：主要是开垦方式不当，或者改良措施施用不合理造成的，最开始盐碱化程度降低，但随着治理过程的进行，土壤再次盐碱化。

2. 按含盐量的多少划分

轻盐碱地：种植作物出苗率一般保持在70%～80%，含盐量小于0.3%，pH值为7.1～8.5。

中度盐碱地：种植作物出苗率约为60%，含盐量为0.3%～0.6%，pH值为8.5～9.5。

重度盐碱地：种植作物出苗率小于50%，含盐量大于0.6%，pH值大于9.5。

3. 按土壤盐分阴离子组成划分

可分为苏打（碳酸氢钠）中盐化潮土、纯苏打（纯碱，碳酸钠）中盐化潮土、硫酸盐氯化物中盐化潮土、硫酸盐中盐化潮土、氯化物中盐化潮土、氯化物硫酸盐中盐化潮土6个类型。

4. 按盐土亚类形态特征划分

滨海盐碱土：靠近海边的区域，土壤常年受海水浸渍，含盐量过高而形成。

草甸盐土：主要是由各种草甸土发育而来，主要分布在河流冲积平原。

潮盐土：多分散于地势低洼处，所含盐类吸湿性强使地表终年呈潮湿状态。

沼泽盐土：呈小丘状隆起，一般形成在局部低洼泉水露出的沼泽地段。

洪积盐土：经洪水冲洗将盐分带到山前洪积平原形成的一种盐碱土。

残余盐土：主要分布于荒漠或古老冲积平原。

碱化盐土：土壤中有弱碱化的棱块状紧实土层，碳酸盐含量较大。

次生盐土：主要是指不合理地利用土地，渠道、水库渗漏影响等原因造成的二次返盐形成的土壤。

（二）盐碱土生态修复技术分类

目前，关于盐碱地的改良已有较深入的研究，可采用的措施很多，主要可以分为以下4种。

调整土地利用结构：在生态经济学原理指导下，通过种植农作物、植树造林、建设绿色生态屏障、种植耐盐和盐生植被、种植绿肥牧草，扩大地表植被覆盖，发挥生物治理盐碱化的生态效应。

水利改良措施：主要是采用灌溉淋洗（以水控盐）、排水携盐（带走盐分）两方面措施来调控区域水盐运动，通过井渠结合、深沟与浅沟、沟洫台田、暗管排水与扬水站排水、深沟河网等井、沟、渠配套模式，修复次生盐渍化。

农业耕作改良措施：主要是采取平整土地、深翻改土、耕作保苗、土壤培肥等农业耕作措施，减少地面蒸发，调节控制土壤水盐动态，使之向有利于土壤脱盐的方向发展。

改良剂施用措施：在修复次生盐渍化土地过程中，发生次生碱化土地的修复难度是最大的。碱性土壤中含有大量的Na_2CO_3及交换性Na^+，致使土壤碱性强、土粒分散、物理性质恶化、作物难以正常生长。修复这类土地，除了消除土壤中多余的盐分外，主要还应消除土壤胶体上过多的交换性Na^+和降低碱性。

为此，在实行水利及农业措施的同时，很有必要从化学的角度加以改良修复。通常化学改良主要是施用一些改良剂，通过离子交换及化学作用，降低土壤交换性Na^+的饱和度和土壤碱性。

1. 改良碱化土壤的化学改良剂

改良碱化土壤的化学改良剂一般有三类：第一类是含钙物质，如石膏、磷石膏、亚硫酸钙、石灰等，它们多以钙代换 Na^+ 为改良机理；第二类是酸性物质，如硫酸、硫酸亚铁等，它们以酸中和碱为改良机理；第三类是有机质类，通过改善结构、促进淋洗、抑制钠吸附和培肥等起到改良作用。

2. 重塑土壤结构高效脱盐生态修复盐碱地工程技术

针对传统盐碱土结构差、土壤颗粒细、洗盐效率低、容易返盐等问题，我国科研人员开发出新型生物基改性材料，将盐碱土的“细小颗粒”黏结成稳定“大颗粒”，重塑了土壤的“团粒结构”，增大了土壤孔隙度，大幅度提升土壤的透水性，脱盐效率比传统材料提高10倍以上。该技术使得每亩地仅需一次性使用 $300m^3$ 淡水，即可有效脱除耕作层的盐碱，显著减少了淡水使用量，降幅高达90%以上。同时，针对盐碱土壤的组成和肥力，开发出专用功能性肥料、抗盐碱种子处理剂和抗逆材料；创建“重塑土壤，高效脱盐，疏堵结合，垦造良田”为原则的生态修复盐碱地系统工程技术体系，不断地通过降雨、灌溉将盐碱从耕作层脱除，并把盐碱导出，大力推动了攻克盐碱地生态改良这一难题的进程。

二、退化土生态修复技术

土地退化，指土地受到人为因素或自然因素或人为和自然综合因素的干扰、破坏而改变土地原有的内部结构、理化性状，土地环境日趋恶劣，逐步减少或失去该土地原先所具有的综合生产潜力的演替过程。

过去30年里，中国帮助数亿人民脱离了贫困，然而目前中国耕地面积有缩减的趋势，使得中国保持现有农业产出的能力面临威胁，中国可持续的粮食系统也面临严峻挑战，随着中国城市化和工业化发展，中国土地退化的问题也日益引起人们的关注。

导致土地退化的因素很多，其中水体流失和土地沙漠化是不可忽视的因素。水土流失是指地球陆地表面由水力、重力和风力等外力引起的水土资源和土地生产力的破坏和损失。土地沙漠化是指在干旱、半干旱和亚湿润干旱地区由于气候变化和人类活动等因素作用所产生的一种以风沙活动为主要标志的土地退化过程。两种土地退化类型的成因和演化机理都有一定差别，但在生态修复的工程措施方面有众多相似之处。

(一) 工程技术

工程技术主要是通过修筑人工建筑物、改造立地条件来防治水土流失、沙漠化、荒漠化和石漠化等引起的土地退化，包括治坡工程技术、治沟工程技术、小型水利工程技术、沟头防护工程技术、谷坊坝工程技术、各种拦沙坝和淤地坝工程技术、沟道护岸工程技术、修筑梯田工程技术等。

(二) 生态技术

生态技术指保护和营造植被生态，通过植被冠层和根系对地表的屏障作用来蓄水、减流和保土、改土、围土的技术。主要种类有封育、种树、种草、针阔混交、乔灌草混交、营造水源林和防护林、建自然保护区、建防护林带等。

(三) 农艺技术

农艺技术指通过改进耕作方法和技术来防治坡耕地水土流失的技术。其种类主要有调整种植结构和类型，改良土壤，推广免耕法、间作套种、等高耕作、垄作、耕地覆盖等。

（四）材料技术

根据水土流失和土地沙漠化对土地中原有团粒结构的破坏，通过施用绿色材料增加土壤中有机质和黏性硅酸盐成分，从而弥补土壤中这些成分在量和质方面的缺失，是水土流失和土地沙漠化生态修复的重要措施。

研究表明，土墒生态修复材料含改善土壤团粒结构的基质，是经特殊工艺处理的具有固水、固肥、硅酸胶结特性的硅酸盐复合成分，可从本质上改善土壤的物理特性。以农副产品秸秆料为主，配备安全的微生物菌剂和已预制好的土墒修复材料及植物生长需要的营养元素，制成不同大小的“种植绳”与植物种子一起播种，修复土墒条件，可达到生态修复土地退化的目标。

思考题

1. 名词解释

土壤生态系统、土壤环境质量标准、土壤的自净作用、重金属污染、土壤的微生物修复技术、土地退化

2. 土壤污染的特点及危害有哪些？

3. 生物修复包括哪些类型？它们分别有什么优势？

4. 通过查阅文献资料，总结环境微生物在环境生态工程应用中的重要作用。

5. 简述并举例说明环境生态工程在新污染物治理方面的应用及成效。

参考文献

[1] 陈倩. 环境重金属污染的危害及环境修复研究 [J]. 环境与发展，2018，30：52-54.

[2] 迟新东. 太子河上游山区段土壤改良技术研究及应用 [D]. 沈阳：辽宁大学，2021.

[3] 陈郑榕，沈开和，林晓晖，等. 重金属污染土壤修复技术探讨 [J]. 冶金管理，2021，17：33-34，38.

[4] 李娜. 土壤重金属污染的植物修复技术研究现状 [J]. 中国资源综合利用，2021，39（12）：106-108.

[5] 李娜，刘睿，台培东，等. 植物-固定化菌剂联合修复多环芳烃污染土壤 [J]. 应用生态学报，2021，32（8）：2982-2988.

[6] 沈德中. 污染土壤的植物修复 [J]. 生态学杂志，1995，17：59-64.

[7] 孙卿. 盐碱土壤改良措施与效益分析 [J]. 农业与技术，2022，42（15）：78-81.

[8] 田勇. 论植物过滤系统在城市河流景观中的作用 [J]. 中南林业科技大学报，2013，33：130-134.

[9] 王璐，陈功锡，杨胜香，等. 汞污染土壤植物修复研究现状与展望 [J]. 地球与环境，2022，50（5）：754-766.

[10] 杨柳春，郑明辉，刘文彬，等. 有机物污染环境的植物修复研究进展 [J]. 环境污染治理技术与设备，2002，6：1-7.

[11] 周健民. 土壤学大辞典 [M]. 北京：科学出版社，2013.

[12] 周际海，袁颖红，朱志保，等. 土壤有机污染物生物修复技术研究进展 [J]. 生态环境学报，2015，24：343-351.

[13] Fu J，Yu D，Chen X，et al. Recent research progress in geochemical properties and restoration of heavy metals in contaminated soil by phytoremediation [J]. Journal of Mountain Science，2019，16：2079-2095.

[14] Lunney A I, Zeeb B A, Reimer K J. Uptake of weathered DDT in vascular plants: potential for phytoremediation [J]. Environmental Science & Technology, 2004, 38: 6147-6154.

[15] Schnoor J L. Phytore mediation of organic and nutrient contaminants [J]. Environmental Science & Technology, 1995, 29: 318-323.

[16] Wang Y D. Phytoremediation of mercury by terrestrial plants [D]. Stockholm: Stockholm University, 2004.

[17] 王亚，冯发运，葛静，等. 植物根系分泌物对土壤污染修复的作用及影响机理 [J]. 生态学报，2022，42 (3)：829-842.

第五章

固体废物的环境生态工程

废弃物，多指固体废物或含多量固体的废弃物，被丢弃的废弃物有可能成为生产的原材料、燃料或消费物品，这是固体废物资源化处理的基础。随着我国固废处理行业的发展，结合固体废物的分类及其特点，采取对应有效的控制措施和处理方法，便可收到大范围资源化综合利用的事半功倍之效。回收工作取决于分类的程度和垃圾的累积量，固体废物的回收有着重大的历史意义。

第一节　固体废物概述

固体废物（简称固废，solid wastes）是指在生产、生活和其他活动中产生的丧失原有利用价值或者虽未丧失利用价值但被抛弃或者放弃的固态、半固态和置于容器中的气态的物品、物质以及法律、行政法规规定纳入固体废物管理的物品、物质。

固废实际上是“放错地方的资源”。这是由于固体废物只是在一定条件下才成为固体废物，生产所用原材料、生产工艺和技术水平不同，产生的固体废物也不相同，这一环节的废物可能是另一环节的原料，即条件改变后，固体废物有可能重新具有利用价值，因而具有一定的资源价值及经济价值。另外，废物还具有时间性的特点，相对于目前的科学技术和经济条件而言不能利用的废物，或许将成为明天的资源，所以固废是放错地方的资源。从原料多级利用角度来看，固体废物问题既是生态环境问题，又是资源利用问题。

一、固体废物来源与分类

固体废物的分类方式有很多，可根据性质、形态或处理方法等进行分类。根据性质，固体废物可分为有机废弃物和无机废弃物；根据形态，可分为固态（块状、粒状、粉状）、半固态和泥状废弃物；根据危害性，可分为一般废弃物和有害废弃物；根据废弃物处理方法，可分为可燃物和不可燃物。最常见的是按其来源划分为工业固体废物、生活垃圾、危险废物和其他固体废物（图 5-1）。

（一）工业固体废物

工业固体废物是指在工业生产和加工过程中产生的废渣、粉尘、碎屑、污泥等，主要包括矿业、冶金固体废物，燃料灰渣，石油与化学工业固体废物，粮食、食品工业固体废物等几类。

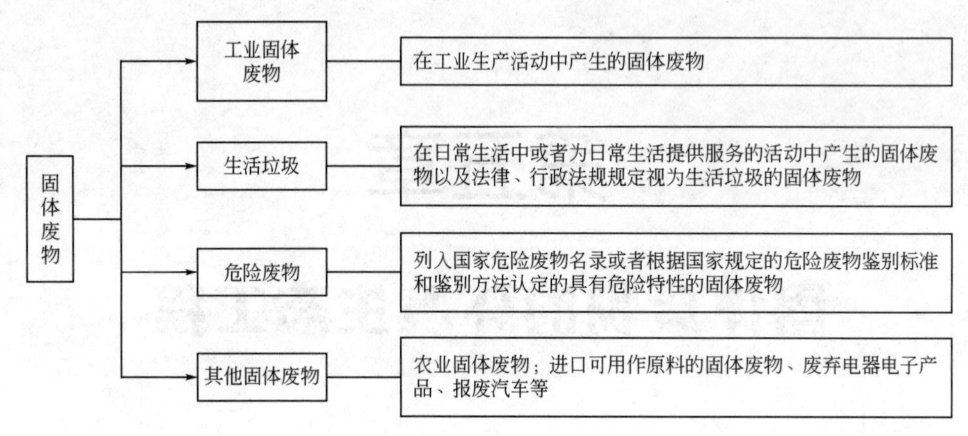

图 5-1　固体废物的分类

（二）生活垃圾

生活垃圾主要包括居民生活垃圾、医院垃圾、商业垃圾、建筑垃圾（渣土）。一般来说，生活垃圾的产生数量会随着工业化发展和城乡建设以及人们生活水平的提高而增多。

（三）危险废物

危险废物是指列入国家危险废物名录或者根据国家规定的危险废物鉴别标准和鉴别方法认定的具有危险特性——易燃性、腐蚀性、反应性、毒性、感染性的固体废物（图 5-2）。

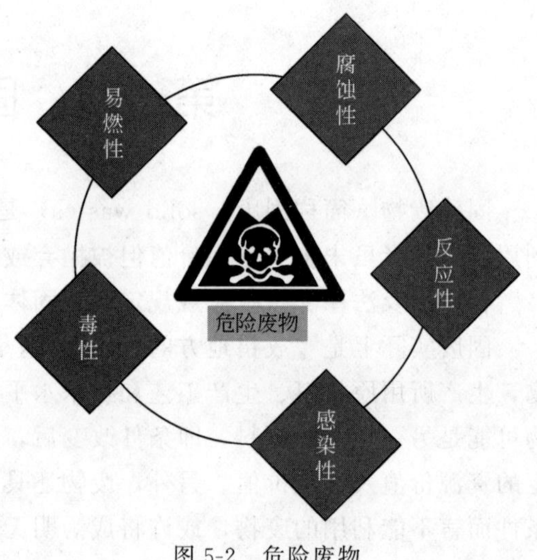

图 5-2　危险废物

（四）农业固体废物

农业固体废物也称为农业垃圾，是指农业生产活动（包括科研）中产生的固体废物，包括种植业、林业、畜牧业、渔业、副业五种农业产业产生的废弃物。主要成分有秸秆及其他枯枝落叶、动物尸体及骨骼、工厂化养殖场产生的畜禽粪便、生产食用菌后的菇渣等。此外，木材及其他农副产品加工企业排放的固体废物广义上也属农业固体废物。

二、固体废物污染与危害

随着社会的发展与人口数量的不断增加，固体废物的排放量呈现增长的趋势，日趋严重的环境问题给社会带来了严峻的考验，固废已成为当前社会的一大公害，其防治任务仍为重中之重。

（一）对土壤的危害

土壤是城市垃圾和工业固体废物的主要存放地点，长期露天堆放的城市垃圾和工业固体废物，其中的重金属和有毒有害物质会随着雨水的淋溶、渗透作用向土壤迁移。土壤吸附这些有毒有害物质后，其结构、成分将会发生改变，影响到植物根系发育和生长。固废污染尤其会对农用土壤产生危害。农业生产过程中所产生的固体废物，主要包括各种秸秆和规模化养殖所产生的畜禽粪便。各种农业废弃物的种类比较复杂，其中某些重金属和病原微生物的含量严重超标，如果不经处理直接堆放到土地上，会导致土壤成分和结构的改变，对土壤的稳定性和生产力产生不良影响，甚至导致有些土地无法耕种。农村地区所产生的各种生活垃圾，如果得不到妥善有效的处理，也会导致很多有害物质和致病菌进入土壤。农作物会通过根系吸收多种有害物质，农村作为粮食、蔬菜的主要产出源头，很容易造成多种病害的传播蔓延，甚至因为生物放大严重危害人体健康。另外，固体废物堆积将侵占大量的土地面积。固体废物产生以后需占地堆放，堆积量越大，占地越多。

（二）对大气的危害

很多固体废物携带大量的有机物质，在空气中暴露一段时间之后，一些有机固体废物能够与空气中的氧气产生化学反应，在适宜的温度下被微生物分解，释放出有害气体，固体废物在运输和处理过程中也会产生有害气体和粉尘。同时，在工业固体废物运输、处理环节，由于缺乏科学的防护措施与先进的净化工艺，废物中的细粒、粉末随风扬散将会向大气中排放有害气体与粉尘，污染大气并使大气质量下降。这些释放物中含有许多致癌、致畸物，长期积累，也会对人体造成严重的伤害。例如，焚烧炉运行时会排放颗粒物、酸性气体、未燃尽的废物、重金属与微量有机化合物等；填埋在地下的有机废物分解会产生甲烷（填埋气）等气体进入大气，如果任其聚集会发生危险，如引发火灾，甚至发生爆炸。

（三）对水体的危害

固体废物污染水体的途径有很多：第一，人类的随意排放致使垃圾直接弃入河流、湖泊或海洋，引起水体污染；第二，垃圾污染源产生的渗出液经土壤渗透会进入地下水体，固体废物中的有害成分随天然降水或地表径流进入河流、湖泊，造成水体污染；第三，垃圾堆放或填埋过程中还会产生大量的酸性和碱性有机污染物，同时将垃圾中的重金属溶解出来；第四，飘入空中的细小颗粒通过降雨的冲洗沉降和凝雨沉积以及重力沉降和干沉降而落入地表水体，溶解出有害成分，毒害水生生物，并且造成水体严重缺氧、富营养化，进一步危害生态环境。

塑料垃圾是造成海洋污染的重大元凶之一，也是海洋动物面临的最大威胁之一。调查研究表明，每年有超过 800 万吨的塑料垃圾不断流入海洋，海洋生态系统遭到严重破坏，海洋动植物的生存受到极大威胁。在美国夏威夷和加利福尼亚州中间的海洋有一块特殊的海域，这片海域大约有 1400 平方千米，这里是太平洋最大的海洋垃圾滞留区域。在这里难以找寻到海洋动物的踪影，几十年来人类制造的垃圾被排放在海洋中，加上海洋漩涡的运动，最后塑料垃圾碎片全部堆积在这里，对环境造成了严重污染。

法国发展研究院院士劳伦斯·莫里斯女士的研究表明，每年大约有 1500 万海洋生物因塑料垃圾而死亡，而且近年来有不断恶化的趋势，塑料微粒的污染面积平均每年增长 8 万平方千米。另外，海水中存在大量的塑料微粒，这些微小的固体废物很难为肉眼所发现，由于体积过小，这些塑料垃圾极易被海洋生物摄入体内，而且会堆积在动物组织的末梢导致海洋生物死亡。而通过食物链，这些污染物质又可能以各种方式进入人体。

（四）对人体的危害

生活在环境中的人，以大气、水、土壤为媒介，通过食物链的间接作用或者污染物的直接作用将环境中的有害物质直接由呼吸道、消化道或皮肤摄入人体，从而患病。例如，当空气中的有毒有害气体含量超标时，会不断刺激人类的呼吸道黏膜，造成一系列的呼吸道疾病。另外，化工企业和工业企业所产生的各种粉尘中也携带大量的有机物和有害物质，污染大气、水体和土壤，导致人类出现严重的应激反应，危害十分严重（图 5-3）。

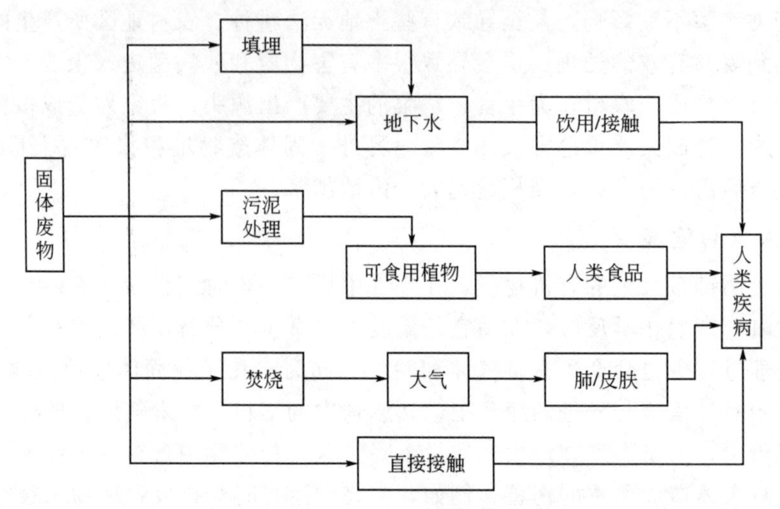

图 5-3 固体废物对人体的危害

第二节 固体废物管理与控制

一、固体废物管理原则与政策

（一）固体废物管理

固体废物管理包括固体废物的产生、收集、运输、贮存、处理和最终处置等全过程的管理。作为当今世界面临的一个重要环境问题，废弃物的污染控制和管理已引起各国的广泛重视。

我国的固体废物管理工作从 1982 年开始，1985 年实施了第一个专门性固体废物管理标准《农用污泥中污染物控制标准》。1995 年 10 月 30 日第八届全国人民代表大会常务委员会第十六次会议通过了《中华人民共和国固体废物污染环境防治法》（简称《固体废物污染环境防治法》），现已经过多次修正和修订。该法律明确规定，国家防治固体废物污染环境，实行减少固体废物产生、充分合理利用固体废物和无害化处置固体废物的原则，即减量化、资源化、无害化的“三化”原则。

固体废物的污染控制与其他环境问题一样，经历了从简单处理到全面管理的发展过程。在早期，世界各国都注重末端治理，提出了减量化、资源化和无害化的“三化”原则。在经历了许多教训之后，人们越来越意识到对其进行首端控制的重要性，于是出现了“从摇篮到坟墓”的新概念，即对固体废物进行全过程管理的原则。所谓全过程管理是指对固体废物的产生、收集、运输、利用、贮存、处理和处置的全过程及各个环节都实行控制管理和开展污染防治。如对危险废物，包括对其鉴别、分析、监测、实验等环节；对其处理、处置，包括废物的接收、验查、残渣监督、操作和设施的关闭各环节的管理。由于全过程管理原则包括了从固体废物的产生到最终处置的全过程，故亦称为“从摇篮到坟墓”的管理原则。目前，在世界范围内取得共识的基本对策是避免产生（clean）、综合作用（cycle）、妥善处理（control），这就是所谓“3C”原则。

依据上述原则，固体废物从产生到处置的过程可以分为5个连续或不连续的环节。

1. 废物的产生

在这一环节应大力提倡清洁生产技术，通过改变原材料、改进生产工艺或更换产品，力求减少或避免废物的产生。

2. 系统内部的回收利用

对生产过程中产生的废物，应推行系统内的回收利用，尽量减少废物外排。

3. 系统外的综合利用

对于从生产过程中排出的废物，通过系统外的废物交换、物质转化、再加工等措施，实现其综合利用。

4. 无害化/稳定化处理

对于那些不可避免且难以实现综合利用的废物，则通过无害化、稳定化处理，破坏或消除有害成分。为了便于后续管理，还应对废物进行压缩、脱水等减容减量处理。

5. 最终处理与监控

最终处理作为固体废物的归宿，必须保证其安全、可靠，并应长期对其监控，确保不对环境和人类造成危害。

我国对固体废物的管理延伸到了生产者与污染者。《固体废物污染环境防治法》第五条规定国家对固体废物污染环境防治坚持污染担责的原则，产生、收集、贮存、运输、利用、处置固体废物的单位和个人，应当采取措施，防止或减少固体废物对环境的污染，对所造成的环境污染依法承担责任。还规定了生产者责任延伸制原则，例如根据《废弃电器电子产品回收处理管理条例》第七条：国家建立废弃电器电子产品处理基金，用于废弃电器电子产品回收处理费用的补贴；电器电子产品生产者、进口电器电子产品的收货人或者其代理人应当按照规定履行废弃电器电子产品处理基金的缴纳义务。基金应当纳入预算管理，其征收、使用、管理的具体办法由国务院财政部门会同国务院环境保护、资源综合利用、工业信息产业主管部门制订，报国务院批准后施行。

目前针对固体废物的管理仍未建成一个专门的管理体系，各项高效处理的配套设施有待完善，工矿行业以及各企业对固体废物的处理仍处在适应和学习阶段，同时符合标准的有害废物填埋场和专门的堆场以及严格的防渗漏措施有待进一步推广，建议从以下三方面入手，做好我国的固体废物管理工作。

1. 明确有害废物和其他废物的种类和范围

危险废物的鉴别是有效管理及处理处置危险废物的首要前提。许多国家都对固体废物实施分类管理，并且着重关注有害固体废物，依据法律制定了严格的分类管理实施标准，世界各国因其危险废物性质及立法的不同而存在差异，通常有名录法及特性法两种鉴别方法。中国的危险废物鉴别是采用名录法与特性法相结合的方法。对未知废物，首先必须确定其是否属于国家危险废物名录中所列的种类。如果在名录之列，则必须根据《危险废物鉴别标准》检测其特性，按照标准判定其具有哪类危险特性，此法一目了然，方便使用；如果不在名录之列，也必须根据《危险废物鉴别标准》判定该类废物是否属于危险废物及是否具有相应的危险特性。《危险废物鉴别标准》要求检测的危险废物特性为易燃性、腐蚀性、反应性、浸出毒性、急性毒性、传染性及放射性等。

2. 完善固体废物管理法规

根据世界各国管理固体废物的经验得出，建立固体废物管理法规是废物管理的主要方法。2020 年 4 月，全国人民代表大会常务委员会修订了《固体废物污染环境防治法》。2020—2024 年完善了众多固体废物的排放标准，包括《废硫酸利用处置污染控制技术规范》（HJ 1335—2023）、《危险废物贮存污染控制标准》（GB 18597—2023）、《含铬皮革废料污染控制技术规范》（HJ 1274—2022）、《失活脱硝催化剂再生污染控制技术规范》（HJ 1275—2022）、《锰渣污染控制技术规范》（HJ 1241—2022）。在国家政策要求下，各省市地区也根据自身情况出台了相应的政策规划，大力提升危险废物处置能力。据不完全统计，目前我国已有 19 个省份制定工业固废处理综合利用率阶段性目标以扶持行业发展。

3. 建立固体废物综合管理模式

固体废物综合管理模式如图 5-4 所示，该模式是许多发达国家在多年实践的基础上逐步形成的。其主要目标是通过促进资源回收、节约原材料和减少废物处理量来降低固体废物对环境的影响，即达到减量化、资源化和无害化的“三化”目的。综合管理将成为今后废物处理和处置的方向。

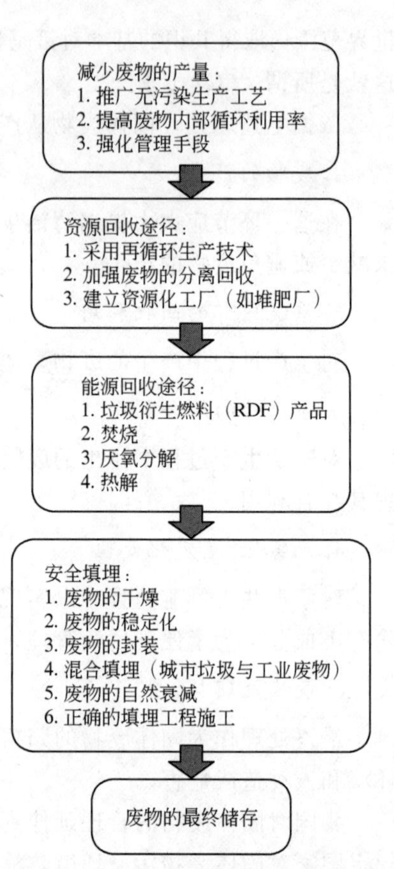

图 5-4 固体废物的综合管理模式

（二）我国目前关于固体废物管理的法律、法规和标准

我国目前的固体废物管理工作主要遵循《固体废物污染环境防治法》（1995 年通过，2004 年修订，2013 年、2015 年修正，2020 年再次修订）。固体废物污染环境防治是打好污染防治攻坚战的重要内容，事关人民群众生命安全和身体健康。此次全面修改是贯彻落实习近平生态文明思想和党中央关于生态文明建设决策部署的重大任务，是依法推动打好污染防治攻坚战的迫切需要，是健全最严格最严密生态环境保护法律制度和强化公共卫生法治保障的重要举措。

其他相关法律、法规和标准有：《中华人民共和国清洁生产促进法》（2002 年颁布，2012 年修正）、《中华人民共和国放射性污染防治法》（2003 年颁布）、《医疗废物管理条例》（2003 年公布，2011 年修订）、《医疗卫生机构医疗废物管理办法》（2003 年发布）、《危险化学品登记管理办法》（2002 年公布，2012 年修订）、《危险化学品安全管理条例》（2002 年发布，2011 年修订）、《危险废物转移管理办法》（2021 年公布）、《关于加强废弃电子电气设备环境管理的公告》（环发〔2003〕143 号）、《关于限制进口类废料环境管理有关问题的通知》（环发〔2003〕69 号）、《医疗废物专用包装袋、容器和警示标志标准》（HJ 421—2008）、《废电池污染防治技术政策》（环发〔2003〕163 号）、《关于加强含铬危险废物污染防治的通知》（环发〔2003〕106 号）、《生活垃圾焚烧污染控制标准》（GB 18485—2014）等等。

二、固体废物控制与处理

（一）固体废物的控制

固体废物的污染控制需要从两个方面着手：一是减少固体废物的排放量；二是防止固体废物的污染。可以从工业固体废物和城市生活垃圾两个主要方面采取不同的措施。

1. 工业固体废物

① 积极推行清洁生产审核，实现经济增长方式的转变，限期淘汰固体废物污染严重的落后生产工艺和设备。

② 采用清洁的资源与能源。

③ 生产过程中尽可能选取精料。

④ 改造生产工艺，采用无固体废物产出或者仅有少量固体废物产出的技术和设备。

⑤ 加强生产过程管理。

⑥ 提高产品质量，延长产品寿命。

⑦ 推进循环经济，发展循环利用工艺，减少固废产出。

⑧ 对固体废物进行综合利用，减少在环境中的存放量。

⑨ 对固体废物进行无害化处理和处置。

2. 城市生活垃圾

城市生活垃圾的产出与城市人口、燃料结构、生活水平等有密切关系，其中人口是决定城市垃圾产量的主要因素，为有效控制城市垃圾，可采取以下措施：

① 鼓励城市居民使用耐用环保物质资料，减少对一次性产品的使用。

② 加强宣传教育，积极推进城市垃圾分类收集制度。

③ 改进城市燃料结构，提高城市燃气化率。

④ 加大扶持与政策鼓励，大力推进城市生活垃圾的综合利用。

⑤ 进行城市生活垃圾的无害化处置与处理，减少固体废物的环境污染。

（二）固体废物的处理

固体废物处理是指通过物理、化学、生物的方法，使固体废物转化为便于运输、贮存、资源化利用以及最终处理的形式的过程。固体废物的处理技术起源于20世纪60年代，最初是以环境保护为目的的，70年代后随着工业发达国家的资源短缺，人们又把许多废弃的物品重新开发加工利用，将固体废物的处理控制技术推向了回收资源和能源的新高度，既解决了环境污染问题，又从一定程度上缓解了资源短缺的矛盾。

1. 物理处理（physical treatment）

物理处理是通过压缩或改变固体废物的结构造型，使之成为便于运输、贮存、利用或处置的形态。物理处理方法包括压实、破碎、分选、增稠、吸附等，是回收固体废物的重要手段。比如汽车、易拉罐、塑料瓶等通常首先采用压实处理。某些可能引起操作问题的废弃物，如焦油、污泥或液体物料，一般不宜作压实处理。为了使进入焚烧炉、填埋场、堆肥系统的固体废物体积减小，必须预先对固体废物进行破碎处理。经过破碎处理的固体废物，由于消除了大的空隙，不仅尺寸大小均匀，而且质地均匀。固体废物破碎的方法有很多，主要有冲击破碎、剪切破碎、挤压破碎、摩擦破碎等，此外还有专用的低温破碎和湿式破碎。分选是实现固体废物资源化、减量化的重要手段，通过分选将有价值的部分分选出来加以利用，将有害的部分充分分离出来；也可以对不同粒度级别的固体废物加以分离。分选的基本原理是利用物料某些特性方面的差异，如密度、弹性等将其分离开。例如，利用固体废物的磁性和非磁性差别进行分离。

2. 化学处理（chemical treatment）

化学处理是采用化学方法破坏固体废物中的有害成分从而使其达到无害化。化学处理方法包括氧化、还原、中和、化学沉淀和化学溶出等。有些有害固体废物，经过化学处理可能产生富含毒性成分的残渣，需对残渣进行解毒处理或安全处置。

3. 生物处理（biological treatment）

生物处理是利用微生物分解固体废物中可降解的有机物，转化为腐殖质肥料、沼气或其他生物化学转化品，如饲料蛋白、乙醇或糖类，从而达到固体废物无害化或综合利用的目的，使其转化为能源、饲料和肥料。生物处理还可以用来从废品和废渣中提取金属，是固废资源化的有效技术方法，应用比较广泛的有堆肥、制沼气、废纤维素制糖、废纤维生产饲料、生物浸出等。生物处理方法包括好氧处理、厌氧处理和兼性厌氧处理。

4. 热处理（heat treatment）

热处理是通过高温破坏和改变固体废物的组成和结构，同时达到减容、无害化或综合利用的目的。热处理方法包括焚烧、热解及焙烧等。焚烧法（图 5-5）是固体废物高温分解和深度氧化的综合处理过程，优点是将大量有害的固体废物分解变成无害的物质。由于固体废物中可燃物的比例逐渐增加，采用焚烧法处理固废，利用其热能已成为发展趋势。热解法是将固体废物在无氧或缺氧条件下高温（1000～1200℃）加热，使之分解为气、液、固三类产物。与焚烧法相比，热解法需要的基建投资少，而且产生的燃气、燃油便于储存、运输。焚烧会产生大量的废气和部分废渣，仅热能可回收，同时存在二次污染问题。适用于热解的废物主要有废塑料（含氯的除外）、废橡胶、废油等。热解反应器一般有立式炉、回转窑、高温熔炉和流化床炉。

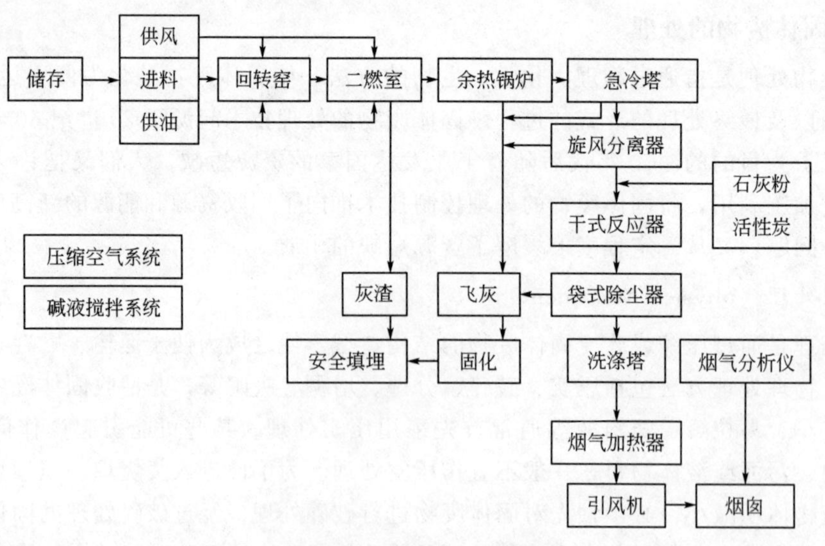

图 5-5 焚烧炉工艺流程图

5. 固化处理（curing treatment）

固化处理是将废物固定或包覆在惰性固化基材中以降低其对环境的危害，从而能较安全地运输和处置。固化处理的主要对象是危险固体废物。目前采用的固化方法，有的是使污染物发生化学转化或引入某种稳定的晶格中；有的是通过物理过程把污染成分直接掺入惰性基材中进行包封；有的则是两种过程兼而有之。就方法本身而言往往只适用于一种或几种类型的废物，且主要用于处理无机废物，对有机废物的处理效果欠佳。近年来固化处理技术不断发展，对核工业废物的处理和一些一般工业废物的处理已形成一种理想的废物无害化处理方法，如电镀污泥、铬渣、砷渣、汞渣、锡渣和铅渣等的固化。固化处理的方法按原理可分为包胶固化（package adhesive curing）、自胶结固化（self-cementing curing）和玻璃固化（glass curing）。

第三节　固体废物的生物处理技术

一、城乡垃圾生物处理技术

城乡垃圾也称为城乡固体废物，是城乡居民日常生活产生的家庭生活垃圾（包括危险品，如干电池、荧光灯管等）、厨余垃圾及公共场所垃圾、道路清扫物［绿色植物残骸（如草坪除草、树木剪枝、落叶）、纸品、塑料制品和尘土等］及部分建筑垃圾的总称。城乡垃圾的生物处理是通过菌剂生物技术原理将生活垃圾中可降解物质转化为稳定的产物，并通过生物工艺流程处理，最终产出化肥这一经济产物。根据处理过程的功能微生物对氧气的需求差异，生物处理可分为好氧生物处理和厌氧生物处理两大类。好氧处理是通过堆肥等方式最终将垃圾转化为有机肥料，而厌氧处理是通过厌氧技术处理生产沼气等再生能源。

好氧生物处理技术是在有氧条件下，利用好氧微生物降解有机物并实现稳定化的生物处理方法。城乡垃圾中含有大量的生物大分子组分及其中间代谢产物，如碳水化合物、蛋白质、脂肪、脂肪酸等易被微生物降解的有机物。在好氧生物降解过程中，有机废物中的可溶性小分子可透过微生物的细胞壁和细胞膜被直接吸收利用，而不溶的胶体及复杂大分子有机物则依靠微生物分泌的胞外酶分解为可溶性小分子物质，再输送入细胞内为微生物所利用。好氧生物处理方式有好氧堆肥、生物反应器填埋等，其处理工艺中的微生物主要有细菌、放线菌、真菌等种群。

厌氧生物处理技术是在无氧条件下，利用厌氧微生物的代谢活动，将有机物转化为各种有机酸、醇、CH_4、H_2S、CO_2、NH_3、H_2 等的过程，是一个多类群细菌的协同代谢过程。在此过程中，不同微生物的代谢过程相互影响，相互制约，形成复杂的生态系统。厌氧生物处理方式有厌氧消化、厌氧填埋等，其处理工艺中的微生物又称“瘤胃微生物”，主要有水解细菌、产氢产乙酸菌群和产甲烷菌群等。

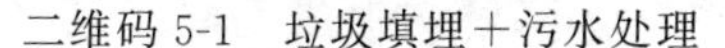

二维码 5-1　垃圾填埋＋污水处理

二维码 5-2　餐厨、厨余处理

（一）好氧堆肥技术

好氧堆肥法是指在有氧条件下，通过好氧微生物的作用，将生活垃圾中的有机物转变为有利于作物生长的、可以被吸收的有机物的方法。垃圾中携带很多微生物，好氧堆肥中参与垃圾有机物降解的微生物主要是细菌、放线菌、真菌等微生物种群。细菌的比表面积很大，能快速将垃圾中可溶性的有机物吸收到细胞中，进行胞内代谢。放线菌具有多细胞菌丝，能分解纤维素，并溶解木质素。放线菌比真菌能忍受更高的温度，在堆肥的高温阶段，放线菌是分解木质纤维素的优势菌群。真菌分泌的胞外酶可以水解有机物，真菌菌丝在堆肥中机械穿插，也可以对微生物的生化反应起促进作用。好氧堆肥的微生物学过程如下。

1. 发热阶段

垃圾中携带大量微生物，堆肥初期，垃圾中的糖类等可溶性、易分解物质被中温性好氧细菌和真菌降解，并释放出热量，使堆肥温度逐渐上升。当堆肥温度上升到50℃以上时，就进入堆肥高温阶段。

2. 高温阶段

随着温度的不断升高，垃圾中的中温性微生物活动受到抑制，高温性微生物开始活跃并逐步替代中温性微生物成为优势种群。在50℃左右，主要是嗜热性真菌和放线菌。当温度达到60℃时，真菌几乎全部停止活动，只有嗜热放线菌和细菌活动。当温度升到70℃时，垃圾中的微生物大部分死亡，或进入休眠状态。该阶段，堆肥中大部分有机物被分解转化，形成腐殖质。高温不仅加速腐殖质的形成，还可以杀死病原微生物及寄生虫。

3. 降温腐熟保温阶段

随着大部分有机物被微生物分解利用，堆肥中有机成分逐渐减少，仅剩下木质素等难分解物质。此时，高温性微生物活动逐渐减弱，产生热量变少，堆体温度逐渐降低。中温性微生物的生命活动又开始活跃，并逐渐再次成为优势种群。残留的有机物进一步被分解转化为腐殖质，堆肥进入腐熟阶段。

(二) 厌氧消化技术

城市生活垃圾厌氧消化技术是生物质厌氧消化技术结合城市生活垃圾的物化特性发展而来的，是将垃圾放置在无氧条件下，由多种微生物对垃圾进行分解转化，并保证垃圾渗滤液和产生的气体不泄漏于环境中，最终产生沼气等清洁能源，可用于供热与发电。主要厌氧消化技术如图 5-6 所示。

根据作用的微生物不同及中间产物的不同，厌氧消化可分为三个阶段。

1. 水解阶段

垃圾中的有机物通常以大分子状态的碳水化合物存在，微生物通过分泌胞外酶对其进行酶解，将大分子分解成可溶于水的小分子化合物。

2. 酸化阶段

由酸化菌群将单糖类、肽、氨基酸、甘油、脂肪酸等小分子化合物转化成简单的有机酸、醇、二氧化碳、氢、氨和硫化氢等，其产物以挥发性有机酸为主，其中乙酸约占80%。

3. 乙酰化阶段和产甲烷阶段

在乙酰化阶段，产氢产乙酸菌对挥发性有机酸进一步降解，生成乙酸、氢气和二氧化碳。在产甲烷阶段，主要由产甲烷细菌将有机酸、醇以及二氧化碳和氨等物质分解成最终产物甲烷和二氧化碳，或由同型产乙酸菌将氢气与二氧化碳还原，生成甲烷。

上述三个阶段是同时存在的，不是截然分开的，微生物间具有一定的协同作用与拮抗作

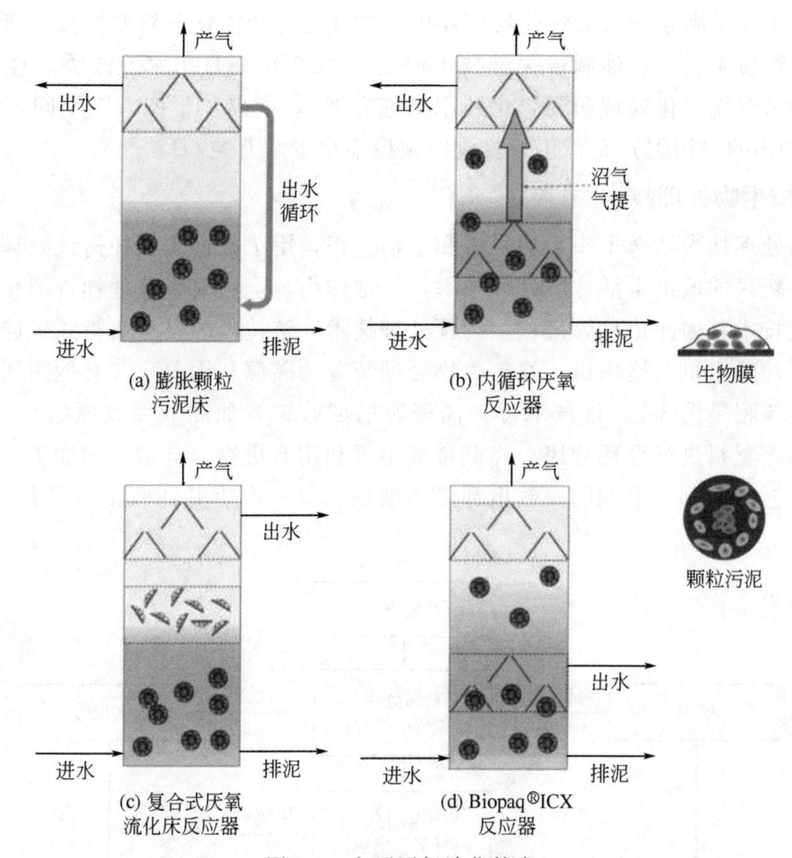

图 5-6　主要厌氧消化技术

用，以此来维护系统的稳定性。

城市生活垃圾厌氧消化技术根据发酵物中有机固体浓度的大小可分为湿式厌氧消化技术和干式厌氧消化技术。湿式厌氧消化反应体系中的固体原料含量一般在10%以内。该工艺具有启动迅速、排给料方便、技术成熟等优势，是目前处理有机废物生产沼气的主流技术，但料液易酸化、反应器容积大、沼液和沼渣分离困难等不足限制了其广泛应用。干式厌氧消化反应体系中的固体原料含量达到20%～30%，干式厌氧消化技术具有管理方便、处理成本低、节约用水等优点，但是相比湿式厌氧消化产气率低，反应时间长。

目前，国内应用干式厌氧消化技术处理城乡垃圾的工程实例较少，对其研究也多局限于实验室的中小型反应器。自国家“十一五”规划提出“沼气规模化干法厌氧发酵技术与装备研究”以来，国内学者相继自行设计研究了多种干式厌氧消化装置，其中包括农业部规划设计研究院研究的覆膜式干式发酵装置、北京化工大学研究的“城市生活垃圾筒仓式干法厌氧生物制气设备研发与示范工程”、北京中持绿色能源环境技术有限公司研究的连续卧式螺旋推流干式厌氧发酵装置、江苏省农业科学院农业资源与环境研究所研究的发酵循环连续式沼气发酵工艺，共同实现了干法连续发酵和均衡产气。“十二五”期间，国家加大了对干式厌氧资源化无害化处理技术相关研究的投入。辽宁省能源研究所关于“北方城市生活垃圾干法厌氧消化及生物质燃气利用技术及示范”的研究，针对北方中小城乡生活垃圾无害化与资源化率不高等缺点，开发了以餐厨垃圾为反应底物的干式发酵制生物燃气的集成技术。遵化市参考德国干式发酵技术设计了联合处理鸡粪和秸秆的干式厌氧发酵装置。“十三五”国家重点研发计划中关注了高含固厌氧消化反应器内生物强化与智能化分析调控技术研究和固体废物热处理及生物质炭、气、油制备关键技术研发。2022 年 9 月国家发改委、住建部、生态环境部印发《污泥无害化处理和资源化利用实施方案》，指出“十四五”期间，全国新增污泥（含水率 80%的湿污泥）无害化处置设施规模不少于 2 万吨/日。

（三）机械生物处理技术

机械生物处理技术结合了一系列机械和生物过程，用于处理未经任何预处理的原始城市生活垃圾，是新兴的城市生活垃圾处理技术，通常作为焚烧、卫生填埋和资源化回收等处理方式的预处理技术，因此也称为机械生物预处理技术。该技术的设备由辊式破碎机、机械生物反应器、压榨脱水机、格栅机、好氧生物处理装置、碳源利用单元和其他附属单元共 7 部分组成，工艺流程见图 5-7。该技术可提高资源的回收率，如高效回收原始垃圾中的金属、玻璃和纸制品等材料进行循环利用；降低垃圾中可利用有机物的含量，增加填埋处理垃圾的生物稳定性，同时限制了甲烷的排放量和渗滤液的污染；产生并回收沼气进行资源化利用，制作垃圾衍生燃料。

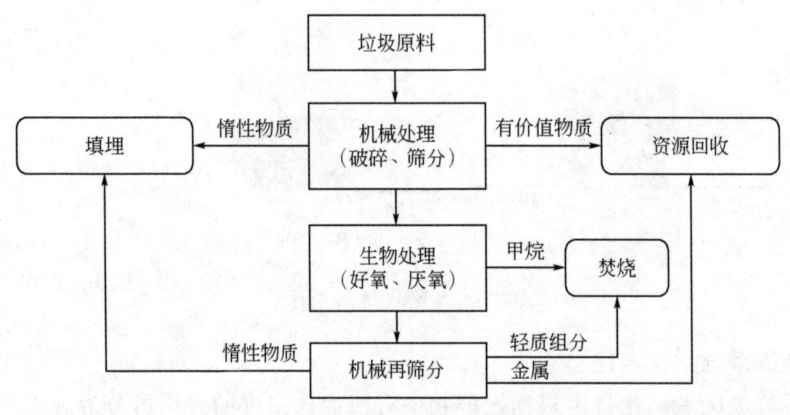

图 5-7　城市生活垃圾机械生物处理工艺流程图

机械化高温好氧堆肥技术的发展也日趋成熟，包括间歇动态高温好氧工艺、静态高温好氧发酵工艺、动态高温好氧发酵工艺。其中，根据北京、上海不同的气候特点、土地资源、垃圾组分，在国内现有堆肥技术基础上，开创了我国机械化高温好氧堆肥处理新工艺，初级动态好氧发酵工艺与次级间歇动态好氧发酵工艺结合，极大提高了发酵效率，缩短了发酵周期，提高了腐熟程度。此外，针对上海和北京的地理、气候、生活垃圾组分的差异，在采用一体化分选破袋筛分机，自动布料、负压供氧、行车翻拌槽式主发酵工艺的基础上，又配套采用了条堆式好氧间歇翻拌次级发酵工艺技术。

二、矿业固体废物生物处理技术

矿业固体废物是指在矿石开采、洗选和冶炼等过程中选取精矿后而排放的固体废物，一般包括采矿的矿石、选矿尾砂、冶炼尾渣等。一般矿业固体废物可分为煤矸石、其他尾矿、粉煤灰、脱硫石膏、磷石膏、锅炉渣、高炉渣、钢渣、其他冶炼废渣等，其中煤矸石和其他尾矿主要产生于煤的开采、洗选过程，粉煤灰、锅炉渣和脱硫石膏主要产生于燃煤发电、煤气化等煤炭利用过程，高炉渣、钢渣和其他冶炼废渣主要产生于金属冶炼行业，磷石膏等主要产生于化工行业。大部分有色金属矿的地层都含有金属硫化物，这些金属硫化物由于采矿、选矿和冶炼活动与空气接触后即可发生氧化作用而生成硫酸。在强酸性环境下，铝、铁、锰及其他一些微量元素的溶解度猛增，会通过渗漏作用对地表水和地下水造成污染，也可随侧向流水排入河流而影响水生生物的生存。

（一）物理、化学法

工业生产过程中会产生种类繁多的固体废物，由于不同行业应用的生产工艺和生产原料之间存在一定差异，通常需要专门设置相关设施进行固体废物存放。有机污染物、工业粉尘和重金属废渣等固体废物可以选择物理方法进行有效处理，在具体处理过程中，通常选择摩擦、拣选、浮选、磁选、重选以及弹跳分选等技术对其进行分离。

通过采取氧化还原、中和、溶液浸出、焚烧等化学处理法能够对无机固体废料进行较为有效的处理。在实际应用中，可以利用固体废物生产石灰，进行烧砖作业；部分工厂在对工业固体废物进行处理之后，可以将其作为肥料；铁制品生产过程中产生的固体废物可以作为副产品销售。总之，部分固体废料在回收之后，可以进行二次利用，这一方面仍需要进一步研究。

（二）生物法

相比物理、化学方法，对有机固体废物而言，生物处理技术具有更高的应用价值，例如对固体废物进行发酵生产有机肥料，同时，科学应用生物技术还可以对由于固体废物处理不当造成污染的土地进行修复。部分工业固体废物中存在大量 Ca、Si 以及多种微量元素，因此可以制作成化肥，不仅能够确保农作物生长需求得到更高程度的满足，同时，还可以对土壤进行有效改良，提升作物产量。

1. 植物稳定技术

植物稳定技术是 20 世纪 90 年代兴起的一种经济高效、环境友好的重金属污染原位绿色修复技术。近年来研究发现，植被建立能有效防止矿业废弃物酸化。国内外发现并报道了一批耐酸性比较强的植物，如宽叶香蒲、双穗雀稗、高羊茅、紫羊茅、黑麦草、狗牙根、香根草等。其中有些植物（生态型）已商业化用于酸性矿业废弃地的植被恢复。野外研究表明，双穗雀稗在覆盖 5cm 的土壤或垃圾的尾矿中生长良好；狗牙根在施用 $100t/hm^2$ 或 $200t/hm^2$ 灰以及覆盖有 10～20cm 生活垃圾的尾矿上能形成较好的植被，并且在一定程度上控制酸化的发生。另外，种植植物后在地表形成草本覆盖层，草本覆盖层在表土形成“耗氧层”，这样就可以减少流向深部土层的空气量，心土层中的硫化物氧化可因植物根系呼吸和土壤有机质分解耗氧而减缓，这样就减少或抑制了废弃物所含硫化物的进一步氧化。

2. 微生物处理技术

随着分子生物学的发展，铁还原细菌和硫还原细菌逐渐被发现和分离。可利用铁还原细菌或硫还原细菌通过反硝化作用、甲烷生成作用、硫还原作用及铁、锰还原作用消耗弱碱性物质产生强碱，强碱进一步将酸中和，或利用硫酸盐还原菌将酸性矿山废水中的硫酸根离子还原为 H_2S，并通过生物氧化作用进一步氧化为单质 S，还原态的硫还可以进一步将有毒重金属（如 Zn、Pb、Ca）离子沉淀去除。

三、危险废物生物处理技术

危险废物的前期处理技术主要有物理法、化学法、生物法、热解法和固化法等。这些处置方法的主要目的是通过对危险废物中的有毒有害物质进行物理化学改性，进而达到无害化目的。在前期处理过程中也可以回收危险废物中可利用的成分，如金属、有机溶剂等。

生物处置从技术上是化学处理的过程，其原理却是生物系统或微生物参与有毒物质解毒过程，对危险废物中可以降解的有机物进行微生物分解以实现无害化分解。生物处置的主要方法有厌氧处理、好氧处理和兼性厌氧处理，即曝气塘、活性污泥法、厌氧消化、生物滤池、堆肥处理和稳定塘等。对生产活动中产生的废水和渗滤液，通常采用生物处置方法。

思考题

1. 名词解释

固体废物、固化处理、厌氧消化技术、好氧堆肥技术、分选危险废物

2. 厌氧消化技术与好氧堆肥技术的区别是什么？举例说明。

3. 固体废物处理主要包括哪些过程？

4. 举例说明固体废物对环境的危害。

5. 说明厌氧消化技术的优缺点并举例。

6. 试述国内固体废物生物处理技术的发展前景。

参考文献

[1] 罗家强. 生活垃圾机械-生物处理技术研究 [J]. 中国资源综合利用，2018，36 (8)：77-79.

[2] 温汉泉，俞汉青. 有机废弃物厌氧消化生产生物天然气技术的现状和展望 [J]. 能源环境保护，2023，37 (1)：1-12.

[3] 杨胜香，李朝阳，郗玉松. 矿业废弃物酸化及治理技术研究进展 [J]. 地球与环境，2011，39 (3)：423-428.

[4] 闫实. 固体废弃物对农业环境污染及其防治 [J]. 安徽农业科学，2014，42 (1)：189-190，196.

[5] 张军华. 工业固体废物污染现状及环境保护防治工作研究 [J]. 商业文化，2021 (35)：134-135.

[6] 赵景联，徐浩. 环境科学与工程导论 [M]. 北京：机械工业出版社，2019.

[7] 郑安桥. 危险废弃物焚烧处置预处理及烟气净化工艺设计 [J]. 环境工程，2010，28 (5)：58-62.

第六章

农业环境生态工程

农业生态系统是受自然因素和人类农业生产活动共同影响所形成的复杂系统，其生态环境保护和降碳减排是农业生态文明建设的重要内容。在20世纪初，随着全球社会经济和工业技术的快速发展，农药、化肥和农业机械等农业投入快速增长，农业产量得到空前提高，与此同时，农业生态环境也在不断退化。资源过度消耗，人地矛盾日益突出，耕地退化、水土流失、土地沙化等农业环境问题频发。党的十八大以来及实施乡村振兴战略以后，地方经济与农业生态环境的共同、协调发展也变得愈发重要。落实乡村振兴的根本在于农村，随着经济发展水平的不断提高，农村地区也发生了翻天覆地的变化，国家对于农村生态环境的保护格外重视。农业生态环境需要多方协同管理，形成完备的农业生态环境治理制度和体系，从而实现社会经济和农村经济的全面发展。因此，研究农业生态环境、循环再生农业和农业环境生态工程技术是环境生态工程研究的重点领域和方向。

第一节　农业生态环境概述

农业生态环境是生态和环境彼此产生影响的综合性环境系统。广义上，其包含了人类农业生产作用于环境整体以及自然资源的反应形式，这些反应的对象涉及土壤、生物、水源等多重元素。狭义上，则可以视为在农业生产和农业生态中，能够对两者产生一定影响力的所有因素的总和，这些因素包括人为因素和自然因素。农业的综合发展水平很大程度上取决于农业生态环境的整体质量，农业生态环境的质量对国家、社会发展和文化传承等各方面都会产生一定程度的影响。

人类作为生产者在进行农业生产的过程中，要根据自然环境所能承受的范围量力而为，坚持将可持续发展的理念作为自然环境下的生产发展要求，将环保作为人类生活和生产中的理论依据，以科技生产力为推动力，达到农业资源高效利用和绿色产业农业发展的共同目标。

农业生态环境由于时空上的特殊性主要呈现以下三个特性：一是差异性，我国各个地区的气候和地形各不相同，农业发展水平也有所不同，这造成我国农业生态环境存在较大差异；二是时延性，环境是一个容量巨大的循环体系，一旦外部对环境本身产生大量有害物质，而且这个过程超过其自动修复的能力，不少遗留下的有害物质随着时间的推移会逐步呈现在农业生态环境中；三是连接性，农业生态环境并非一个独立的个体，它是所有自然因素的总和，人类对农业生态环境产生的影响并不是独立进行的，而是通过多个元素相互融合，最终逐步显现在农业生产中。

一、农业生态环境现状

生态环境是指与人类生活息息相关的，影响人类生存与发展的各种自然环境力量或作用的总和，是社会经济持续发展的基础条件。农业生态环境是指直接或间接影响农业生产与发展的土地资源、水资源、气候资源和生物资源等各种要素的总称，是生态环境的重要组成部分，也是影响农业经济发展的物质基础条件。农业生态环境运行与发展有自身的规律，人类社会在进行农业生产时，人类的行为或多或少都会影响到农业生态环境的质量，严重者甚至改变其运行轨道，造成难以挽回的局面，所以在大力发展农业经济的同时也要关注农业生态环境的发展变化。

随着我国现代化发展战略的实施，人们逐步认识到环境保护与经济发展和居民生活水平息息相关。为了提高农业生产效率，过去人们采取了一些不合理的生产方式，甚至向环境排放一些有害物质，使得环境问题日益凸显，农业生态环境污染防治政策逐步在环境治理中得到体现。

过去多年来，我国农业生态环境出现了多种问题，如：过度施用化肥、农药造成的土壤污染，焚烧秸秆造成的环境污染和土壤氮、磷、钾的缺失，大量畜禽粪便对水体的污染，温室农业产生的塑料等废弃物对环境的污染，等等。党的十八大以来，全党全国人民坚持绿水青山就是金山银山的理念，全方位、全地域、全过程加强生态环境保护，采取了多种措施改善农业生态环境，如：加大技术研发力度，提高农药化肥利用率，减少农药化肥的使用量，加快有机化肥推广，探索生态农业发展之路，强化养殖业、工业污染和农膜等白色污染专项整治，加强对土壤资源的管控和修复，等等。党的二十大以后，我们仍要坚持绿色是农业底色、生态是农业底盘的思想，要摒弃竭泽而渔、焚薮而田、大水大肥、大拆大建的老路子，实现农业生产、农村建设、乡村生活生态良性循环，使生态农业、低碳乡村成为现实，做到资源节约、环境友好，守住绿水青山。

二、农业环境生态工程原理

农业环境生态工程将环境生态学原理与经济建设和生产实际结合起来，其目的是在有人工辅助的能量和物质参与的条件下，实现环境生态学及环境生态经济学原理和现代工程技术的系统配套，实现农业生产过程中的物质合理循环、能量合理流动。由此可见，建设农业环境生态工程及应用农业环境生态工程技术，必须遵循环境学、生态学的一些基本原理。

(一) 生态位原理

生态位是生态学研究中广泛使用的名词，通常是指生物种群所占据的基本生活单位。对生物个体与其种群来说，生态位是指其生存所必需的或可被其利用的各种生态因子或关系的集合。每一种生物在多维的生态空间中都有其理想的生态位，而每一种环境因素都给生物提供了现实的生态位。理想生态位与现实生态位之差，一方面迫使生物去寻求、占领和竞争良好的生态位，另一方面也迫使生物不断地适应环境、调节自己的理想生态位，并通过自然选择，实现生物与环境的世代平衡。在农业生态系统中，由于其是半人工或人工的生态系统，人为的干扰控制使其物种呈现单一性，从而产生了较多的空白生态位。因此，在农业生态工程设计及技术应用中，如能合理运用生态位原理，把适宜而有经济价值的物种引入系统，填充空白的生态位而阻止一些有害的杂草、病虫、有害鸟兽的侵袭，就可以形成一个具有多样化物种及稳定种群的生态系统。充分利用高层次空间生态位，使有限的光、气、热、水、肥资源得到合理利用，最大限度地减少资源的浪费，增加生物量与产量。例如，稻田养鱼就是把鱼引入稻田，鱼可以吃掉水稻生长发育过程中所发生的一些害虫，为稻田施肥，而水稻则为鱼类生长提供一定的饵料，从而取得互惠互利的效果。

（二）五律协同原理

人类在实现重大目标的过程中，往往同时受到自然规律、社会规律、经济规律、技术规律和环境规律五种规律的联合作用，当五种规律的作用方向都与目标一致时，它们都能成为实现目标的动力，这种状态称为五律协同。

（三）限制因子原理

生物的生长发育离不开环境，并适应环境的变化，但生态环境中的生态因子如果超过生物的适应范围，就会对生物有一定的限制作用，只有当生物与其居住环境条件高度适应时，生物才能最大限度地利用环境方面的优越条件，并表现出最大的增产潜力。

（1）最小因子定律　即植物的生长取决于数量最不足的那一种物质。最小因子定律说明，某一数量最不足的营养元素，由于不能满足生物生长的需要，也将限制其他处于良好状态的因子发挥效应。虽然农业生态系统因为人为的作用也会促使限制因子的转化，但无论怎样转化，最小因子仍然是起作用的。

（2）耐受性定律　在最小因子定律的基础上，人们发现不仅某些因子在量上不足时生物的生长发育会受到限制，而且某些因子过多也会影响生物的正常生长发育和繁殖。1913 年，谢尔福德把生态因子的最大量和最小量对生物的限制作用概念合并为耐受性定律，即各种生物的生长发育过程中对各种生态因子的耐受都存在一个生物学上限和下限，它们之间的幅度就是该种生物对某一生态因子的耐受性范围。因此，在建设农业生态工程与应用生态工程技术时，必须考虑生态因子的耐受性定律。

（四）食物链原理

在自然生态系统中，由生产者、消费者、分解者构成食物链，从生态学原理看，它是一条能量转化链、物质传递链，也是一条价值增值链。绿色植物被草食动物所食，草食动物被肉食动物吃掉，植物和动物残体又可被小动物和低等动物分解，这种吃与被吃关系形成了食物链。但是食物链并非单一的简单的一种关系，如水稻—蝗虫—鸟类，而是相互交错形成了复杂的食物网。太阳能是地球上一切能量的来源，太阳能被固定形成化学潜能，并沿着食物链的各个营养级传递，由于能量在转化过程中不可避免地消耗与损失，没有任何能量能够以100%的效率有效转化为下一营养级的生物潜能。林德曼著名的十分之一定律说明，能量从一个营养级向下一个营养级转化的比例只有十分之一，因此自然界的食物链很少有长达四个营养级以上的。但在人工生态系统与农业生态工程中，食物链往往进一步缩减，缩减了的食物链不利于能量的有效转化和物质的有效利用，同时还降低了生态系统的稳定性，加重环境污染。因此，根据生态系统的食物链原理，在农业生态系统中，对于各营养级因食物选择而废弃的生物物质和作为粪便排泄的生物物质，可以通过加环，即增加相应的生物进行转化，延长食物链，并提高生物能的利用率。如通过在经济林中养殖土鸡、鸡粪喂猪、猪粪制造沼气、沼渣肥田、稻田养鱼、鱼吃害虫保障水稻丰产，从而形成了一种以人为中心的网络状食物链的种养方式，其资源利用效率与经济效益要比单一种养方式高得多。

（五）环境多样性原理

环境多样性原理包括自然环境多样性、人类需求与创造多样性以及人类与环境相互作用多样性。

（六）生物与环境相互适应、协同进化原理

生物生存、繁衍需不断从环境中摄取能量、物质和信息，生物的生长发育依赖环境，并受环境的强烈影响。外界环境中影响生物生命活动的各种能量、物质和信息因素称为生态因子，生态因子既有生物和生命活动所需的利导因子，也有限制生物生存和生命活动的限制因子。利导因子促进生物的生长发育，而限制因子则制约生物的生长与生产的发展，因而在农业生态工程建设中必须充分分析当地利导因子及限制因子的情况，以选择适宜的物种和模式。

生态系统作为生物与环境的统一体，既要求生物适应其生存环境，又同时伴有生物对生存环境的改造作用，这就是所谓的协同进化原理。协同进化原理认为应将生物与环境看作相互依存的整体，生物不只是被动地受环境作用和限制，还在生物生命活动过程中，通过排泄物、死体、残体等释放能量、物质于环境中，使环境得到物质补偿，保证生命的延续。封山育林，植树种草，退耕还林，合理间、套、轮作都是为了改善农业生态环境。要在对可更新资源（可再生资源）的利用中保护其可更新能力，确保资源再生和循环利用，达到永续利用的目的。

（七）效益协调统一原理

农业生态系统是一个社会-经济-自然复合生态系统，是自然再生产和经济再生产交织的复合生产过程，具有多种功能与效益，既有自然的生态效益，又有社会的经济效益。只有生态效益与经济效益相互协调，才能发挥系统的整体效益。

农业生态工程及技术的建设与应用都是以追求综合效益为最终目标的。在其建设与调控中，将经济与生态工程建设有机交织在一起，如农业开发与生态环境建设结合、资源利用与增殖结合、乡镇农业开发与环保防污建设结合等，就是将所追求的生态效益、经济效益和社会效益融为一体。

三、农业环境生态工程技术应用

农业环境生态工程技术旨在通过规划和设计农业生态工程，实现农业生产的可持续发展，同时保护和改善生态环境。它是一种综合性的技术方法，包括农业生物的立体共生技术，食物链结构的工程技术，农林牧副渔一体化、种养相结合的配套生态工程技术，等等。

其中，农业生物立体共生的农业环境生态工程技术是指在一定的区域或土地面积（水域）内，充分利用光热、时空条件，建立多层次配置、多种生物共存的一种立体种植、养殖或种养结合的高产高效的集约型农业生产技术。

（一）平原地区立体农业生态工程技术

在平原地区，旱地立体农业生产技术和庭院立体农业生产技术应用较广。以河南省为例，该省扶沟县广泛采用多熟立体复合种植方式，除运用地膜、大棚等设施栽培技术实现年内蔬菜“六种六收”之外，大田作物也普遍推行了冬小麦、春玉米、夏玉米间套作等三熟立体复合种植类型。该项种植技术充分利用了作物间的互补竞争原理来提高农作物生产对光

热、土地等自然资源的利用效率。再如河南省兰考县针对恶劣的风沙、盐碱等气候条件，广泛推广应用农桐间作技术，巧妙地通过物种搭配，在作物种植行间栽植泡桐，发挥高位作物防风固沙、改善生态环境的作用。庭院立体农业生产技术是在农户住宅前后等空隙地从事种植业、养殖业和加工业等生产经营活动，该项技术对繁荣城乡市场、丰富城乡“菜篮子”发挥了重要作用。庭院立体农业生产技术的主要类型有庭院立体种植型、庭院立体养殖型和庭院立体种养型等几种。种植型技术的种植对象可以花卉为主，也可以蔬菜、果树或食用菌生产为主；养殖型有畜禽养殖、水体混养等。

（二）山地丘陵区立体农业生态工程技术

在丘陵山地，立体农业生产技术因各地自然、经济条件的差异而表现出多种多样的特点。例如，坡地“三田”立体种植技术就是坡地特有的立体种植方式。该技术根据坡地的坡度差异，分别开挖“三田”，即坑田、条田和垄槽田。其技术要点为：在坡度为10度以下、土层较厚的丘陵地原地进行起垄套种，实行三熟或四熟的小麦/玉米/甘薯（或豆类）/绿豆的间套立体种植；在10～25度的坡地实行等高水平的垄沟条田套作，形成玉米/甘薯/绿肥的立体种植方式；在25度以上的陡坡地实行坑田种植，其中坑田耕作分为“品”字形排列和带状排列两种，形成三熟的小麦/玉米/豆类种植方式。再如，河北省迁安市在碳酸盐山区推广应用松柏经济林水果“五三二”立体技术模式，即在该区域的高山半山腰上栽植松柏林，半山腰以下30%的部分发展花椒、香椿、银杏等经济林，山脚的20%部分栽植优质水果。在丘陵坡耕地，迁安市重点发展果桑粮（油）立体种植技术模式，即在丘陵坡地建设高标准水平梯田，梯田坝埂种植桑树，梯田上面栽种果树，在果树下栽种粮食或花生。

（三）农业环境生态工程模式

（1）三位一体生态农业模式　三位一体生态农业模式大都应用于南方，最有名的就是“猪-沼-果”模式，该模式主要由三个部分组成，以沼气作为整个循环过程的传输纽带，将动物的养殖以及瓜果蔬菜的种植结合在一起，作为最终的技术工程。其主要是以生态经济原理为基础，既包含了废物处理，又包含清洁生产及养殖。

（2）四位一体生态农业模式　与南方地区相比，北方更推崇四位一体的生态农业模式，如“日光温室种植-设施畜牧养殖-沼气发酵-厕所改良”。与三位一体模式不同，该模式以太阳能作为主要的能源动力，以沼气作为整个循环生产的传输纽带，将瓜果蔬菜的种植以及畜禽的养殖和厕所改良技术结合在一起作为最终的技术工程，实现农业环境生态工程技术在生态农业中的应用。例如，农业生物技术本身所具有的温室设施可以高效地利用太阳能实现农作物的生产以及动物的养殖，通过养殖这些动物可以解决有机肥料不足的问题，同时，修建的沼气池所产生的沼气可以供能，进而实现能量的高效利用与物质的循环。

第二节　循环再生农业工程

一、现代生态循环农业

我国耕地资源紧张，人均拥有耕地量少，传统农业的粗放发展模式导致土壤质量逐年下降，伴随着农药及化肥的使用及大水漫灌的灌溉方式，土壤有机质含量低、土壤板结和肥力下降的问题十分明显。传统农业模式无法供养我国数量庞大的人口，而且无法实现可持续发展。生态循环农业的提出标志着人们在农业领域迈出现代化的第一步。

(一) 生态循环农业的内容及历史

生态循环农业一般指生态农业，是指将现代高新技术和现代管理手段运用到传统农业生产中，提高农业产品数量和质量，同时维持和保护生态平衡，实现经济、生态、社会三大效益统一的新型农业模式。人类农业的发展史接近一万年，总体可以分为三个发展阶段：一是原始农业，约 7000 年；二是传统农业，约 3000 年；三是现代农业，至今约 200 年。20 世纪 70 年代开始，西方发达国家开始意识到农业生产过程中使用的化肥、农药等物质对土壤和农作物都有一定的影响。随后不久，生态农业就在农业发达国家中出现，引起世界各国普遍关注，发展势头很快，生态农业也因此出现在大众视野中。

我国的生态农业总体起步较晚，但是我国古代形成生态循环农业的思想较早，早在春秋战国时期，浙江湖州地区就开创了“塘基上种桑、桑叶喂蚕、蚕沙养鱼、鱼粪肥塘、塘泥壅桑”的桑基鱼塘生态模式，最终形成了种桑和养鱼相辅相成、桑地和池塘相连相倚的江南水乡典型的桑基鱼塘生态农业景观，并形成了丰富多彩的蚕桑文化。

(二) 生态循环农业的原则和特点

生态循环农业的原则要求是：不使用化学合成的除虫剂、除草剂，使用有益于天敌的或机械的除草方法；不使用易溶的化学肥料，使用有机肥或长效肥；利用腐殖质保持土壤肥力；采用轮作或间作等方式种植；不使用化学合成的植物生长调节剂；控制牧场载畜量；动物饲养采用天然饲料；不使用抗生素；不使用转基因技术。

生态循环农业的发展需要遵循自然原理及规则，概括起来主要有综合性、多样性、高效性、持续性四大特点。

1. 综合性

生态循环农业强调发挥农业生态系统的整体功能，以大农业为出发点，按“整体、协调、循环、再生”的原则，全面规划，调整和优化农业结构，使农、林、牧、副、渔各业和农村一、二、三产业综合发展，并使各业之间互相支持、相得益彰，提高综合生产能力。

2. 多样性

生态农业针对我国地域辽阔，各地自然条件、资源基础、经济与社会发展水平差异较大的情况，充分吸收我国传统农业精华，结合现代科学技术，以多种生态模式、生态工程和技术类型助力农业生产，使各区域都能扬长避短，充分发挥地区优势，各产业都根据社会需要与当地实际协调发展。

3. 高效性

生态农业通过物质循环、能量多层次综合利用和系列化深加工，实现经济增值、废弃物资源化利用，降低农业成本，提高效益，为农村大量剩余劳动力创造农业内部就业机会，保护农民从事农业的积极性。

4. 持续性

发展生态农业能够保护和改善生态环境，防治污染，维护生态平衡，固碳减排，提高农产品的安全性，把农业和农村经济的常规发展变为持续发展，把环境建设同经济发展紧密结合起来，在最大限度地满足人们对农产品日益增长的需求的同时，提高生态系统的稳定性和持续性，增强农业发展后劲。

（三）生态循环农业的发展前景

目前，随着生活质量的提高，越来越多的人注重食品保健，生态食品的市场需求将越来越大。无公害蔬菜、无污染水果、绿色食品的潜在市场已初步显现，生态农业的经济价值将大幅度提高。生态农业是在一定的区域环境中组织和生产的，区域自然生态环境、自然资源、经济社会条件、农业技术条件等必然影响生态农业的发展，表现出不同的区域性。例如，山区、平原和郊区将形成不同的生态农业特征，形成明显的区域性。

据国际有机农业联盟（IFOAM）统计，截至2020年，全球具有生态农业的国家达190个，种植总面积达7490万公顷，生态农业种植面积占农业用地总面积的1.6%，从事生态农业生产的人员达340万人次，市场总额达1206亿欧元。近年来，我国加快农业生态环境建设，取得显著成效。农业农村部的数据显示，2015—2020年，三大粮食作物化肥、农药使用量连续5年保持下降趋势，畜禽粪污综合利用率达到76%，农作物秸秆综合利用率超过88%，农膜回收率稳定在80%以上。

二、农业废物资源化利用技术

农产品加工、畜禽养殖业和农村居民生产生活过程中产生的废水、废气、固体废物总称为农业废物。农业废物未经处置或随意处置后排入环境会对农产品造成危害，通过食物链的富集作用，最终危害人体健康，影响生态系统的平衡与稳定。对农业废物通过合理的手段进行处置，不仅能减轻危害，而且能产生经济效益，真正实现变废为宝。

（一）畜禽粪便的综合利用

改革开放以来，我国畜牧养殖模式发生了根本性改变，生产力获得了极大的提升，总产值大大提高，随之产生的大量畜禽粪便也带来了严重的环境污染。然而，畜禽粪便中也含有农作物生长所需的氮、磷、钾、蛋白质、维生素等多种营养成分，经过处理之后能够去除有害物质，产生较高的经济价值。畜禽粪便的处理主要有饲料化技术、肥料化技术、能源化技术和除臭技术。

1.饲料化技术

由于饲养动物的生理特性，畜禽粪便中含有大量的蛋白质（15.8%～23.5%）、维生素（17.6μg/g）等营养物质，这是畜禽粪便饲料化的前提。目前畜禽粪便饲料化有以下几种方法。

（1）用新鲜粪便直接做饲料　该方法主要适用于鸡粪，将鸡粪与含37%甲醛的福尔马林溶液混合，24h后即可去除有害物质，再用以饲喂牛、猪等大型家畜。

（2）青贮　畜禽粪便常与禾本科青饲料一起青贮，可以提高饲料的适口性，同时杀死粪便中的病原微生物、寄生虫等。

（3）干燥法　干燥法是最常用的处理方法，利用热效应和机械可将畜禽粪便制作成高蛋白饲料，同时能够除臭并杀灭虫卵，达到卫生防疫和生产商品饲料的要求。

2.肥料化技术

当前，将畜禽粪便制作成肥料的主要方法为堆肥法，将收集到的粪便掺入高效发酵微生物，调节粪便的C/N比值，控制适当的水分、温度、氧气、pH进行发酵，优点在于最终产物臭气少、更加干燥、更有利于作物的生长发育。堆肥技术主要分为好氧堆肥技术和厌氧堆肥技术。

(1) 好氧堆肥技术　陈天荣对畜禽粪便进行了好氧堆肥研究，于 1990 年开发了好氧堆肥的成套设备。该设备由塑料棚与搅拌机组成（图 6-1），前者用于控制环境，后者用于均匀充氧。

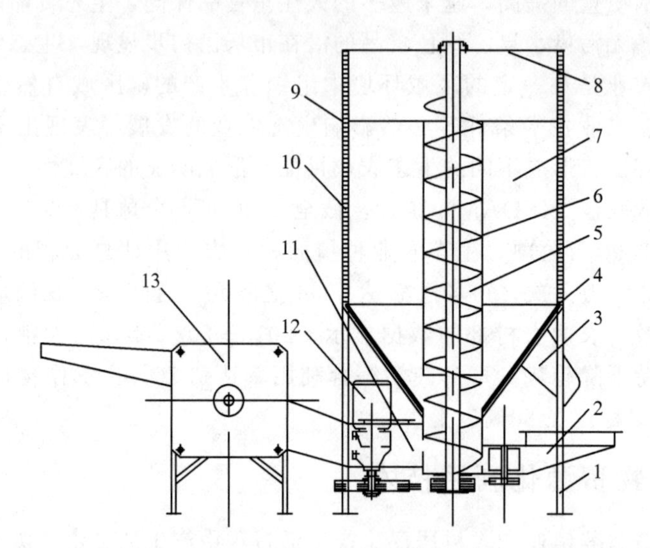

图 6-1　好氧堆肥设备

1—机架；2—辅料喂入装置；3—出料口；4—加热装置；5—立式搅笼；6—温度传感器；7—混合/发酵仓；8—畜禽粪便入料口；9—双层筒体；10—保温材料；11—粉碎秸秆入料/通风口；12—电机；13—秸秆粉碎机/强制通风装置

该设备工作时先用自然法制成鸡干粪，后用搅拌机将干湿两种鸡粪混合，使之达到发酵的含水率（50%～60%），之后每天搅拌两次，进行约 30d 的好氧发酵干燥，使得干粪含水率为 20%，后将部分干粪装袋入库，另一部分干粪用于点在新鲜湿粪之下，后续一直执行此循环，好氧堆肥工艺流程如图 6-2 所示。经过好氧堆肥处理的畜禽粪便能够达到杀灭虫卵、病菌，除臭消毒的无害化要求，并产生一定的经济效益。

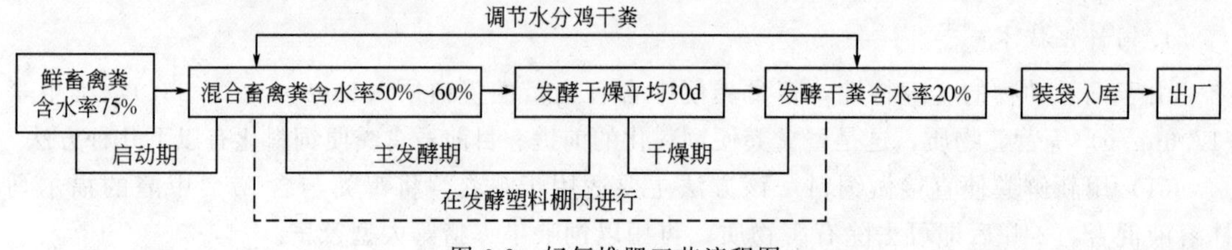

图 6-2　好氧堆肥工艺流程图

(2) 厌氧堆肥技术　厌氧堆肥技术是指在缺氧或无氧条件下，主要利用厌氧微生物进行的堆肥过程。最终产物除腐殖质类有机物、二氧化碳和甲烷外，还有氨、硫化氢和其他有机酸等还原性物质。该技术工艺简单，不需要进行通风，但反应速率缓慢，堆肥周期较长。厌氧堆肥技术也可与能源化技术结合在一起，以发酵产生的沼气作为能源物质。

3. 能源化技术

畜禽粪便的能源化在草原上主要采用直接燃烧的方式，在大型集约化农场中主要通过收集粪便采用厌氧消化法产生沼气。沼气法的原理是利用厌氧细菌分解，将有机物经过厌氧消化作用转化为沼气和二氧化碳，污水中的不溶性有机物在发酵罐中被转化为溶解性有机物。

4. 除臭技术

畜禽粪便有较大的利用价值，但其中的臭气也是资源化利用的一大阻碍，因此畜禽粪便除臭技术也得到了一定的发展。畜禽粪便的除臭主要包括吸收法、吸附法、氧化法。

吸收法是使混合气体中的一种或多种可溶性成分溶解于液体中，减少该气体在空气中的含量，以此来减少臭气；吸附法是将流动相物质与粒子状物质接触，这类粒子状物质可以从流动状物质中分离或贮存一种或多种不溶物质，使用较多的吸附剂有活性炭、泥炭、熟化堆肥及土壤等；氧化法是利用氧化剂将臭气中的有机物氧化，使其被氧化为水和二氧化碳，从而减少臭味。

（二）农作物秸秆的综合利用

农作物秸秆是籽实收获后剩下的纤维素含量很高的作物残留物，因其纤维素含量较高，传统方式自然分解纤维素时间较长，会占用大量耕作用地。传统农业往往采用焚烧的方式处理秸秆，虽然能够得到草木灰作为肥料，但是同时也造成严重的大气污染。农作物秸秆的资源化利用主要有秸秆还田技术、秸秆饲料利用技术和秸秆能源技术。

1. 秸秆还田技术

秸秆还田技术是将农作物秸秆重新放回田中，可以实现以草养田、以草压草，改善土壤理化状况，提高土壤通透性及有机质含量，提高土壤肥力的目的。秸秆还田的常用方法如下。

（1）秸秆粉碎、氨化、青贮、微贮后过腹还田　秸秆经粉碎、发酵或者氨化、糖化、碱化及青贮、微贮等各种科学方法处理后可作为猪、鸡、兔、鸭等畜禽的饲料原料之一。经过腹还田，不但可以缓解发展畜牧业饲料粮短缺的矛盾，而且可以增加有机肥源，培肥地力。

（2）牲畜垫圈还田　秸秆收获后用于家畜垫圈，待其基本腐熟后再返还田土中。

（3）秸秆覆盖直接还田　其形式有稻草覆盖还田、麦秆覆盖还田、玉米秆覆盖还田等几种。这样不但可以改善土壤结构、增加土壤有机质和土壤养分含量、减少水分的蒸发和养分的流失、增强抗旱能力，而且可以节约化肥投资、节省稻草运力，是促进增产增收的好举措。如稻田宽行铺草还田不仅可增加土壤有机质、草压杂草减少田间水分蒸发，而且由于行距较宽，有利于通风透光，减少病虫害，以发挥优势争取高产。

（4）秸秆综合利用还田　麦秆、稻秆是发展平菇、草菇等食用菌和草苫大棚蔬菜种植的重要原料，麦渣种植食用菌后的菌渣又可加工成鱼饲料，促进渔业的发展，实现多层次综合利用。

（5）秸秆快速堆沤还田及速腐技术　秸秆快速堆沤还田不受时间的限制，经腐熟所形成的养分及对地力的影响是其他形式所不能比拟的，可提供蔬菜、棉花和春播作物所需的大量有机肥。秸秆速腐技术是采用堆积发酵和菌种腐化等方法将多余的秸秆快速沤化腐熟还田。速腐技术缩短了腐熟时间，提高了肥效，具有普遍的实用价值。

（6）超高茬“麦套稻”技术实现秸秆还田　超高茬“麦套稻”即在小麦灌浆中后期将处理过的稻种套播在田间，与小麦形成一定的共生期，收麦时留 30cm 以上高茬自然竖立于田间，稻田上水后任其自然覆盖还田，促进水稻生长。这种新的稻种技术摒弃了传统水稻中耕田与育栽移栽这一繁杂的生产作业程序，有利于高产稳产，土地越种越肥。该项技术近年来在江苏、山东、四川等地农村投入实际生产并获得成功。

2. 秸秆饲料利用技术

秸秆除一部分作为生活能源被烧掉外，只有很少一部分作为饲料，主要是因为秸秆本身质地坚硬、粗糙，动物咀嚼困难。通过对农作物秸秆进行饲料化处理，虽不能增加营养价值，但是可以提高其可食用性，秸秆饲料化主要有物理处理、化学处理、生物处理等技术。

(1) 物理处理　物理处理是通过改变秸秆的长度和硬度，增加与家畜瘤胃微生物的接触，从而提高其消化利用率。物理处理主要有切短、粉碎及软化，粉碎后压块成型，秸秆挤压膨化技术以及热喷处理。

切短、粉碎及软化是经过实践论证的切实有效的秸秆处理方法。处理之后秸秆体积变小，便于家畜的采食和咀嚼，采食量增加20%～30%，动物日体重增加20%左右。

粉碎后压块成型是将秸秆侧切成约5cm的段，经过烘干，在水分16%左右时压块形成圆柱状或块状饲料，经此处理后，秸秆饲料密度比原来增加6～10倍，含水率在14%以下，便于长途运输、贮存和饲喂，同时可以使秸秆中的纤维素、半纤维素的消化率提高25%。

秸秆挤压膨化技术是将秸秆加水调质后输入专用挤压机的挤压腔，秸秆被挤出喷嘴后压力骤减，从而使秸秆体积迅速膨大。该技术可以将农作物秸秆直接变为可口、营养丰富的优质颗粒饲料，直接用于饲喂动物。

热喷处理是将秸秆剁碎至8cm，混入饼粕、鸡粪等，装入饲料热喷机内，从而改变混合物中的某些结构和化学成分，并消毒、除臭，使物料可食性和营养价值得以提高。通过热喷处理可以将秸秆离体有机物的消化率提高30%～100%。

(2) 化学处理　作物秸秆的化学处理是利用化学制剂破坏秸秆细胞壁中的半纤维素和木质素，以利于瘤胃微生物对纤维素与半纤维素的分解，从而达到提高秸秆消化率和营养价值的目的。主要有碱化处理、氧化剂处理和氨化处理。

碱化处理的原理是在一定浓度的碱液（通常占秸秆干物质质量的3%～5%）的作用下打破粗纤维中的纤维素、半纤维素、木质素之间的醚键或酯键，并溶去大部分木质素和硅酸盐，从而提高秸秆饲料的营养价值。

氧化剂处理主要是通过二氧化硫、臭氧以及碱性过氧化氢等氧化剂破坏木质素分子之间的共价键，溶解部分半纤维素和木质素，使纤维基质中产生较大的空隙，从而增加纤维素酶和细胞壁成分之间的接触面积，提高饲料消化率。

秸秆氨化是指利用氨水、液氨、尿素等含氮物质，在密闭条件下处理秸秆，以提高秸秆消化率、营养价值和适口性的加工处理方法。秸秆氨化的原理主要有碱化作用、氨化作用和中和作用。

(3) 生物处理　秸秆的生物处理主要有青贮技术和微贮技术。

青贮技术是指对收获的青绿秸秆进行保鲜贮藏加工，通过无杂菌密封贮存，很好地保持和提高青绿秸秆的营养特色，生产出青绿多汁，质地柔软，蛋白质、氨基酸、维生素含量显著增加的青贮饲料。

微贮技术是对农作物秸秆机械加工处理之后，按照比例加入微生物发酵菌剂、辅料，补充水分后放入密闭设施（如水泥池、地窖）当中经过一定的发酵过程，使之软化蓬松，转化为质地柔软，湿润蓬松，牛、羊、猪等动物喜食的饲料。

3. 秸秆能源技术

秸秆能源技术的主要形式为秸秆焚烧发电。2022年国家发改委、国家能源局印发的《“十四五”现代能源体系规划》中明确：在能源低碳转型方面，到2025年，非化石能源消费比重提高到20%左右，非化石能源发电量比重达到39%左右；按照不与粮争地、不与人争粮的原则，提升燃料乙醇综合效益，大力发展纤维素燃料乙醇、生物柴油、生物航空煤油等非粮生物燃料。

相对于化石燃料，燃料乙醇可以显著减少温室气体排放，改善大气环境。近年来，纤维素燃料乙醇凭借其“清洁能源”和“绿色能源”的属性也已得到社会各界的广泛认可和大力支持。不少专家学者提出通过燃料乙醇替代煤炭、石油和天然气等燃料，不仅可以减少对传统化石能源的依赖，还可以减少颗粒物排放、温室气体排放以及对水体和土壤的污染等，纤维素乙醇是具有发展潜力的化石燃料替代能源。以玉米秸秆为原料的纤维素燃料乙醇，具有可再生、低污染和减少温室气体排放等优点。

发展纤维素乙醇有着优化能源结构、改善生态环境、促进农业发展的重要作用，符合我国建设清洁低碳、安全高效现代能源体系的要求，是我国倡导绿色低碳发展，实现“2030年碳达峰、2060年碳中和”目标不可或缺的重要举措之一。

目前，我国生物质能转化研发的关键技术还有待突破，经济性也有待进一步提高。据有关方面预计，随着我国研发技术水平和装备水平的不断提高，纤维素乙醇将有望在2025年实现规模化生产。玉米秸秆、麦秆等农林废弃物的资源化利用，对促进我国能源结构绿色转型、防止环境污染、推进碳减排具有重要的意义。

三、种养结合循环农业技术

种养结合循环农业指的是将畜禽养殖过程中产生的粪便作为种植业的肥料来源，而种植业则为养殖业提供饲料，并解决养殖业产生的废弃物，使物质和能量在动植物之间进行转换的循环式农业，可以转变农业发展方式，促进农业循环经济发展，提高农业竞争力，治理农业生态环境。

种养结合模式养猪解决了养殖粪污消纳问题。养猪场粪便每天清除后，先送至堆粪场，堆置两个月腐熟后，再送至农场作为肥料使用。养殖污水通过三级污水处理池收集处理，处理后的污水通过管网输送至农场田间的收集池内储存，用于农田灌溉。农场不使用化肥，农作物全部施用猪粪有机肥和沼液。农产品由于施用有机肥，质量上乘，拥有稳定的消费市场。

我国浙江湖州地区的桑基鱼塘模式（图6-3）也是种养结合生态农业的典型代表，用蚕养殖产生的蚕粪喂鱼，鱼塘周围种植桑树，桑叶用于喂蚕，鱼塘底泥用于桑树施肥。栽桑、养蚕、养鱼三者结合，形成桑、蚕、鱼、泥互相依存、互相促进的良性循环，避免了水涝，营造了十分理想的生态环境，收到了理想的经济效益，同时减少了环境污染。

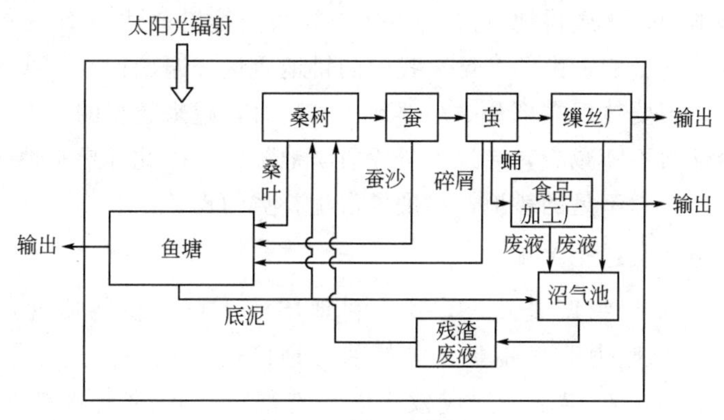

图6-3 桑基鱼塘模式图

我国河北怀来创新稻鸭共生的种养结合循环农业，在稻田中养鸭，鸭以稻田中的昆虫为食，减少了水稻的病虫害，产生的鸭粪直接进入田里成为水稻的肥料，同时鸭的活动能够起到疏松土质的作用，最终实现鸭与稻的共同受益，并且整个循环农业系统中未使用杀虫剂等化学物质，无环境污染，经济价值高。

“十四五”期间，我国应紧紧围绕畜禽养殖业绿色发展的目标，按照“保供给与保生态并重”的总体思路，遵循“以种定养、以养促种、种养结合、循环发展”的理念，大力推广畜禽粪肥种养结合还田利用模式，构建畜禽养殖业种养结合绿色发展新格局。

第三节　农业环境生态工程技术

一、耕地质量保护技术

耕地资源是国家粮食安全的根本保障，耕地保护是指人们为保证耕地的永久性利用和为可持续发展提供保障所采取的措施。耕地质量保护既要保护耕地的资源本身，又要保护使土地成为耕地的环境条件。耕地质量提升是耕地保护的重要内容，关系到粮食安全、环境保护和农业可持续发展。耕地质量提升就是采用工程、物理、化学、生物、农艺等综合措施，有针对性地进行农田基础设施建设、培肥改良土壤、改良土壤理化性状、提高土壤缓冲性能、防控农田生态环境污染，从而促进作物高产稳产，增强农田持续生产能力。

耕地质量保护技术是以提高农业综合生产能力、促进农业可持续发展为目标，因地制宜集成推广秸秆还田、绿肥种植、增施有机肥料、酸化土壤改良、补充耕地快速培肥、水肥一体化等培肥改土技术，采用多种措施共同改良土壤，提高耕地持续生产能力。

（一）耕地质量现状

1.人均耕地不多

调查显示，我国的人均耕地面积只有世界平均水平的40%左右，我国耕地的后备资源严重不足，西北和东北一些生态较为脆弱的地方耕地问题较明显，且存在过度开垦和生态环境破坏等问题，如果不及时采取措施进行优化，有可能导致未来耕地后备资源枯竭。

2.耕地质量不高

在我国所有耕地中，优质耕地只占30%，中等和低等耕地达到70%，并且受到自然侵蚀、水分以及坡度等的影响。由此可见，我国的耕地质量普遍偏低。一些城市的快速发展占用了大量优质耕地，主要体现在部分中东部地区。同时，越来越多的农民进入大城市，农村的人口数量以及劳动力不断减少，导致大量优质耕地荒废。因此开垦荒地时，人们大多选择生态环境脆弱和生产能力不足的耕地，出现了占优补劣的现象。

3.耕地土壤肥力差且退化严重

联合国粮食及农业组织调查发现，我国耕地层的土壤有机物质含量平均为1.86%，与其他国家相比，土壤肥力明显不足。虽然部分地区已经认识到这一问题，针对土壤肥力提升采取了相关措施，取得了一定成效，但还有部分地区的土壤有机质含量出现了降低现象。

4. 耕地沙化、盐渍化且存在土壤侵蚀

我国很多地区面临着耕地层变薄、犁底层增厚的情况，土壤紧实度提高，并且存在非常明显的土壤渗透性障碍，比如华北平原的耕地层有所缩减。除此之外，耕地沙化现象也非常严重，比如河西走廊等。坡耕地占比最大的黄土高原和长江上游地带，存在不同程度的水土流失问题。

（二）耕地质量提升技术

1. 秸秆还田

秸秆含有丰富的有机质、氮磷钾和微量元素成分。秸秆还田主要是实行小麦、水稻、玉米等秸秆全量机械化粉碎还田、覆盖还田、留高茬还田、墒沟埋草还田等。利用秸秆还田技术发展秸秆肥料，能有效增加土壤有机质含量，改良土壤结构，培肥地力，保护耕地质量，特别对缓解我国土壤氮、磷、钾比例失调的矛盾，弥补磷、钾肥不足，减少化肥用量，减少秸秆焚烧造成的大气污染，净化农村环境，保护生态环境，实现农业可持续发展具有十分重要的意义。

2. 应用新型肥料，改变施肥模式

滥用农业投入品是导致耕地质量下降的重要原因之一，应用环保的新型肥料并调整施肥模式对耕地质量保护意义重大。

随着我国现代农业的快速发展，人们对农产品的品质要求逐步提高，新型肥料的研发和使用成为农业领域的重要任务之一。传统复合肥容易造成土壤养分失调、破坏土壤结构，有机水溶肥作为新型环保肥料，可以喷施、冲施，或者与喷滴灌结合使用，在提高农业化肥利用率、节省农作物用水、降低生态污染、提高经济作物品质和减轻农民劳动强度等方面都具有突出优势。根据当地土壤有机质含量、腐殖化系数、土壤有机质年矿化率确定维持耕层土壤有机质平衡的有机肥用量，再依据当地土壤养分供应状况、作物类型和目标产量，将有机肥与无机肥进行合理配施，可以更好地满足作物对养分的需求，提高土壤肥力，同时实现土壤资源的可持续利用。

3. 遥感技术

遥感技术在耕地利用监测工作中将发挥巨大作用，同时还会渐渐成为耕地动态变化监测工作中强大有力的技术模式。在第一次及第二次全国土地大调查工作中，遥感技术已经显示出巨大的功能，在最近几年的发展中运用到了城市扩张及土地违法运用的监测工作中。如果存在非法占用耕地的情况，相关执法部门可以及时前往调查，并采取相关的法律措施；对审核通过的土地，应该考察耕地的使用情况，对比耕地的面积较之前是否变小。通过遥感技术还能留存图像信息，为之后的工作提供依据。遥感技术将在耕地保护方面发挥越来越重要的作用。

二、渔业养殖环境养护技术

（一）渔农结合高效养殖技术

稻田养鱼技术是根据稻鱼共生理论，利用水稻和鱼类共生互利的作用，将种植业和养殖业结合起来，发挥水稻和鱼类共生互利的作用，使原有的稻田生态往更加有利的方向转化，达到水稻增产、鱼类丰收的目的。在稻田生态系统中，水稻的光合作用会受到田间杂草、浮游植物等的竞争影响，放养鱼类后，可取食大量杂草，促进水稻的光合作用和能量转化。并且，鱼类的游动及在稻田中拱泥觅食，会对稻田水起到一定的增氧作用，有利于水稻生产。同时鱼向稻田排放出大量含丰富营养物的粪便以供水稻利用。而水稻生长的同时对水面起到遮蔽阳光作用，使稻田中的水温保持稳定，也有利于鱼的生长发育。

世界上有很多国家从事稻田养鱼，尤其在东南亚各国十分盛行，但我国是世界上最早从事稻田养鱼的国家。我国的稻田养鱼历史悠久，最早出现于汉朝，从有稻田养鱼文献记载的三国时期算起，至今也有1700多年。在旧中国，稻田养鱼大多是自发性的个体经营，零星分散，规模小、产量低，主要分布在西南、中南、东南，如四川、云南、贵州、广西、福建、浙江等。新中国成立后，稻田养鱼得以迅速发展。20世纪50年代就发展到1000多万亩，特别是十一届三中全会后，土地实行家庭联产承包，极大地调动了农民的积极性，稻田养鱼发展迅速。地区分布上，除上述有稻田养鱼传统的地区外，还扩展到山东、河南、陕西乃至黑龙江等地。由于科技人员深入开展了稻田养鱼试验示范，技术水平和单产不断提高，出现了大面积千斤稻、百斤鱼样板。稻田养鱼作为渔农结合的高效养殖技术，已成为保护农业环境、促进农村生态经济发展的重要途径之一。

（二）渔禽结合高效养殖技术

渔禽结合的生态养鱼技术是将家禽的粪便处理之后，人工投放到鱼塘做饵料。渔禽结合生态养鱼主要技术措施是：科学使用人工配合饵料技术，安全环保地处理畜禽排泄物，人工施畜禽粪便；调控水质及浮游生物的种群和数量，为鱼类创造良好的生态环境；改进施粪的方法和时间，完善施粪技术；加强鱼类生长早期和中期饲养管理；科学地进行水质监测；实行以预防为主的鱼病防治技术。这样一来，既解决了畜禽排泄物无处消耗、污染环境的问题，又变废为宝，给鱼类提供饵料，促进渔业发展，提高经济效益。

安徽省铜陵县天源水产养殖专业合作社和铜陵县正强禽业有限责任公司合作开展了渔禽结合的高效循环生态养殖模式探索，并取得了良好的经济效益和生态效益。通过渔禽结合高效养殖技术，正强禽业公司变废为宝，将鸡粪提供给天源水产养殖合作社肥水养鱼，公司每年获得经济效益6万元，同时节约了以前每年处理鸡粪耗费的人力、财力达数万元；天源水产养殖合作社利用廉价的鸡粪经过生物发酵肥水养鱼，比施用化肥肥水养鱼每年减少投入数十万元，并且采用放养大规格鱼种、提早产出大规格成鱼的模式，投入产出比达1∶1.76，双方实现了互助共赢。

三、农业污染生态修复技术

随着农业种植技术的不断优化，农作物产量有了明显提升。然而在农业发展过程中，不可避免会产生环境污染问题，不仅会影响农业的可持续发展，也影响周边的生态环境。对此，需要采取有效的农业生态恢复重建措施，解决农业生产带来的各类环境问题。

（一）农田土壤重金属污染的生态修复技术

农田土壤重金属污染是指由于人类的活动致使农田土壤中重金属过量累积引起的污染，通常包括生物毒性显著的Pb、Cr、Cd、Hg、As以及具有毒性的Cu、Zn等对土壤的污染。目前，国际上治理土壤重金属污染主要有三个途径：其一是将重金属污染地区与未污染地区隔离，防止污染物进一步扩散；其二是将重金属从土壤中去除；其三是改变土壤中重金属的价态和形态，降低其在环境中的迁移性和生物有效性。常用的方法包括工程技术措施、物理修复技术、化学修复技术、生物修复技术以及农业生态修复技术。农业生态修复技术是指在农业生产过程中，采用因地制宜的耕作管理制度，调节农田生态环境状况，以减轻重金属危害，主要包括农艺修复和生态修复两个方面。

1.农艺修复

农艺修复措施是指因地制宜地改变耕作制度，通过选择重金属含量少的化肥，增施能够固定重金属的有机肥，选育低重金属累积品种来降低作物对重金属的吸收、传输、累积，从而减少重金属进入食物链对人体的危害，而且不会发生二次污染，是一种有效的修复措施。具体措施有以下几点。

（1）合理施肥　滥用肥料是土壤质量下降的主要原因之一，我国长期以来，大量化肥、农药等被广泛施用于田地，加之部分人缺乏科学的专业种植知识，造成盲目施肥、施肥量过大等问题，破坏了生态环境，导致原有的自然土壤结构及植被生态系统被损害。毫无疑问，合理控制肥料施用数量和模式，分析土壤理化性质及作物生长要求，选取绿色适宜的施肥方案，对促进农作物健康生长、保护土壤生态环境有重要意义。

（2）施用生物有机肥　生物有机肥是指特定功能微生物与主要以动物排泄物和动植物残体（如畜禽粪便、农作物秸秆等）为来源并经无害化处理、腐熟的有机物料复合而成的一类兼具微生物肥料和有机肥效应的肥料。

现有的研究表明，施用生物有机肥较施用普通化肥有很大的优势：

① 生物有机肥营养元素齐全；化肥营养元素只有一种或几种。

② 生物有机肥能够改良土壤；化肥经常使用会造成土壤板结。

③ 生物有机肥能提高产品品质；化肥施用过多导致产品品质低劣。

④ 生物有机肥能改善作物根际微生物群，提高植物的抗病虫能力；化肥则使作物微生物群体单一，易发生病虫害。

⑤ 生物有机肥能促进化肥的利用，提高化肥利用率；化肥单独使用易造成养分的固定和流失。

（3）秸秆还田　秸秆还田是秸秆利用的一种重要方式，秸秆被土壤中微生物分解可生成腐殖质类物质，能提高土壤有机质含量，增加团粒结构，改善土壤紧实板结性状，协调土壤水肥气热等生态条件，还可以提高土壤微生物的生物量和土壤酶的活性，从而为根系生长创造良好的土壤环境，提高作物的产量。尤其是还田的秸秆在腐熟分解过程中产生的有机酸（如胡敏酸、富里酸、氨基酸等）、糖类及含氮、硫杂环化合物，能与金属氧化物、金属氢氧化物及矿物的金属离子发生络合反应，形成化学和生物学稳定性不同的金属有机络合物，通过改变土壤重金属的形态降低其生物有效性，从而减少其对土壤生物和农作物的毒害。

（4）调整耕作制度　遵循因地制宜的环境生态工程理念，调整耕作制度，根据不同区域的具体条件、理化性质以及受污染程度，选取不同的作物种类。对于污染严重不适宜种植粮食作物的地区，可以开展苗木花卉的生产；而对于污染较轻的区域，可以种植耐重金属较强的品种，减少农作物对重金属的吸收，降低重金属对人类健康的危害。

2.生态修复

生态修复措施指通过调节土壤水分、pH 值和氧化还原电位等生态因子，实现对土壤重金属所处环境介质的调控，从而改变重金属的生物有效性。

土壤氧化还原电位对变价重金属元素的活动性有很大的影响，尤其是根际氧化还原电位，可以改变重金属的价态和存在形态，并影响根系的吸收性能和重金属在土壤中的溶解度，从而降低土壤重金属的危害。土壤中的重金属一部分以阳离子形式存在，这部分重金属的迁移性大、生物可利用性高、危害最大。加入石灰性物质，能提高土壤 pH 值，促进重金属生成碳酸盐、氢氧化物沉淀，降低土壤中重金属的有效性，从而抑制作物对重金属的吸收。

（二）农药污染的生态修复技术

1. 农药污染概述

农药污染，是指农药使用后残存于生物体、农副产品及环境中的微量农药原体、有毒代谢产物、降解产物及杂质超过农药的最高残留限值而形成的污染现象。残留的农药对生物的毒性称为农药残毒，而农药保留在土壤中则可能对土壤、大气及地下水造成污染。

有机氯农药性质稳定，在土壤中降解一半所需的时间为几年甚至十几年。它们可随径流进入水体，随大气飘移至世界各地，然后又随雨雪降到地面。因此，在南极洲和格陵兰岛也能检出有机氯农药。某些有机金属农药，例如有机汞杀菌剂，性质稳定，且降解产物的残留毒性相当大，大多数国家已禁止使用。

农药污染主要是有机氯农药污染、有机磷农药污染和有机氮农药污染。通过直接污染或食物链的作用，植物、动物和人体都会摄入农药，环境中农药的残留浓度一般是很低的，但食物链传递和生物浓缩可使生物体内的农药浓度提高几千倍甚至几万倍。农药污染已经对自然生态系统产生了巨大的威胁，长期大量地使用化学农药，不仅误杀了害虫天敌，还杀伤了对人类无害的昆虫，影响了捕食昆虫的鸟、鱼、蛙等生物，进而危害生态系统中的其他生物。

2. 有机磷农药的生态修复技术

毒死蜱又名氯吡硫磷，化学名为 *O*,*O*-二乙基-*O*-(3,5,6-三氯-2-吡啶基)硫代磷酸酯，分子式为 $C_9H_{11}Cl_3NO_3PS$，结构式如图 6-4 所示，呈白色结晶，具有轻微的硫醇臭味，是一种非内吸性广谱杀虫、杀螨剂，在土壤中挥发性较高。

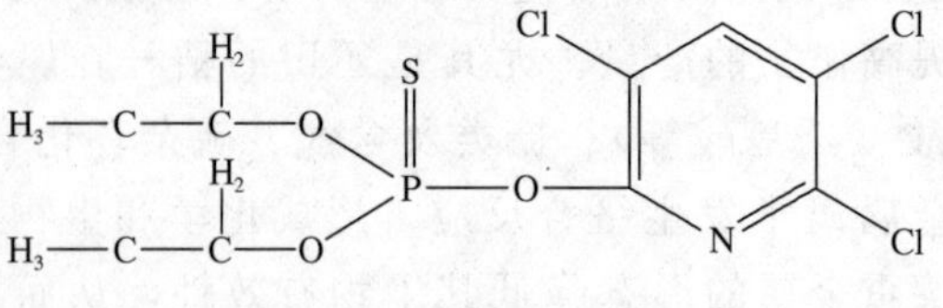

图 6-4 氯吡硫磷结构式

毒死蜱是替代甲胺磷和对硫磷等高毒农药的高效有机磷杀虫剂，在世界范围内得到广泛使用。但是，环境毒理学研究发现，毒死蜱对生态环境具有潜在的危险性，甚至被认为具有干扰内分泌的功能，基于其生态风险性，许多国家对毒死蜱在农产品中的残留量有严格的规定。对于毒死蜱的降解有许多学者报道，微生物降解被证实是一种有效的去除方法，其对农药的降解多是在酶的作用下完成的，通过从毒死蜱降解微生物中提取降解酶，制成酶制剂降解环境中残留的毒死蜱，将成为净化毒死蜱污染的有效手段。

因为微生物降解土壤中的有机磷农药具有费用低、环境影响小等优点，针对其他有机磷农药，利用土壤微生物及其降解酶消除有机磷农药污染也是颇为有效的途径（表 6-1）。

表 6-1　部分农药降解菌及其降解有机磷农药种类

微生物种类		降解农药名称
细菌	假单胞菌属	甲胺磷、马拉硫磷、二嗪磷、甲拌磷、敌敌畏、对硫磷、甲基对硫磷、辛硫磷、杀螟硫磷、乐果
	芽孢杆菌属	苯硫磷、对硫磷、甲基对硫磷、甲胺磷、敌敌畏、乐果、杀螟硫磷
	节细菌属	马拉硫磷、二嗪磷
	黄杆菌属	对硫磷、甲基对硫磷、马拉硫磷、二嗪农、毒死蜱、甲胺磷
	产碱杆菌属	对硫磷、甲基对硫磷
	短杆菌属	对硫磷、甲基对硫磷
	根瘤菌属	马拉硫磷、对硫磷
	硫杆菌属	甲拌磷
	不动杆菌属	甲胺磷、甲基对硫磷、三唑磷、对硫磷、敌敌畏
真菌	曲霉属	敌百虫、溴硫磷、地虫磷、甲胺磷、乐果、对硫磷、马拉硫磷、氧化乐果
	青霉属	地虫磷、对硫磷、敌百虫
	根霉属	地虫磷、溴硫磷
	木霉属	敌敌畏、对硫磷、马拉硫磷
	镰刀菌属	敌百虫
	毛霉属	氧化乐果
	酵母属	甲胺磷
放线菌	链霉菌属	马拉硫磷、乐果
藻类	小球藻属	甲拌磷、对硫磷

资料来源：《农村农药污染及防治》，王罗春，2019 年。

（三）农业面源污染的生态修复技术

1. 农业面源污染概述

农业面源污染主要包括农村生活污水及固体废物、化肥农药施用及流失、分散式畜禽废水排放物、水土流失污染物、城镇地表径流夹带物共五个方面，具有随机性、广泛性、滞后性、不确定性、难监测性、难治理性。调查显示，农业面源污染是水环境质量下降的主要原因之一。

2. 农业面源污染的修复技术

（1）化学方法　化学方法包括加入化学药剂杀藻、加入铁盐促进磷的沉淀、加入石灰脱氮等，但是易造成二次污染。

（2）物理方法　物理方法包括疏挖底泥、机械除藻、引水冲淤等，但往往治标不治本。

（3）生物-生态方法　生物-生态方法利用生态修复的理念对农业面源污染进行治理，是安全、绿色、可持续的治理手段，如放养控藻型生物、构建人工湿地和水生植被，将生物和生态修复技术结合起来修复农业面源污染。

实际上，大自然在发展演化的长期过程中，本身已经具备了自我净化、自我调节能力，使得自然界得以持续有序运行。目前已经开发的水体生物-生态修复技术，是利用培育的植物或培养、接种的微生物的生命活动，对水中污染物进行转移、转化及降解，从而使水体得到净化的技术，实质上是按照仿生学的理论对自然界恢复能力与自净能力进行强化。这种按照自然界自身规律去恢复自然界的本来面貌，通过强化自然界自身的自净能力来治理环境的方式，才是符合人与自然和谐相处要求的长远的治理措施。

二维码 6-1　山塘水库和池塘养殖水体生态容量评估及生态修复关键技术研究

思考题

1. 名词解释

农业生态环境、农业环境生态工程技术、生态循环农业、稻田养鱼技术

2. 耕地质量保护的核心技术包括哪些？

3. 秸秆还田的常用方法包括哪些？

4. 畜禽粪便的处理技术主要包括哪些？

5. 简述农业环境生态工程原理。

6. 简述生态循环农业的四大特点。

参考文献

[1] 陈东阳. 我国生态循环农业发展问题与建议分析 [J]. 现代农机，2022 (2)：14-16.

[2] 陈天荣. 畜禽粪工厂化好氧发酵干燥处理技术试验 [J]. 上海农业学报，1994，10 (A00)：26-30.

[3] 郭越龙. 农业生态环境与可持续发展研究 [D]. 武汉：华中师范大学，2016.

[4] 韩雪征. 沟渠湿地对农业面源污染的生态修复研究 [D]. 邯郸：河北工程大学，2009.

[5] 胡王，江河，凌俊，等. 渔禽结合高效循环生态养殖模式探索 [J]. 科学养鱼，2009 (3)：2.

[6] 李其美. 遥感影像在耕地保护中的应用 [J]. 电子技术，2022，51 (8)：238-239.

[7] 王明利. 改革开放四十年我国畜牧业发展：成就、经验及未来趋势 [J]. 农业经济问题，2018 (8)：60-70.

[8] 孟祥海，沈贵银. 畜禽养殖业种养结合：典型模式、运营要点与推广路径 [J]. 环境保护，2022，50 (16)：34-38.

[9] 马铁铮，马友华，徐露露，等. 农田土壤重金属污染的农业生态修复技术 [J]. 农业资源与环境学报，2013 (5)：39-43.

[10] 苏环. 耕地质量提升综合技术 [J]. 农家致富，2015 (17)：46-47.

[11] 宋旭，王涛，魏春林. 农业生物环境工程在农业生态中的应用 [J]. 南方农机，2016，47 (7)：34，37.

[12] 王金花，陆贻通. 农药毒死蜱的生态风险及其微生物修复技术研究进展 [J]. 环境污染与防治，2006 (2)：125-128.

[13] 王罗春. 农村农药污染及防治 [M]. 北京：冶金工业出版社，2019.

[14] 王延宏，曹京兰，智辉. 一种多功能好氧发酵堆肥设备研究 [J]. 中国农机化学报，2018，39 (10)：92-96.

[15] 席建峰，高飞，房苏清，等. 我国生态循环农业发展现状及对策研究 [J]. 中国西部科技，2012，11 (9)：47-48，16.

[16] 杨洪. 贵阳市农业生态环境保护评价研究 [D]. 长春：吉林农业大学，2021.

[17] 杨京平，卢剑波. 农业生态工程与技术 [M]. 北京：化学工业出版社，2001.

第七章

湿地环境生态工程

湿地生态系统是由陆地和水域相互作用所形成的自然综合生态系统，兼具水域和陆地生态系统的特点，拥有独特的生境、丰富的天然基因库，是地球重要的生命支持系统。过去，人类对湿地的盲目开垦、环境污染及生物资源的过度利用等造成了湿地面积的减少和湿地功能的下降。随着天然湿地丧失，生态与环境质量逐渐下降，主要表现在土壤侵蚀加剧和局部沙化，并造成土壤肥力下降。自党的十八大以来，我国构建了湿地保护制度体系，出台了《中华人民共和国湿地保护法》（简称《湿地保护法》），同时通过环境学、生态学和工程学手段积极进行湿地污染防治，取得了较好的效果。此外，作为综合的生态系统，人工湿地应用生态系统中物种共生、物质循环再生原理，基于结构与功能协调原则，在促进废水中物质良性循环的前提下，可以充分发挥资源的生产潜力，防止环境的再污染，从而获得污水处理与资源化的最佳效益，因而受到越来越多的重视。

第一节　湿地生态环境概述

一、湿地生态系统

《关于特别是作为水禽栖息地的国际重要湿地公约》（简称《湿地公约》）表明湿地系指天然或人造、永久或暂时之死水或流水、淡水、微咸或咸水沼泽地、泥炭地或水域，包括低潮时不超过 6 米的海水区。《全国湿地保护规划（2022—2030 年）》对湿地的定义又做了补充，指出：湿地是指具有显著生态功能的自然或者人工的、常年或者季节性积水地带、水域。它包括红树林地、森林沼泽、灌丛沼泽、沼泽草地、沿海滩涂、内陆滩涂、沼泽地、河流水面、湖泊水面、水库水面、坑塘水面（不含养殖水面）、沟渠、浅海水域等。湿地特征委员会（Committee on Characterization of Wetlands）给湿地下了一个“参考定义”：湿地是一个依赖于持续的或周期性的浅层积水、在基质的表面或附近达到水分饱和的生态系统。常用的判断湿地的特征有水成土和水生植被。这些特征会在湿地出现，除非有特定的物理、化学、生物或人为的因素去除或阻止它们的产生。而湿地生态系统是湿地植物、栖息于湿地的动物和微生物及其环境组成的统一整体。

根据第三次全国国土调查及 2020 年度全国国土变更调查结果，我国湿地面积约 5634.93 万公顷，约占世界湿地面积的 10%，居亚洲第一位，世界第四位。根据 2020 年度全国国土变更调查结果，我国现状红树林地 2.71 万公顷，占 0.05%；森林沼泽 220.76 万公顷，占 3.92%；灌丛沼泽 75.48 万公顷，占 1.34%；沼泽草地 1113.91 万公顷，占 19.77%；沿海滩涂 150.97 万公顷，占 2.68%；内陆滩涂 607.21 万公顷，占 10.77%；沼泽地 193.64 万公顷，占 3.44%；河流水面 882.98 万公顷，占 15.67%；湖泊水面 827.99 万公顷，占 14.69%；水库水面 339.35 万公顷，占 6.02%；坑塘水面 456.54 万公顷，占 8.10%；沟渠 351.71 万公顷，占 6.24%；浅海水域（以海洋基础测绘成果中的 0 米等深线及 5 米、10 米等深线插值推算）411.68 万公顷，占 7.31%。我国自 1992 年签署国际《湿地公约》至今有 30 多年，一直在致力于湿地的保护和修复，例如建设湿地公园和湿地保护区，建立了我国湿地保护体系。截至 2020 年底，我国有 64 处国际重要湿地、29 处国家湿地、69 处内陆湿地和水域生态系统类型国家级自然保护区、1693 处湿地公园（其中国家湿地公园 899 处），湿地保护率高达 50%以上。这些成效得益于我国对湿地的高度重视。我国在湿地保护和公约履约方面启动了全国湿地保护工程，将湿地公园发展建设作为重要内容纳入其中，2022 年提出构建以国家公园为主体的自然保护体系，特别是首批国家公园的建立，体现了我国把人与自然和谐相处作为社会发展的基本目标，践行了“绿水青山就是金山银山”的发展理念，让良好的生态环境成为最普惠的民生福祉。2022 年 6 月 1 日我国首部湿地保护法律——《中华人民共和国湿地保护法》正式开始施行，标志着我国湿地保护进入新阶段，也表明了我国对湿地保护的重视和决心。

（一）湿地的分类

湿地根据位置和水文可分为六种基础类型，分别为：木本沼泽、草本沼泽、碱沼、酸沼、湿草甸和浅水。

1. 木本沼泽（swamp）

木本沼泽主要分布于温带，植被以木本中养植物为主，有乔木沼泽和灌木沼泽之分，优势植物是桦木属和柳属。例如，美国密西西比河河谷的泛滥平原的洼地森林。

2. 草本沼泽（marsh）

典型的低位沼泽就是草本沼泽，经常极度湿润，以苔草及湿生禾本科植物占优势，几乎全为多年生植物。很多植物是根状茎，常聚集成大丛，如芦苇丛、香蒲丛、苔草丛等。例如，五大湖附近的香蒲沼泽。

3. 碱沼（fen）

碱沼是莎草和禾草占优势的湿地，植被扎根于浅薄泥炭中，通常伴随着明显的地下水运动，并且水体 pH>6。许多碱沼分布在石灰岩地区，并且生长了褐色苔藓。例如，加拿大和俄罗斯北部大面积的泥炭沼泽。

4. 酸沼（bog）

酸沼是由泥炭藓、莎草、杜鹃科灌木或阔叶乔木组成的湿地，植被扎根于 pH<5 的深厚泥炭中。例如，俄罗斯中部西西伯利亚低地的大面积泥炭沼泽。

5. 湿草甸（wet meadow）

湿草甸是草本植物占优势的湿地，植被扎根于间歇性淹水土壤中。短期淹水胁迫去除了陆生植被和木本沼泽，但是在退水后的生长季，形成了典型的潮湿土壤湿草甸植物群落。例如，河流泛滥平原沿岸的湿草甸，这些湿地由周期性洪水产生，如果只在干季去调查，它们很可能会被当成陆地生态系统。

6. 浅水（shallow water）

浅水是由真正的水生植物群落组成的湿地，地上至少有 25cm 深的水。例如，湖泊的近岸带、河流的港湾。

（二）湿地生态系统的服务

生态系统服务指生态系统及生态过程所形成与所维持的人类赖以生存的自然环境条件与效用，包括对人类生存及生活质量有贡献的生态系统产品和生态系统功能。湿地的生态服务取决于系统本身的结构和功能，同时与区域经济发展水平密切相关。湿地生态系统的服务是多方面的：它可作为直接利用的水源或补充地下水，又能有效控制洪水和防止土壤沙化，还能滞留沉积物、有毒物、营养物质，从而改善环境；它能以有机质的形式储存碳元素，减少温室效应，保护海岸不受风浪侵蚀，提供清洁方便的运输方式。湿地与森林、海洋并称为地球三大生态系统，它因有众多且有益的功能而被人们称为“地球之肾”。湿地还是众多植物、动物特别是水禽生长的乐园，同时又为人类提供食物（水产品、禽畜产品、谷物）、能源（水能、泥炭、薪柴）、原材料（芦苇、木材、药用植物）和旅游场所，是人类赖以生存和持续发展的重要基础。总的来说，湿地生态系统所提供的服务主要包括以下几个方面。

1. 物质生产

湿地具有强大的物质生产功能，它蕴藏着丰富的动植物资源，其中许多资源与人民生活和国民经济建设息息相关。

（1）湿地动物产品　湿地是一类高生产力的生态系统，湿地水产品如鱼类、贝类、蟹类、虾类等是人类重要的蛋白质来源。不同的物种对相同类型湿地或同一物种对不同类型的湿地依赖程度是不同的。一些重要的物种是永久性居住者，另一些则在时机合适时来湿地觅食，浅淡水湿地和沿海湿地是鱼类重要的觅食和育幼场所。

（2）湿地植物产品　取自湿地的植物产品常常有谷物、木材、浆果、造纸和编织用的芦苇、工业用的树脂、药材，还有一些饲用植物和蜜源植物，湖泊、池塘中还可种植莲藕、菱角等水生经济植物。稻田是一类历史悠久的人工湿地，目前，稻米是全球 50%以上人口的主要食粮。西非和东南亚湿地生态系统种植的油棕是世界上最主要的食用油和制皂油的来源。目前，我国造纸原料中，芦苇占了 26%。在我国的洞庭湖、鄱阳湖、三江平原、辽河三角洲等地，分布有大面积的芦苇沼泽，是造纸工业的重要原料来源。湿地生态系统中的许多植物还具有重要的药用价值，如香蒲、荔枝草（泽泻）、慈姑、金莲花等具有补血、化瘀、消炎功效，芦苇的根具有清热解毒、利尿、生津止渴、镇吐等作用，香蒲的蒲棒和花粉（蒲黄）具有消炎、止血作用。

（3）水分供给　湿地常常作为居民用水、工业用水和农业用水的水源。溪流、河流、池塘、湖泊中都有可以直接利用的水。泥炭沼泽森林常可以成为被浅水水井利用的水源。

2. 能量转换

湿地可以通过各种方式转换能量，最普遍的就是水力发电、生成薪柴和泥炭。在东非，纸莎草被采伐、干燥，然后用来烧砖。许多河口有生产潮汐电的能力。湿地中的泥炭是一种新的能源，许多国家已在供暖、发电和农村家庭中使用。在我国出产泥炭的地区（如四川省红原县），泥炭除用作居民燃料外，还用作工厂作坊的燃料。但是，泥炭是不可再生资源，它们被开采的同时也就相应对湿地造成破坏。

另外，湿地中草本植物也是一个潜在的能量源。利用水生植物生产沼气及液体燃料的研究在近年来得到广泛关注。在全球范围内，石油、天然气和煤炭等不可再生能源已经或正在逐年枯竭，生物质能源和废弃物资源化正成为全球关注的热点。水生植物作为生物质能的一个重要方面，开发利用前景十分广阔。

3. 调节气候

湿地可影响小气候。湿地的热容量大，导热性差，使湿地地区的气温变幅小，有利于改善当地的小气候。湿地积水面积大，或者湿地的潜水位较高，地下水面距离湿地表面的高度在毛细管力作用范围内，大量水分在毛细管力的作用下源源不断地输送到地表。同时，湿地特殊的地热学性质使湿地源源不断地为大气提供充沛的水分，增加大气湿度，调节降水。

4. 物质循环

湿地在全球氮、硫、甲烷和二氧化碳的循环中起到重要作用。

(1) 氮循环　湿地在氮循环中的重要作用主要是通过反硝化作用将一部分多余的氮返回大气。反硝化作用需要还原环境，例如沼泽底部或湿地中的缺氧区域，以及充足的有机碳源。因为大多数气候温和的湿地都是肥料过剩的农田径流的接收器和理想的反硝化环境，它们对全球的氮平衡是非常重要的。

(2) 硫循环　空气中的硫含量几乎一半是人为产生的，大多数是化石燃料的燃烧所产生的。当硫酸盐被雨从空气中淋洗出来时进入沼泽，沉淀物的还原环境把它们还原成硫化物，部分硫化物以硫化氢、甲基硫化物和三甲基硫化物的形式再次进入大气循环。

(3) 碳循环　湿地对全球范围的碳循环也有着显著的影响。化石燃料的燃烧和热带雨林的大规模砍伐导致树木和土壤中有机物质的氧化，空气中二氧化碳的含量逐渐增加。全球沼泽地以每年 1mm 的速度堆积泥炭，一年中将有 3.7×10^8 t 碳在沼泽地中积累。可见泥炭沼泽是二氧化碳的一个重要聚集地，有助于缓和大气中二氧化碳含量的增加。

湿地经过排水后，改变了土壤的物理性状，使地温升高、通气性得到改善，提高了植物残体的分解速率，而在湿地生态系统有机残体的分解过程中产生大量的二氧化碳气体，向大气中排放，此时，湿地生态系统又表现为碳的产生源。

另外，湿地土壤中过饱和的水分环境使得动植物残体分解缓慢、有机质含量丰富，为甲烷的产生提供了良好的条件，从而使湿地成为全球最大的甲烷排放源，每年各种天然湿地的甲烷排放量约 2.2×10^6 t，占总排放量的 6%左右。甲烷排放与湿地类型、水分状况、温度、土壤理化特征等因素有关。

5. 涵养水源

湿地能贮存大量水分，是巨大的生物蓄水库，它能保持大于其土壤本身质量 3～9 倍甚至更高的蓄水量，能在短时间内蓄积洪水，然后用较长的时间将水排出。这与沼泽土壤具有特殊的水文物理性质有关。此外，湿地植物可减缓洪水流速，避免所有洪水在短期内下泄，一部分洪水可在数天、几星期甚至几个月的时间内从储存地排放出来，一部分则在流动过程中蒸发或下渗成地下水而被排出。我国最大的淡水湖鄱阳湖被大片湿地所环绕，可蓄积江西省每年洪水总量的 1/3。该处湿地的存在，对附近河流的水源补给、工农业生产及维持当地的生态环境起到了很大的作用。当海洋暴风雨上岸时，沿海盐沼和红树林湿地可作为巨大的暴风雨缓冲器，在最前面减轻狂暴袭击。我国东南沿海台风盛行，因此红树林防风护堤的作用相当明显。1959年8月23日厦门地区遭受12级特大台风袭击，龙海县寮东村8m高的红树林保护下的堤岸却安然无恙。

6. 水质净化

湿地的水质净化功能通常可以分为物理净化和生物净化两个方面。物理净化过程主要是悬浮物的吸附沉降，生物净化过程主要是营养物和有毒物质的移出和固定。

（1）悬浮物沉降　湿地由于其特有的自然属性能减缓水流，从而利于固体悬浮物的吸附和沉降。随着悬浮物的沉降，其所吸附的氮、磷、有机质以及重金属等污染物也从水体中沉降下来。不过湿地滞留沉积物的作用是有限的，如果湿地集水区沉积物大量增加，过量的沉降会对湿地产生不利影响，会导致湿地吸附沉积物的能力大幅度下降，对湖泊和水库还会影响其水源供应能力。例如历史上黄河多次溃决泛滥，携带的大量泥沙淤积在洪泽湖中，造成湖盆变浅、容量减少。

（2）移出和固定营养物　一些营养物会与沉积物结合在一起，随着沉积物一起沉降。营养物沉降之后被湿地植物吸收，通过化学和生物学过程转化而储存起来。许多水生维管束植物的生长速度很快，能吸收大量的氮、磷、钾等营养元素，湿地植物吸收的营养物可随植物的腐烂而再次释放到水体中。人工湿地的植物在收获后通常用作饲料、有机肥、造纸原料、手工艺品材料等。

（3）移出和固定有毒物质　有毒物质主要是指重金属和有机化合物。湿地有助于减缓水流的速度，当含有毒物和杂质的流水经过湿地时，有利于毒物和杂质的沉淀和排出。湿地中的许多水生植物可以富集其组织中的重金属，许多植物还含有可与重金属结合的物质，因此能参与重金属的解毒过程。有机污染物的净化包括附着、吸收、累积和降解。水生维管束植物可以利用其巨大的体表吸收大量有机物，并相对降低水中有机物的浓度。虽然这不能从根本上消除有机物，可能在任何时候再次释放到水中，但在一定时间内仍然可以起到净化作用。在现实生活中，不少湿地可以用作小型生活污水处理地，该过程能够提高水的质量，有利于生活和生产。

7. 生物多样性保育

湿地的环境复杂，适合许多爬行类、两栖类生物和植物繁殖生长，也适合鸟类栖息。湿地植物按照生长特征和形态特征可分为五大类：沼生型植物、挺水型植物、浮叶型植物、漂浮型植物、沉水型植物。

8. 人文服务

湿地不仅空气新鲜、环境优美，而且景观独特，栖息、生长着多种观赏价值极高的动植物，为人们提供垂钓、划船、赏花等多种机会，是人们旅游、娱乐、疗养的理想场所；我国有许多重要的旅游景区都分布在湿地周围。从科研的角度来看，所有类型的湿地都具有很高的研究价值，湿地生态系统和湿地生物的多样性，湿地资源的有效保护和合理利用，都给科研工作者提供了各种课题。

湿地是十分脆弱的生态系统，与人类的生存和发展息息相关。因此合理有效地利用和开发湿地对我们格外重要。

二、我国湿地生态环境保护现状

从全球来看，由于气候变化、对湿地重要性认识不足，以及人类不合理的开发和利用，湿地生态系统面临被破坏的风险。从我国来看，我国湿地保护取得显著成效，但在建设人与自然和谐共生的现代化、实现高质量发展目标的背景下，湿地保护面临更高要求、更高期待。

我国的沼泽湿地由于泥炭开发和农用地开垦，面积急剧减少，随着湿地面积的减小，湿地生态功能明显下降，生物多样性降低，出现生态环境质量下降现象。同时，对湿地重用轻养，生物资源过度利用，也对湿地的生态平衡产生了不利影响。

党的十八大以来，我国不断强化湿地保护，国家和省级层面累计建立近100项湿地相关制度，初步形成了湿地保护政策制度体系，开启了全面保护湿地新阶段。第三次全国国土调查首次设立了“湿地”一级地类，湿地生态功能更加凸显。湿地保护管理体系初步建立，指定了64处国际重要湿地、29处国家湿地，建立了600余处湿地自然保护区、1600余处湿地公园，湿地保护率提高到50%以上。此外，我国安排中央资金169亿元，实施湿地保护项目3400多个，新增和修复湿地面积80余万公顷，鸟类损失农作物补偿面积超过100万公顷。我国实现内地国际重要湿地监测全覆盖，国际重要湿地生态状况总体稳定良好，退化湿地生态状况明显改善，基层湿地保护管理能力得到进一步强化，各地开展湿地保护的积极性显著提高。

此外，森林、草原、荒漠、湿地是重要的自然生态系统，我国已有《中华人民共和国森林法》《中华人民共和国草原法》和《中华人民共和国防沙治沙法》等专门法律。《中华人民共和国湿地保护法》的出台，填补了我国湿地生态系统立法空白，进一步丰富完善了我国生态文明制度体系。

2019年，我国成功申办《湿地公约》第十四届缔约方大会，大会于2022年11月在湖北武汉举办。经过近50年发展历程，《湿地公约》内涵由最初专注水禽栖息地和迁徙水鸟的保护，逐步演变为湿地生态系统整体保护。实施好《湿地保护法》，对于我国全面履行《湿地公约》，参与和引领国际湿地保护，彰显中国推进构建人类命运共同体，树立负责任大国形象，具有重要的促进作用。

三、湿地生态修复的原则与目标

（一）湿地生态修复原则

1.地域性原则

我国湿地分布范围广，从寒温带到热带，从沿海到内陆，从平原到高原。因此应根据地理位置、气候特点、湿地类型、功能要求、经济基础等因素，制订适当的湿地生态修复策略、体系和技术途径。

2.生态学原则

生态学原则主要包括生态演替规律、生物多样性原则、生态位原则等。生态学原则要求根据生态系统自身的演替规律区分步骤、明确阶段进行修复，并根据生态位和生物多样性原理构建生态系统结构和生物群落，使物质循环和能量转化处于最优状态，达到水、土、植被、生物同步进化的目的。

3.可行性原则

可行性是实施计划项目时必须首先考虑的一点。湿地生态修复的可行性主要包括环境的可行性和技术的可操作性。湿地生态修复的选择在很大程度上由当下环境状况及空间范围所决定。当下环境状况是自然界和人类社会长期发展影响的结果，其内部组成要素之间存在相互依赖、相互作用的关系，即便在湿地生态修复过程中人为创造一些条件，也只能给退化的湿地提供引导。考虑湿地与其他湿地和邻近的陆地与深水生境的关系，而不是强制管理，才能使修复具有自然性和持续性。不同的环境状况，所花费的时间不同，甚至在有些恶劣的环境条件下很难进行修复。此外，即使设计很合理，但由于经济现状等其他因素，可操作性较低，修复实际上是不可行的。因此，全面评价可行性是湿地生态修复成功的保障。

4. 最小风险和最大效益原则

退化湿地系统的生态修复不仅技术复杂，而且所花费的时间和资金量巨大。生态系统的复杂性和某些环境要素的突变性，加之人们对生态过程及其内部运行机制认识还不透彻，导致人类对生态修复的后果以及最终生态演替方向无法进行准确的估计和把握。这就要求我们对被修复的生态系统进行系统综合的分析、考察，将风险降到最低，同时，还应努力做到在最小风险、最小投资的情况下获得最大效益。在考虑生态效益的同时，还应考虑经济效益和社会效益，以实现生态、经济、社会效益相统一。

（二）湿地生态修复目标

湿地生态修复的总体目标是采用适当的生物、生态及工程技术，逐步恢复退化湿地生态系统的结构和功能，最终达到湿地生态系统的自我持续状态。但对于不同的退化湿地生态系统，修复的侧重点和要求也会有所不同。总体而言，湿地生态修复的基本目标和要求如下：

① 实现生态系统地表基底的稳定性。地表基底是生态系统发育和存在的载体，基底不稳定就不可能保证生态系统的演替与发展。这一点应引起足够重视，应采取措施保持系统基底稳定，避免湿地发生不可逆演替。

② 恢复湿地良好的水文状况。一是恢复湿地的水文条件；二是通过污染控制，改善湿地的水环境质量。

③ 恢复植被和土壤，保证一定的植被覆盖率和土壤肥力。

④ 增加物种组成和生物多样性。

⑤ 实现生物群落的恢复，提高生态系统的生产力和自我维持能力。

⑥ 修复湿地景观，增加视觉和美学享受。

⑦ 实现区域社会、经济的可持续发展。湿地生态系统的修复要求生态、经济和社会因素相平衡。因此，生态修复工程除考虑其生态学的合理性外，还应考虑公众的需求和政策的合理性。

湿地生态修复的最根本目标是修复湿地功能，使其持续自我稳定发展，从而为人类提供更稳定、更持久的服务。

第二节　自然湿地生态工程

一、湿地生态清淤技术

（一）技术背景

受污染的河湖及湿地的淤泥中含有大量的污染物，在一定条件下这些污染物会释放出来进入水体，造成水质恶化。污染物沉积在水体底部影响水质，不利于自然水体自净，湿地的水利和生态调节作用也受到消极影响。采取有效的处理技术清除淤泥迫在眉睫。

湿地清淤是个系统工程，需要综合考虑经济、技术和生态环境等因素，选择适合的技术方法。淤泥中含有几十种重金属、有机污染物等有害物质，影响了水质和水生态环境。夏季高温时污染底泥上翻浮于水面，会造成水质恶化和降低水体视觉感官效果。而湿地清淤技术实现了湿地水域污泥在线干化处理的技术创新，处理后渣料含水率低并按照粒径分级，按污泥成分分类，便于底泥最终处置，在实现淤泥减量化的同时，为污泥资源化利用和无害化处置奠定了重要基础。

生态清淤的目的是改善水质和水生态环境、减少二次污染。作为新兴技术，它不仅能降低底泥中的污染物浓度，还可促进水生态系统的恢复。生态清淤对清淤工程有更高的要求，应尽量避免污染底泥的搅动和细颗粒物质的扩散。通过控源截污将外源污染消除；再通过底泥清淤，提高黑臭水体环境容量，消除内源污染；采用生态净化技术建设生态湿地，净化入河水源的水质，最终恢复黑臭河湖水体的自净能力，打造健康的生态链。相比其他清淤技术，生态清淤有以下特点：①为了防止挖泥过程中污染底泥扩散，改造传统挖泥船，开发新型环保型绞刀头和防污屏等环保设备；②在清淤船上配置全球定位仪、污染监视仪等仪器，以提高疏挖精度，避免漏挖与超挖；③为避免对环境造成二次污染，对输排系统进行改造，减少输泥过程中的泄漏；④在清淤基础上，采取多种措施，兼顾修复水生生态系统的更高目标。

生态疏浚后对淤泥进行处理，吸除带水的粒状或絮状物质，以减量化、无害化和资源化为原则，可以综合利用（堆肥、焚烧利用、制造建筑材料等）、填埋等从而对底泥进行处理。国内外对生态疏淤技术的研究侧重点有所不同：国内淤泥脱水一般采用自然干化、机械脱水、污泥烘干及焚烧等方式，脱水所需设备有真空压滤机、板框压滤机、带式过滤机及离心脱水机等；国外尤其是发达国家更重视城市环保清淤和淤泥的脱水处理，其脱水方式主要有固化处理、分级压榨脱水、移动式连续脱水、高压脱水等。

（二）相关技术

生态清淤采用振动筛分、水力旋流结合水力冲洗、污泥搅拌对河湖污泥进行减量化及分选处置，主要技术特点如下：双轴惯性振动筛脱水技术，物料在筛面上做直线抛掷运动，物料运移速度均匀，不用人工清砂，筛网寿命较长，适于河湖污泥等成分复杂的介质；旋流脱水技术，与直线振动筛集成使用，通过地毯式过滤，实现小粒径颗粒脱水；湿法筛分技术，采用合适的水量促进固体颗粒的脱水，同时清除固体颗粒上的絮状污泥及部分有机物。振动、旋流、冲洗、剥离将渣料按粒径筛分，为污泥的资源化利用创造了条件。

对于重金属超标的底泥，可以采用固化/稳定化技术（图 7-1）。淤泥固化/稳定化是使淤泥、固化剂、激发剂与水之间发生一系列的水解和水化反应产生胶结土颗粒的胶凝物质、结晶物质等，同时通过激发剂激发土壤颗粒本身的活性使其参与反应，使淤泥具备一定的结构强度等特性。淤泥经过处理，重金属形态由非稳定态向稳定态转化；固化剂与水发生反应后，生成的产物对重金属离子有包裹和吸附作用，固化处理后的淤泥重金属渗出值在安全指标范围内，可实现达标回用。

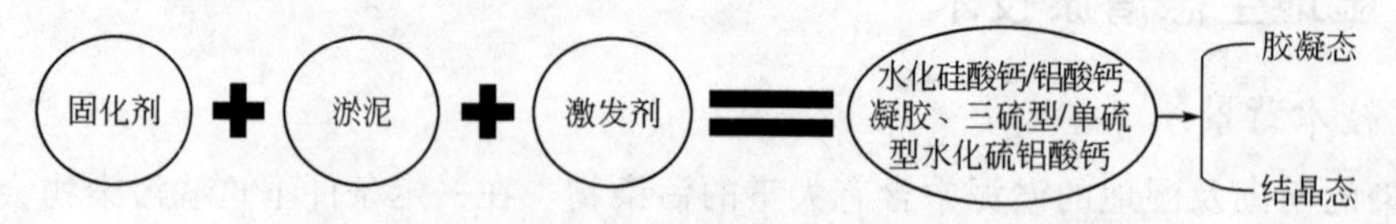

图 7-1　底泥固化/稳定化技术原理

生态清淤以恢复水体自净能力为目标，削减河道底泥，从而保障湿地环境。通过综合治理实现水体还清和资源的最大化利用，有助于生态结构的重现，确保现有环境的稳定发展，更利于抗洪排涝，促进后续整体城市经济良好且稳定发展。这是城市治理水环境使水体还清的重要环节。随着疏浚技术的发展，要求在湿地清淤实施的同时实现环保疏浚与环保清淤，清淤疏浚是内源污染控制的主要手段。

（三）淤泥快速处置过程

1.快速脱水干化

淤泥通常采用板框式压滤机进行机械脱水。板框式压滤机主要由滤板、滤框、滤布、压紧机构等部分组成（图7-2）。疏浚底泥通过自动格栅机筛分系统进行漂浮杂物与粗、细颗粒之间的分选，分选后产生的漂浮杂物外运至指定堆场，粗、细颗粒进入沉淀池，前者在沉淀池内沉淀，后者进入浓缩池，同时通过自动化淤泥脱水固化同位处理系统，提升脱水固化的效率。压滤脱水后的干化土集中堆放，同时进行含水率检测，确保达到设计要求。

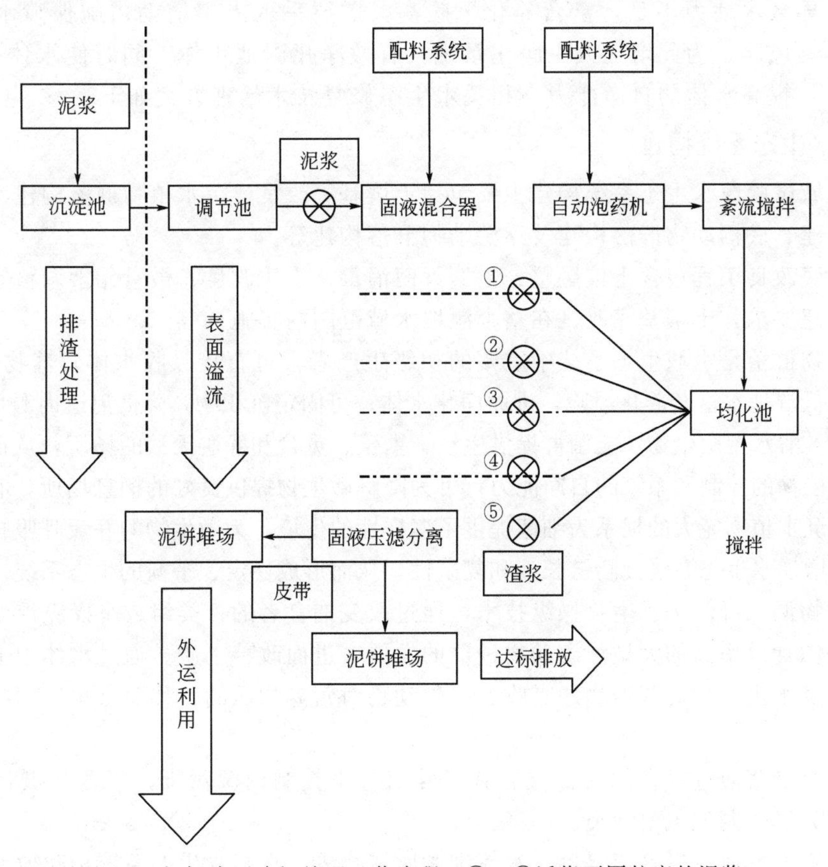

图7-2 板框式压滤机处理工艺流程（①～⑤泛指不同粒度的泥浆）

2.余水净化处理技术

淤泥快速处置过程中应该注意避免二次污染的发生，为此对压滤脱水过程中产生的余水进行集中处理。浓缩池上部溢流余水通过处理并达到设计要求后排放至余水处理池；脱水车间内压滤余水先过滤，将底部过滤水通过管道回排至浓缩池内，上部过滤余水流入余水处理池。污染物大部分黏附在底泥细小颗粒上，通过控制污水中的悬浮物浓度基本控制住有机物和磷、氮营养盐等污染物，其具体做法是通过在余水处理池中加入絮凝剂，使余水中悬浮颗粒迅速沉降，各项主要水质指标均能达到排放限值要求，将处理后的余水排入河道。

3. 底泥的资源化利用

底泥脱水干化后得到的干化土确定合适的途径，进行资源回收利用。

二、湿地水生态修复技术

湿地水生态系统的环境承载能力相对有限，在受到超过其环境阈值的干扰情况下（如暴雨）易发生退化，从而导致整体生态净化能力削弱，易造成水质恶化等问题。湿地整体水环境容量有限，无法充分削减外源性污染物，加之生态系统各级营养级具有典型的季节性，整个系统净化效率表现为夏高冬低的特征，尤其在冬季，生态系统净化能力显著降低，无法满足水环境净化需求。

以沙河湿地试验段为例，该项目地处西安，冬季较长且气温低。湿地水量呈现典型的季节性，导致水动力不足，富营养化风险高，需要采取人工辅助措施保障水动力，降低水华及黑臭风险。为此增加人工净化系统，有效净化湿地水体，同时使水体循环流动，增强水动力，提高水体的自净能力。相关水生态修复技术治理方案如下。

（一）水生态系统构建

湿地水域试验段水生态系统构建主要包括土壤基底改良、沉水植物群落构建、水生动物调控群落构建、底栖动物群落构建及浮游动物群落构建等。

土壤基底改良工程包含土壤翻整、土壤灭菌消毒、土质改良、微量元素调整等，以达到沉水植物构建要求，土壤基底改良在整个湿地水域范围内实施。

沉水植物群落是水域生态系统中重要的初级生产者，可直接吸收水体营养物，降低氮、磷含量，降低湿地水富营养化风险，进而净化水体；可固定沉积物，降低河道内源负荷；为水生动物群落、清水型微生物功能菌群提供生活、繁殖、觅食和躲避天敌的场所，从而增强生态系统对浮游植物的控制和系统的自净能力；可为降解微生物提供良好的栖息场所，有利于微生物的生存；沉水植物庞大的根系为细菌提供了多样性的生境，为微生物的好氧呼吸提供有利条件，进一步增加水生态系统食物链长度和复杂性，从而形成稳定、平衡的生态系统。

水生动物调控群落采用生物操纵技术，通过改变捕食者的种类组成来操纵浮游动物群落结构，促进滤食效率高的大型浮游动物种群的发展，进而改善水质。通过水体中上层鱼类对藻类的摄食及水生植物对营养物的吸收、水生动物对营养物质的转移及富集达到净化水体的目的。

底栖动物群落通过摄食附着藻类、有机碎屑等来控制内源污染，根据其摄食习性选择螺、贝类作为群落调控主要种类。

浮游动物群落通过摄食蓝绿藻、水体细微腐屑物等，提高水生态系统构建效率，完善食物链，实现水体净化和富营养物质资源化。

（二）人工净化系统构建

人工净化系统采用目前比较流行的超微净化水处理工艺，它是一种大面积的气、液相界面技术，通过采用超高压气水混合方法，在超饱和状态下产生大量微米、亚微米级氧气泡，可有效氧化有机物、去除氮磷和重金属、黏附胶体及藻类、增加含氧量等，可大幅提高水体透明度，是适应河道水体净化的高效水处理工艺。超微净化系统可有效控制突发事件时水质急剧恶化，保障水生态系统的稳定性。通过构建最佳水力循环管网模式，增强水动力，促使湿地水循环，达到水域无死角、净化水体的目的。

三、退化沼泽湿地植被恢复技术

（一）树种选择及样地设置

退化沼泽湿地主要分为三种类型，即火烧干扰类型、放牧干扰类型和垦殖干扰类型，三种退化沼泽湿地在退化前均属于森林沼泽湿地。

垦殖干扰与放牧干扰始于20世纪80年代中期，直至2010年左右这两种干扰被全面禁止。垦殖干扰彻底破坏了湿地植被和湿地土壤；放牧干扰仅破坏了地表植被，对土壤破坏程度相对垦殖干扰要低。火烧干扰有时会导致草本和灌木全部烧死，属于重度干扰。

退化的沼泽湿地水土流失严重，土壤保水能力下降，土壤养分易流失，因此从生态效益角度考虑，可以引进提高土壤养分、稳定土壤结构、保持水土能力强的树种。以兴安落叶松和红皮云杉为例，其蒸腾水分的能力比阔叶树种差，根系发达，保持水土的能力强，适合在退化沼泽湿地恢复过程初期栽植。沙棘可适应的生存环境分布广泛，可以迅速生长、繁殖、大量萌生形成团块或片状沙棘林，具有很强的固氮和土壤改良能力，并且具有较高的经济价值。在很多退化生态系统恢复中，沙棘都被作为恢复植被来使用。有7种恢复模式可供选择，即沙棘纯林模式、红皮云杉纯林模式、落叶松纯林模式、沙棘-红皮云杉混交模式、沙棘-落叶松混交模式、红皮云杉-落叶松混交模式、沙棘-红皮云杉-落叶松混交模式。这些栽植模式既可用来提高生境中的生物量，减少水土流失，又可以避免外来物种入侵和竞争养分而导致本土树种死亡。

（二）植物生长指标测定及数据分析

生长指标测定采用样地调查法，在样地内连续调查100株树木，主要测定因子包括成活率、树高、基径、冠幅和根幅。在每一种恢复模式中选择3株树木，用挖掘法调查根幅。树高、冠幅和根幅用钢卷尺测量，精确到1cm；基径用游标卡尺测量，精确到0.1mm。用单因素方差分析来检验不同样地植被生长指标的差异，当$P<0.05$时认为差异显著。使用统计软件SPSS 17.0来完成检验过程。

由此证明，红皮云杉在幼龄期比较适合水分含量较高的湿地环境，因此，红皮云杉可作为沼泽湿地植被恢复的可选树种之一，且以混交造林模式最佳。在不能保证成活率的前提下，不宜选择种植沙棘。

1.放牧干扰湿地恢复模式

根据树木的成活率和生长指标（表7-1和表7-2），放牧干扰的沼泽湿地中，除了树高这一指标之外，总体对落叶松生长不利，对红皮云杉生长有利。由此可见，红皮云杉在放牧干扰的沼泽湿地上造林效果最好，其次是红皮云杉与落叶松混交，落叶松单独种植也可达到恢复植被的效果，而沙棘相对较差。因此，在对放牧干扰的沼泽湿地进行植被恢复时，应选择红皮云杉纯林模式、落叶松纯林模式或红皮云杉-落叶松混交模式造林。

2.垦殖干扰湿地恢复模式

根据树高和生长指标，可得垦殖干扰后的泥炭沼泽湿地恢复模式应选择红皮云杉纯林模式、落叶松纯林模式和红皮云杉-落叶松混交模式（表7-3和表7-4）。

表 7-1　放牧干扰沼泽湿地造林树种的成活率和树高

造林模式	树种	成活率/%			树高/cm		
		2010 年	2011 年	2012 年	2010 年	2011 年	2012 年
沙棘纯林模式	沙棘	39.00	33.00	30.00	63.5±6.13b	79.2±7.78b	113.6±13.2a
红皮云杉纯林模式	红皮云杉	98.00	95.00	94.00	61.4±4.31b	70.7±4.12bc	96.4±4.67ab
落叶松纯林模式	落叶松	85.00	82.00	79.00	65.1±2.13b	78.6±3.13b	102.3±5.31a
沙棘-红皮云杉混交模式	沙棘	37.00	30.00	25.00	69.4±5.63b	81.4±8.58b	110.1±15.12a
	红皮云杉	96.00	92.00	90.00	67.6±2.13b	80.3±2.54b	102.2±3.65a
沙棘-落叶松混交模式	沙棘	38.00	32.00	29.00	66.8±5.42b	75.1±5.88b	119.5±9.67a
	落叶松	89.00	86.00	79.00	88.4±1.73a	95.5±3.54a	109.7±5.61a
红皮云杉-落叶松混交模式	红皮云杉	92.00	88.00	85.00	62.0±1.18b	72.2±3.66b	82.6±2.87b
	落叶松	92.00	88.00	86.00	87.1±2.56a	96.3±3.13a	121.5±5.21a
沙棘-红皮云杉-落叶松混交模式	沙棘	38.00	33.00	28.00	64.7±5.43b	76.8±5.77b	120.4±14.76a
	红皮云杉	93.00	91.00	90.00	61.5±2.31b	69.9±2.55bc	89.7±4.53b
	落叶松	96.00	90.00	89.00	89.4±3.12a	103.1±2.56a	129.6±5.31a

注：小写字母表示显著性水平（$P<0.05$）。

表 7-2　放牧干扰沼泽湿地造林树种的生长指标

造林模式	树种	基径/mm			冠幅/cm			根幅/cm		
		2010 年	2011 年	2012 年	2010 年	2011 年	2012 年	2010 年	2011 年	2012 年
沙棘纯林模式	沙棘	5.23±0.23c	6.39±0.31c	8.36±0.42c	18.2±1.77b	26.6±2.13ab	32.6±3.12b	10.2±0.23a	16.6±0.43b	29.1±1.57a
红皮云杉纯林模式	红皮云杉	7.92±0.57b	8.21±0.81c	15.99±0.98b	34.6±1.65a	39.8±2.33a	45.7±4.07a	13.5±1.09a	19.5±1.66a	21.7±1.82ab
落叶松纯林模式	落叶松	6.04±0.31c	9.08±0.33c	16.36±0.72b	9.4±0.37c	16.7±0.51c	35.1±1.77b	6.6±0.58c	10.4±1.31b	16.9±1.78b
沙棘-红皮云杉混交模式	沙棘	5.69±0.32c	6.98±0.67c	7.36±0.81c	12.7±0.52b	24.1±0.76b	30.5±2.18b	7.3±0.73bc	17.6±1.58b	27.5±2.18a
	红皮云杉	9.33±0.23b	12.39±0.56b	18.23±0.86b	23.1±2.55a	31.5±2.81a	40.4±4.98a	8.4±0.81b	16.1±0.97b	25.5±1.21a
沙棘-落叶松混交模式	沙棘	5.96±0.27c	6.87±0.67c	8.66±0.41c	16.1±1.31b	19.4±1.77b	33.3±2.51b	11.5±0.68a	15.2±1.31b	29.4±2.81a
	落叶松	14.24±0.34a	23.15±0.98a	25.13±2.01a	26.2±1.45a	36.2±1.68a	40.4±1.92a	14.1±0.23a	19.5±0.67a	21.5±0.71ab
红皮云杉-落叶松混交模式	红皮云杉	8.23±0.32b	11.36±0.58b	14.23±1.02b	26.1±1.33a	31.1±1.39a	36.1±1.17c	14.2±0.86a	17.6±0.81b	23.6±1.09ab
	落叶松	13.69±1.01a	24.56±2.01a	31.33±2.67a	24.4±1.98a	27.6±2.11ab	42.5±2.76a	12.5±0.43a	21.1±0.51a	26.1±0.89a
沙棘-红皮云杉-落叶松混交模式	沙棘	4.92±0.45c	6.36±0.37c	8.36±0.62c	13.3±1.23b	15.7±1.12c	35.6±3.61b	9.7±0.96ab	12.0±0.89c	28.1±2.01a
	红皮云杉	8.04±031b	10.69±0.33b	12.36±1.05b	24.1±1.67a	30.5±2.09a	31.1±2.64b	12.2±0.56a	16.6±0.68b	23.3±1.98ab
	落叶松	15.21±0.44a	26.36±2.31a	33.39±3.31a	25.5±0.97a	29.4±1.45a	40.1±4.07a	13.1±1.11a	22.3±1.57a	29.2±2.39a

注：小写字母表示显著性水平（$P<0.05$）。

表 7-3　垦殖干扰沼泽湿地造林树种的成活率与树高

造林模式	树种	成活率/%			树高/cm		
		2010 年	2011 年	2012 年	2010 年	2011 年	2012 年
沙棘纯林模式	沙棘	38.00	30.00	20.00	71.1±6.78a	79.8±7.86a	95.6±9.43a
红皮云杉纯林模式	红皮云杉	95.00	93.00	92.00	60.2±1.13b	73.4±3.22b	86.2±2.17b
落叶松纯林模式	落叶松	89.00	88.00	85.00	68.3±2.13a	85.3±3.87a	96.3±4.32a
沙棘-红皮云杉混交模式	沙棘	39.00	33.00	28.00	67.6±5.81a	78.1±6.66b	96.6±10.12a
	红皮云杉	94.00	93.00	89.00	64.8±3.41a	78.5±4.63b	92.8±3.11a
沙棘-落叶松混交模式	沙棘	38.00	34.00	29.00	68.0±2.75a	77.8±6.32b	102.1±9.86a
	落叶松	87.00	84.00	80.00	72.4±3.12a	89.6±4.33a	95.4±5.86a
红皮云杉-落叶松混交模式	红皮云杉	90.00	89.00	87.00	60.3±2.54b	73.5±2.61b	84.6±1.97b
	落叶松	89.00	82.00	79.00	65.1±3.97a	78.6±4.33b	86.6±4.87b
沙棘-红皮云杉-落叶松混交模式	沙棘	40.00	36.00	34.00	73 1±7.81a	80.3±9.13a	112.8±10.38a
	红皮云杉	94.00	90.00	85.00	63.1±4.31b	75.5±5.77b	81.3±5.92b
	落叶松	88.00	82.00	76.00	68.9±2.15a	77.8±1.76b	83.1±1.99b

注：小写字母表示显著性水平（$P<0.05$）。

表 7-4　垦殖干扰沼泽湿地造林树种的生长指标

造林模式	树种	基径/mm			冠幅/cm			根幅/cm		
		2010 年	2011 年	2012 年	2010 年	2011 年	2012 年	2010 年	2011 年	2012 年
沙棘纯林模式	沙棘	4.82±0.23c	5.28±0.26c	7.26±0.19c	21.5±2.13a	23.7±1.98b	31.4±2.19a	6.5±0.34c	8.3±0.76c	12.3±1.13b
红皮云杉纯林模式	红皮云杉	12.91±0.58a	18.66±0.61a	22.31±0.81a	26.8±0.82a	30.6±1.31a	34.5±1.68a	11.1±0.41a	15.9±0.57a	18.4±0.77b
落叶松纯林模式	落叶松	9.62±0.37b	12.26±0.67a	15.33±0.89a	18.7±0.67b	22.4±0.91b	42.1±3.21a	8.9±0.67b	9.5±0.57b	15.3±1.45b
沙棘-红皮云杉混交模式	沙棘	4.66±0.45c	5.01±0.49c	7.52±0.58c	19.3±1.89b	24.1±2.33b	30.3±3.41b	6.1±0.58c	10.4±1.31b	13.5±1.19b
	红皮云杉	15.33±0.57a	21.65±1.46a	23.34±2.11a	27.6±2.31a	32.0±3.07a	36.6±3.52a	12.5±1.04a	19.3±1.65a	21.1±1.83a
沙棘-落叶松混交模式	沙棘	4.88±0.51c	5.13±0.34c	7.12±0.61c	20.6±2.07a	24.0±3.03b	31.1±3.54a	8.1±0.24b	11.1±0.56b	14.2±0.89b
	落叶松	10.31±0.21a	13.44±0.51a	16.23±0.37a	18.3±0.75b	23.0±1.04b	38.4±1.81a	9.4±0.51a	11.5±0.94b	14.5±1.20b
红皮云杉-落叶松混交模式	红皮云杉	12.92±0.50a	18.32±0.81a	19.36±0.78a	26.8±2.01a	30.1±2.36a	33.5±3.41a	11.0±0.57a	15.4±0.67b	17.6±0.81b
	落叶松	6.13±0.32c	11.69±0.57b	14.52±0.59a	14.5±0.41b	19.1±0.37b	30.1±1.10b	6.0±0.32c	8.1±0.51c	12.2±0.57b
沙棘-红皮云杉-落叶松混交模式	沙棘	5.34±0.46c	6.29±0.41c	8.56±0.59c	21.1±2.41a	25.1±2.37b	33.3±3.41a	7.1±0.61b	10.3±0.82b	16.2±1.41b
	红皮云杉	19.11±1.03a	26.14±2.11a	28.36±2.37a	25.1±1.08a	29.3±1.32a	32.1±1.88a	17.5±0.61a	23.6±0.97a	26.2±1.18a
	落叶松	11.35±0.46a	12.13±0.37a	13.26±0.51b	17.6±0.49b	22.3±0.68b	29.5±2.01b	10.1±0.87a	14.7±1.03b	16.1±1.40b

注：小写字母表示显著性水平（$P<0.05$）。

3. 火烧干扰湿地恢复模式

对于同一地点，由于火烧导致沼泽湿地内乔木大部分死亡，因此蒸腾作用减弱，所以地下水位与未火烧对比显著升高。落叶松虽然是耐水湿树种，但并不是喜湿树种，它在通气良好的土壤条件下生长良好，而在积水条件下生长明显受到抑制。样地火烧后地表有明显积水，抑制了落叶松的生长，降低了落叶松的成活率。沙棘虽然萌生力很强，具有根瘤菌，能固定氮素，改良土壤，可以为其他树种创造良好的生态环境，但是耐水性能差，成活率低，逐渐会被其他树种所代替。综上，红皮云杉是火烧干扰湿地最好的恢复树种，7 种恢复模式中，红皮云杉纯林模式是火烧干扰湿地的最佳恢复模式。

对于被破坏的湿地沼泽，当前首要任务是保持水土，为沼泽湿地的恢复创造条件。混交造林目的是保持水土，优化土壤结构，通过发挥混交林中不同树种的优势功能，取长补短，达到恢复沼泽湿地植被的目的。植物对干扰的适应表现在繁殖、形态、生理等方面，植物的形态可塑性和植物多样性是植被适应干扰的机制。不同植物种对不同干扰类型的适应能力不同，7 种造林模式中，红皮云杉纯林造林模式对火烧干扰的适应性最强。落叶松虽然在垦殖和放牧干扰湿地中成活率高，但是在火烧干扰湿地中成活率显著降低（$P<0.05$），这可能是火烧前后湿地水位的变化导致的。

（三）退化沼泽湿地恢复技术措施

1. 树种选择

沼泽湿地生态系统退化往往是高强度、大面积和长时间的干扰造成的，而这种干扰主要是人类活动产生的。因此，在退化沼泽湿地恢复过程中，首先应该消除干扰，减轻或停止对湿地生态系统的进一步破坏，尤其在国家级自然保护区内，应该通过法律等手段，完全消除保护区内的人类干扰，这是恢复湿地管理的首要步骤。其次，退化沼泽湿地恢复的最主要任务之一是植被恢复，植被的恢复对于防止水土流失、防洪固沙有很大的作用，而植被恢复的树种选择很重要。

选择湿地退化前原有的本地树种作为植被恢复的树种更好。虽然沙棘不容易入侵本地树种，并且会产生经济效益，但是沙棘的恢复效果差，所以不建议将沙棘作为退化沼泽湿地恢复的树种使用。在三种退化类型沼泽湿地恢复过程中，红皮云杉的成活率与落叶松、沙棘相比都是最高的，因此，红皮云杉是恢复森林沼泽湿地的首选树种，其次为落叶松。种植模式应该选择红皮云杉纯林、落叶松纯林或红皮云杉-落叶松混交模式。

2. 生态补水

沼泽湿地退化的关键因素是水资源匮乏。强化水资源统筹规划和统一调度，结合黄河流域中游节水型社会试点和向下游分水工程，实现水资源的优化配置与调度是补充湿地水资源的重要途径。在湿地区域尽量控制地下水的开采，遏制地下水位下降；建立天然湿地补水的保障机制，将湿地水文变化控制在其阈值内。通过节约淡水资源、实施跨流域调水等措施满足湿地生态环境需水量，恢复退化湿地的植被及湿地生态系统的结构与功能。

3. 封育

在典型湿地退化区，对退化湿地进行封育，是退化湿地生态恢复的重要措施之一。实施封育技术措施，可有效控制人为活动对湿地植被的干扰，促进湿地植被恢复，丰富生物多样性，增加植被覆盖率，提高湿地植被生物量。

4.控制湿地营养物质

由于水体的营养富集作用，淡水湿地中往往富含营养物质。营养物质含量受水源区来水以及湿地生态系统本身特征的影响。恢复湿地生态系统，需要对湿地系统中的有机物质进行调整，降低湿地生态系统中的有机物含量。常用的方法有吸附吸收法、剥离表土法和收割法。

（1）吸附吸收法　水体水质可被自然吸附和吸收过程改善。湿地是公认的营养物质和其他化学物质的处理站，利用人工湿地进行污水处理已证明这一点。此外，有研究表明，在半自然的湿地中，输入的营养物质可以被储存在泥里，直到达到饱和状态。因此，对于营养物质富集不严重的湿地，可以利用湿地系统本身的吸附作用降低水体中的营养物质含量。

（2）剥离表土法　由于营养物质长期积累，湖泊底部沉积大量营养物质。对于富集营养物质的湿地，除去上层土壤是一种减少营养物质含量的有效方法。分离土壤可以带来两方面的效益：一方面，分离表土相当于在湿地开挖浅水湖，有助于提高湿地蓄水量；另一方面，分离的表土含有大量营养物质，有利于作物的生长。

（3）收割法　收割植被，尤其是除去成熟的植被，会使湿地中养分减少。研究表明，收割植物对降低湿地系统中钾、磷含量有明显的效果，但对氮含量无影响，因为每年通过沉积输入的氮含量和收割季节时输出的氮含量相当。虽然使用收割法降低营养物质含量耗费时间长，费用高，但它依然是湿地内进行营养物质调整的最有效的方法之一。衡水湖每年花费大量人力，收割蒲草、芦苇等大型水生植物，不仅减少了湿地系统的营养物质，也增加了收入。

5.人工种草、栽植湿地植物

（1）土壤改良与种草 在典型盐沼湿地区，为尽快恢复湿地植被，可采用土壤改良与种草相结合的技术进行恢复。具体做法是：播种前采集土样，分析土壤的含盐量，然后深翻土壤至40～60cm；深翻后，根据土壤含盐量施用硫黄粉；向地块中灌水，并种植苜蓿、冰草、黑麦草等。

（2）栽植湿地植物 在湿地退化区，通过人工栽植湿地植物加速湿地植被的恢复进程。在水位较高、地表有积水、能够进行生态补水的沼泽区，采用植苗技术栽培芦苇和香蒲。

（3）生态农业和“退耕还湿”工程 湿地周边地区开展的绿洲农业、生态农业建设，极大地减少了农业生产对水源和环境的污染。生态农业的发展，可有效利用水资源，能为湿地植被恢复提供大量的水源补给，进而提高湿地生态环境的承载能力，有效遏制生态环境脆弱化现象的发生。湿地区的调查资料表明，在传统农业时期，由于对水资源的无节制利用，地处水陆交错带的沼泽区，因地下水位下降和地表水资源的补给减少，沼泽面积不断萎缩，湿地植被生物量降低；实施生态农业战略以来，湿地区水资源得到了有效补给，从而使沼泽萎缩、生物量降低的趋势得到了缓解。在湿地水域的水陆交错带陆地系统开展生态农业建设，可为湿地生态系统生态恢复提供屏障。

6.湿地植被恢复方法

湿地植被或水生植物的恢复途径主要有种子库、种子传播和植物繁殖体等。

（1）种子库　排水不畅的土壤是一个丰富的种子库，与现存植被有很大的相似性。但湿地植被形成种子库的能力有很大不同，因此，种子库的重要性对不同的湿地类型也有所不同。一般来说，丰水枯水周期变化比较明显的湿地系统中会含有大量的一年生植物种子，可以利用这些种子进行湿地生态系统恢复。

（2）种子传播　许多湿地植物能很好地适应水力传播，其种子在水中有浮力。种子漂浮时间对水力传播的有效性至关重要，变动性很大，一般在一周到几年之间。种子通过水力进行长距离传播很重要，大多数湿地植物种子可以通过洪水冲积的方式到达研究的湿地区域。此结果表明水力传播对湿地恢复点内种子的重新分布的重要性。蒲草是引黄河水传播到衡水湖的。

（3）植物繁殖体　湿地植物的某一部分有时也可以传播，而后恢复生长。不同苔藓植物的植株部分被风力传播到沼泽表面，并在表面重新生长。许多湿地植物是由其小的植物部分传播、繁衍的，这些繁殖体对于促进植物群落的发展尤其重要。

第三节　人工湿地生态工程

人工湿地是利用生态工程的方法，人工建造和调控形成的一种综合的生态系统。通过人工湿地生态系统中物种共生、物质循环再生原理，基于结构与功能协调原则，以及物理、化学和生物的优化组合，可将其用于处理污水。在适用范围内经过人工湿地系统处理后的出水可以达到地表水水质标准，所以人工湿地实质上是一种深度处理的方法。

一、人工湿地设计与作用机理

2010 年，环境保护部发布了《人工湿地污水处理工程技术规范》（HJ 2005—2010），规定了人工湿地污水处理工程的总体要求，工艺设计、施工与验收、运行与维护等技术要求。为进一步加强水生态环境保护修复，促进区域再生水循环利用，生态环境部于 2021 年印发了《人工湿地水质净化技术指南》，用于指导各地开展人工湿地水质净化相关工作。

（一）人工湿地设计

1. 基本概念

根据水流动方式，人工湿地分为表面流人工湿地、水平潜流人工湿地、垂直潜流人工湿地和潮汐流人工湿地。

表面流人工湿地（图 7-3），指污水在基质层表面以上，从池体进水端水平流向出水端的人工湿地。其具有投资小、操作简便、运行费用低的优点。缺点是负荷低，去污能力有限，受自然气候条件影响较大，夏季易滋生蚊蝇，并有臭味。

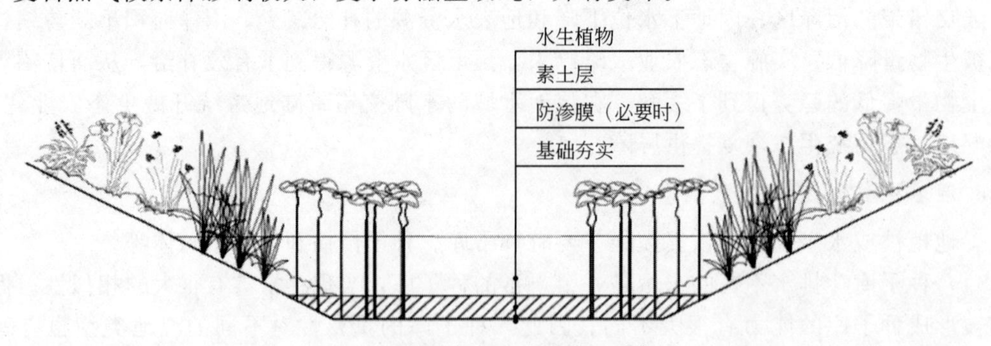

图 7-3　表面流人工湿地坡面示意图

水平潜流人工湿地（图 7-4），指污水在基质层表面以下，从池体进水端水平流向出水端的人工湿地。与表面流人工湿地相比，水平潜流人工湿地的水力负荷高，对 BOD、COD、重金属等污染物的去除效果更好，且少有恶臭和蚊蝇滋生现象，但仍有脱氮除磷效果欠佳的缺点。

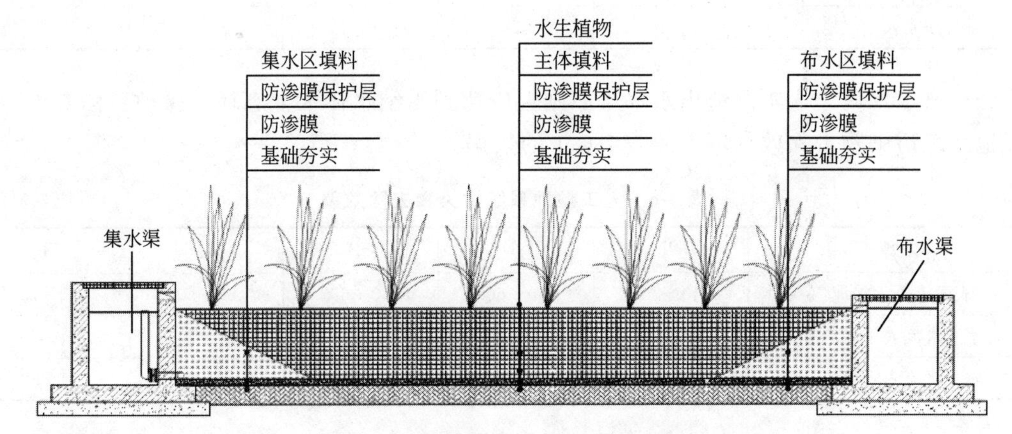

图 7-4　水平潜流人工湿地坡面示意图

垂直潜流人工湿地（图 7-5），指污水垂直通过池体中基质层的人工湿地。垂直潜流人工湿地的硝化能力高于水平潜流人工湿地，用于处理含氨氮浓度较高的污水更具有优势。

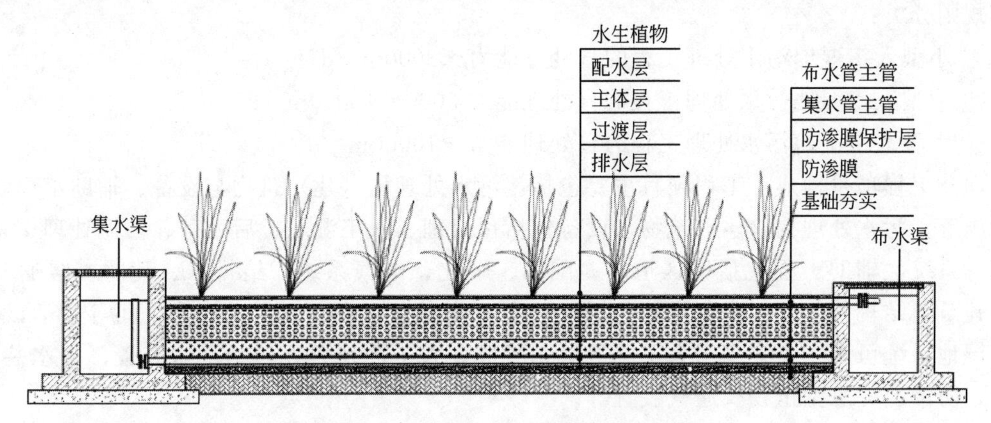

图 7-5　垂直潜流人工湿地坡面示意图

潮汐流人工湿地，作为一种新型的强化型垂直流人工湿地，可在一定程度上改善低溶解氧浓度和氧传递速率问题。湿地采取潮汐式“瞬时进，瞬时排”的进水方式，在排水和闲置期间大量空气吸入湿地基质内，为硝化反应提供良好的条件，显著提高氨氮和有机物的去除性能。在下一个周期进水期，湿地内硝酸盐释放到水体中，通过反硝化作用转化为氮气排入大气，极大地提高了总氮的去除率。

2. 总体设计

(1) 进水水质　为保证人工湿地水质净化功能和可持续运行，人工湿地进水水质需考虑水生态环境目标要求、当地水污染物排放标准、社会经济情况、用户需求、湿地处理能力等因素综合确定。当处理对象为集中式污水处理厂出水时，进水应达到当地水污染物排放标准；当处理对象为河湖水、农田退水时，进水应优于当地水污染物排放标准。总之，人工湿地系统进水水质应满足表 7-5 的规定。

表 7-5 人工湿地系统进水水质要求 单位：mg/L

类型	BOD_5	COD_{Cr}	悬浮物(SS)	NH_3-N	总磷(TP)
表面流人工湿地	≤50	≤125	≤100	≤10	≤3
水平潜流人工湿地	≤80	≤200	≤60	≤25	≤5
垂直潜流人工湿地	≤80	≤200	≤80	≤25	≤5

(2) 出水水质 人工湿地出水水质原则上应达到受纳水体水生态环境保护目标要求。人工湿地系统污染物去除效率可参照表 7-6 中的数据。

表 7-6 人工湿地系统污染物去除效率 单位：%

类型	BOD_5	COD_{Cr}	SS	NH_3-N	TP
表面流人工湿地	40～70	50～60	50～60	20～50	35～70
水平潜流人工湿地	45～85	55～75	50～80	40～70	70～80
垂直潜流人工湿地	50～90	60～80	50～80	50～75	60～80

(3) 设计水量 当处理对象为污水处理厂出水时，设计水量需与污水处理厂出水量相匹配；当处理对象为河湖水、农田退水时，设计水量应考虑受纳水体水质改善需求、可利用土地面积、湿地耐冲击负荷能力等因素合理确定。应根据设计水量确定建设规模，建设规模按以下规则分类：

① 小型人工湿地污水处理工程的日处理能力<3000m^3/d；

② 中型人工湿地污水处理工程的日处理能力 3000～10000m^3/d；

③ 大型人工湿地污水处理工程的日处理能力≥10000m^3/d。

(4) 工程项目构成 工程项目主要包括：污水处理构（建）筑物与设备、辅助工程和配套设施等。污水处理构（建）筑物与设备包括预处理、人工湿地、后处理、污泥处理、恶臭处理等系统。辅助工程包括厂区道路、围墙、绿化、电气系统、给排水、消防、暖通与空调、建筑与结构等工程。配套设施包括办公室、休息室、浴室、食堂、卫生间等生活设施。人工湿地系统可由一个或多个人工湿地单元组成，人工湿地单元包括配水装置、集水装置、基质、防渗层、水生植物及通气装置等。

(5) 场址选择 场址选择应符合当地总体发展规划和环保规划的要求，以及综合考虑交通、土地权属、土地利用现状、发展扩建、再生水回用等因素；应考虑自然背景条件，包括土地面积、地形、气象、水文以及动植物生态因素等，并进行工程地质、水文地质等方面的勘察。场址应不受洪水、潮水或内涝的威胁，且不影响行洪安全；宜选择自然坡度为 0%～3%的洼地或塘，以及未利用土地。

3. 工艺设计

(1) 工艺流程 一般来说，工艺设计应综合考虑处理水量、原水水质、占地面积、建设投资、运行成本、排放标准、稳定性，以及不同地区的气候条件、植被类型和地理条件等因素，并应通过技术经济比较确定适宜的方案。预处理、后处理、污泥处理、恶臭处理等系统设计应符合 GB 50014 及相关行业规范中的有关规定。人工湿地系统由多个同类型或不同类型的人工湿地单元构成时，可分为并联式、串联式、混合式等组合方式。

按工程接纳的污水类型，基本工艺流程如图 7-6 所示。

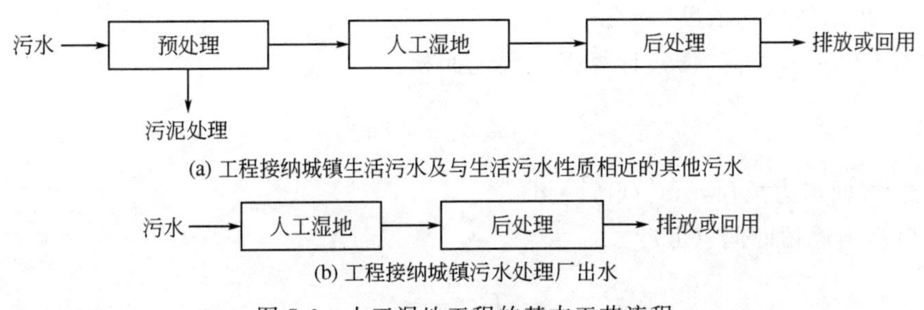

图 7-6 人工湿地工程的基本工艺流程

预处理是指为满足工程总体要求、人工湿地进水水质要求及减轻湿地污染负荷，在人工湿地前设置的处理工艺。可选择格栅、沉砂、初沉、均质等一级处理工艺，物化强化法、AB 法（吸附-生物降解法）前段、水解酸化、浮动生物床等一级强化处理工艺，以及 SBR (序批式反应器)、氧化沟、A/O（厌氧-好氧法）、生物接触氧化等二级处理工艺。预处理程度根据具体水质情况与水质要求，选择一级处理、一级强化处理和二级处理等适宜工艺，以达到协同削减有机污染物的目的。食堂和餐厅的含油污水，需经过隔油池处理后方可进入预处理系统。同时，预处理系统还应设置排臭系统，且应避免对周围人、畜、植物造成影响。

后处理根据实际情况选择，污水的 BOD_5/COD_{Cr} 小于 0.3 时，宜采用水解酸化处理工艺。污水的悬浮物（SS）含量大于 100mg/L 时，宜设沉淀池。污水中含油量大于 50mg/L 时，宜设除油设备。污水的溶解氧（DO）小于 1.0mg/L 时，宜设曝气装置。

（2）设计参数　人工湿地主要设计参数应基于气候分区，通过试验或按相似条件下人工湿地的运行经验确定。在无上述资料时，Ⅰ区主要设计参数可参考表 7-7 确定，其他分区要求可查阅《人工湿地水质净化技术指南》。

表 7-7　人工湿地主要设计参数（Ⅰ区）

设计参数	表面流人工湿地	水平潜流人工湿地	垂直潜流人工湿地
水力停留时间/d	3.0～20.0	2.0～5.0	1.5～4.0
表面水力负荷/[$m^3/(m^2 \cdot d)$]	0.01～0.1	0.2～0.5	0.3～0.8
化学需氧量削减负荷/[$g/(m^2 \cdot d)$]	0.1～5.0	1.0～10.0	1.5～12.0
氨氮削减负荷/[$g/(m^2 \cdot d)$]	0.01～0.20	0.5～2.0	0.8～3.0
总氮削减负荷/[$g/(m^2 \cdot d)$]	0.02～2.0	0.4～5.0	0.6～6.0
总磷削减负荷/[$g/(m^2 \cdot d)$]	0.005～0.05	0.02～0.2	0.03～0.2

人工湿地的表面积可根据化学需氧量、氨氮、总氮和总磷等主要污染物削减负荷和表面水力负荷计算，并取上述计算结果的最大值，同时应满足水力停留时间要求。

① 采用污染物削减负荷（N_A）计算湿地面积：

$$A=\frac{Q(S_0-S_1)}{N_A}$$

式中　A——表面积，m^2；

N_A——污染物削减负荷（以化学需氧量、氨氮、总氮和总磷计），$g/(m^2 \cdot d)$；

Q——设计流量，m^3/d；

S_0——进水污染物浓度，g/m^3；

S_1——出水污染物浓度，g/m^3。

② 采用表面水力负荷（q）计算人工湿地面积：

$$A=\frac{Q}{q}$$

式中　q——表面水力负荷，$m^3/(m^2 \cdot d)$。

③ 校核水力停留时间（T）：

$$T=\frac{Vn}{Q}$$

式中　T——水力停留时间，d；

V——有效容积，m^3；

n——填料孔隙率，表面流人工湿地 $n=1$。

（3）集布水系统设计　人工湿地处理单元的进出水系统设计，应保证布水和集水的均匀性和可调性。人工湿地应设置防止水量冲击的溢流或分流设施。分区设计时，应考虑分水井、分水闸门、溢流堰等分流设施；水量冲击时，应考虑水量调节或溢流设施；为保证湿地水位可调性，出水处应设置可调节水位的弯管、阀门等。

（4）填料设计　填料应选择具有一定机械强度、比表面积较大、稳定性良好并具有合适孔隙率及表面粗糙度的填充物，主要技术指标应符合《水处理用滤料》（CJ/T 43）及《建设用卵石、碎石》（GB/T 14685）中的有关规定。填料选择在保证处理效果前提下，应兼顾当地资源状况，选用土壤、砾石、碎石、卵石、沸石、火山岩、陶粒、石灰石、矿渣、炉渣、蛭石、高炉渣、页岩或钢渣等材料，也可采用经过加工和筛选的碎砖瓦、混凝土块材料或对生态环境安全的合成材料。水平潜流人工湿地的填料铺设区域可分为进水区、主体区和出水区。垂直潜流人工湿地填料宜同区域垂直布置，从进水到出水依次为配水层、主体层、过渡层和排水层。对磷或氨氮有较高去除要求时，可铺设对磷或氨氮去除能力较强的填料，其填充量和级配应通过试验确定，磷或氨氮的填料吸附区应便于清理或置换。在保证净化效果的前提下，水平潜流人工湿地填料宜采用粒径相对较大的填料，进水端填料的布设应便于清淤。人工湿地填料层的填料粒径、填料厚度和装填后的孔隙率，可按试验结果或按相似条件下实际工程经验设计，也可参照表 7-8 取值。

表 7-8　潜流人工湿地填料层主要设计参数

设计参数	水平潜流人工湿地			垂直潜流人工湿地			
	进水区	主体区	出水区	配水层	主体层	过渡层	排水层
填料粒径/mm	50～80	10～50	50～80	10～30	2～6	5～10	10～30
填料厚度/m	0.6～1.6	0.6～1.6	0.6～1.6	0.2～0.3	0.4～1.4	0.2～0.3	0.2～0.3
填料填装后孔隙率/%	40～50	35～40	40～50	45～50	30～35	35～45	45～50

注：气候分区Ⅰ区或Ⅱ区应结合当地工程区冻土深度适当增加填料厚度。

（5）湿地植物配置　人工湿地植物的选择应遵循以下原则：宜选择适应当地自然条件、收割与管理容易、经济价值高、景观效果好的本土植物；宜选择成活率高、耐污能力强、根系发达、茎叶茂密、输氧能力强和水质净化效果好等综合特性良好的水生植物；宜选择抗冻、耐盐、耐热及抗病虫害等抗逆性较强的水生植物；禁止选择水葫芦、空心莲子草、大米草、互花米草等外来入侵物种。人工湿地可选择一种或多种植物作为优势种搭配栽种，增加植物的多样性和景观效果。根据湿地水深合理配植挺水植物、浮水植物和沉水植物，并根据季节合理配植不同生长期的水生植物。

（二）人工湿地作用机理

水生植物、基质和微生物是人工湿地的基本构成，它们均在人工湿地处理系统中发挥着重要的作用。

1.植物的作用

（1）植物吸收与富集作用　水生植物能直接吸收利用污水中的营养物质，供其生长发育。植物在生长发育过程中从污水中吸收大量的无机氮、磷等营养物质。污水中的氨氮作为植物生长过程中不可缺少的营养物质被植物直接摄取，用于合成植物蛋白质和有机氮，可以通过收割植物将氮从废水中去除。污水中无机磷在植物吸收及同化作用下可转化为植物的腺苷三磷酸（ATP）、脱氧核糖核酸（DNA）和肽核酸（PNA）等有机成分，通过植物的收割而从系统中去除。研究宽叶香蒲人工湿地发现，植物不同组织器官对营养元素吸收能力不同，N为嫩叶＞凋落物＞地上茎＞地下茎＞根，P为嫩叶＞凋落物＞根＞地上茎＞地下茎，K在植物地下茎及嫩叶中含量相当高。植物还能吸附、富集一些有毒有害物质，如重金属铅、镉、汞、砷等。重金属在一般植物中的积累量为0.1～100μg/g，但也有一些特殊植物能超量积累重金属。植物对污水中重金属的去除作用还表现在植物的产氧作用使根区含氧量增加，促进污水重金属的氧化和沉降。植物对有机污染物的吸收通过与微生物的协同作用完成。

（2）氧的传输作用　湿地环境对很多微生物来说是一种严酷的环境，最严酷的条件是湿地土壤缺氧。在缺氧条件下，生物不能进行正常的有氧呼吸，还原态的某些元素和有机物浓度可达到有毒水平。湿地中生长的芦苇、香蒲等湿生植物的根系有强大的输氧功能，将空气中的氧气通过植物体的疏导组织直接输送到根部。在整个湿地低溶氧的环境下，湿地植物的根区附近能形成局部富氧区域，有利于好氧菌的生长代谢。因此，湿地种植的植物，除了必须适应当地生境、有较长生长期外，还需要生长快速，根茎发达，有较大的地下生物量。对人工湿地处理系统来说，能否达到预期的处理效果，一个重要因素就是能否使基质中保持充足的氧分。生长在湿地中的挺水植物对氧具有运输、释放和扩散作用，将空气中的氧转运到根部，再经过植物根部的扩散，在植物根区周围的微环境中依次出现好氧区、兼氧区和厌氧区，有利于硝化、反硝化反应和微生物对磷的过量积累作用，起到去除氮和磷的效果。

（3）为微生物提供栖息地　微生物是人工湿地净化污水的主要“执行者”，它们把有机质作为能源，将其转化为营养物质和能量。人工湿地水生植物为微生物提供附着界面，并在根系附近形成好氧、缺氧和厌氧的不同环境，从而为不同微生物的吸附和代谢提供良好的生存环境。此外，很多人工湿地的大型挺水植物能附生大量藻类，这也为微生物提供了更大的接触面积。微生物附着在这些巨大的介质上，给人工湿地系统提供了足够的分解者。

2.基质的作用

基质又称基质滤料，主要包括土壤、砂土、砾石等。基质是湿地植物和微生物赖以生存的基础，基质一方面为微生物的生长提供稳定的依附表面，另一方面也为水生植物提供载体和营养。

（1）吸附沉淀作用　加入系统中的磷主要存留在土壤中，土壤颗粒对磷酸盐的吸收是一个重要的转化过程。研究磷的去除途径发现，基质吸附与沉淀作用去除的总磷量高达系统投配总磷量的80％以上，是除磷的主要途径。基质对磷的吸附能力取决于两个因素：吸附位和 pH 值。含大量钙的碱性基质的湿地以及含高浓度铝和铁的酸性基质的湿地对磷的吸附能力最强，磷通过与这些金属反应而沉淀下来。例如，在高 pH 值下，溶解性磷与钙发生反应生成磷酸钙而从溶液中析出。磷的吸附能力还与水力传导率和表面积有关。获得大的水力传导率，需避免发生堵塞，因为堵塞将导致介质表面积缩小，进而使磷吸收能力下降。例如，作为湿地基质的土壤可以去除 98%的磷，但由于水力传导率低而易于堵塞。砂石水力传导率较大，但对磷的去除能力很低，而富铁砾石除磷率高达 90%。

（2）对植物与微生物的影响　人工湿地中基质的种类、理化性质及配置影响人工湿地中植物的生长（蒸散量、生物量、根密度和根长），进而影响人工湿地的净化能力。

人工湿地通过植物-土壤-微生物的综合作用实现对污染物的去除，其中微生物是对污染物进行吸附和降解的主要生物群体和承担者，加强对基质表面微生物的研究，了解它们在湿地基质中的状况，对于理解人工湿地去除污染物的机理具有重要意义。

3. 微生物的作用

微生物是人工湿地中不可或缺的一部分，其在湿地生态系统的物质转化、能量流动过程中起着重要作用。微生物对水中污染物的降解是通过自身的代谢作用来完成的，分为好氧代谢和厌氧代谢两种类型。人工湿地由于植物的存在可以营造两种环境：植物通过光合作用向根系输送氧气，在根部形成好氧区域，好氧微生物聚集在此进行好氧代谢；随着好氧代谢的进行，离植物根系远的区域氧浓度降低，逐步形成厌氧区，厌氧微生物在此区域进行厌氧代谢。微生物对水中有机污染物有很强的降解和同化作用，有机污染物被降解同化，一部分被微生物转化为微生物细胞，一部分转化为对环境无害的无机物释放。湿地中的微生物在生长繁殖过程中直接吸收利用有机物和无机营养盐。湿地中的有机物主要靠好氧、兼氧和厌氧细菌降解得到去除，氮的去除需要微生物的氨化作用、硝化作用和反硝化作用，有机磷被磷细菌转化为磷酸盐后可被基质吸附而去除。

二、人工湿地去除水体中的氮和磷

（一）人工湿地脱氮

人工湿地系统中氮的循环与转化通过多种途径实现，主要包括有机氮氨化、生物硝化、生物反硝化、氨氮挥发、植物与微生物组织摄取、基质吸附、厌氧氨氧化等多种理化反应和生物反应过程。

1. 脱氮机理

氮的去除主要是通过两个过程实现的，即物理化学和生物处理过程。传统的废水生物脱氮主要由好氧硝化和厌氧反硝化组合而成，通常被认为是效果最佳和经济的氮处理方法。在人工湿地中，脱氮过程可去除 60%～70%的氮，其中 20%～30%来自植物吸收。

（1）氨化作用　氨化是将有机氮通过生物转化为氨的过程。含氮污染物在芦苇床的好氧区和厌氧区都容易降解，释放出无机氨氮（NH_4^+-N）。在人工湿地中，无机 NH_4^+-N 主要通过硝化-反硝化过程去除。动力学上，氨化比硝化进行得更快。氨化速率在氧化带最快，然后随着优势种群矿化回路从好氧菌变为兼性厌氧菌和专性厌氧菌而降低。氨化速率受温度、pH 值、C/N、有效养分和土壤结构的影响。人工湿地系统中的 NH_4^+-N 可以通过其他过程减少，包括吸附、植物吸收和挥发。然而，与硝化-反硝化相比，这些过程对 NH_4^+-N 去除的贡献非常有限。

（2）硝化作用　生物脱氮需要两个步骤：硝化和反硝化。硝化作用是指在严格的好氧条件下，氨通过两个连续的氧化阶段最终被氧化为硝酸盐：氨到亚硝酸盐（氨氧化）和亚硝酸盐到硝酸盐（亚硝酸盐氧化）。每个阶段由不同的细菌属执行，它们使用氨或亚硝酸盐作为能源，以分子氧作为电子受体，以二氧化碳作为碳源。

（3）反硝化作用　在此过程中，反硝化细菌将硝酸盐和亚硝酸盐等无机氮转化为无害的氮气。反硝化细菌可分为两大类：异养菌和自养菌。异养微生物是需要有机基质才能获得生长和繁殖所需的碳源，并从有机物质中获取能量的微生物。相反，自养微生物利用无机物质作为能源，以二氧化碳作为碳源。

2. 人工湿地脱氮的影响因素

（1）温度　温度作为一个关键的环境因素，与湿地中硝化、反硝化细菌的活性和潜力有关。在20～25℃时，温度影响人工湿地中的微生物活性和氧气扩散速率。当水温低于15℃或高于30℃时，与硝化和反硝化相关的微生物活性会显著降低，大多数脱氮微生物群落在温度高于15℃时起作用。

（2）水力停留时间（HRT）　HRT对脱氮效率起着关键作用。随着废水停留时间的增加，人工湿地处理废水中的氨氮浓度急剧下降。在大多数人工湿地系统中，与BOD和COD去除相比，脱氮需要更长的HRT。因此，脱氮效率随流动条件和停留时间变化而变化。

（3）植物类型　大型植物的根系为人工湿地中的微生物生长和需氧区提供了表面积。根际是人工湿地中最活跃的反应区。根区有利于植物、微生物群落、土壤和污染物之间的关系所引起的各种物理和生化过程。人工湿地中常见的大型植物有芦苇、香蒲和芦笋等，这些植物生长随着温度及沉积物浓度的变化而变化。有植被的人工湿地系统通常比无植被的系统去除更多的总氮。

3. 人工湿地强化脱氮措施

（1）采取保温措施　低温下人工湿地脱氮效率低，因此人工湿地在低温下运行时应注意保温，通常情况下采取的措施是覆盖隔离物。

（2）人工增氧　人工湿地脱氮效率低的主要原因是氧气供应不足，而人工曝气是保证充足氧气供应的有效方法。调节湿地内液面高度、进水曝气及动力增氧等方法都可以达到提升湿地系统内氧含量的目的。另外，改变湿地的进水方式，如将连续进水改为间歇进水会起到增氧的作用，间歇进水可以明显提高污染物的去除率。在间歇期，水体氧含量较高，可使附着在填料中的含氮污染物得到生物降解，填料得以再生。

（3）添加外部碳源　较高的碳氮比能够提高人工湿地的脱氮效率。现有的外加碳源主要有两大类：一是以甲醇、葡萄糖、乙酸等液态有机物为主的传统碳源；二是以一些价格低廉的固体有机物为主的新型碳源。理论研究发现，碳源分子越小，对微生物吸收碳源越有利。此外，植物性碳源可以提供额外的有机物质，植物生物质中含有大量的木质纤维素，在木质纤维素分解菌的作用下可释放出单糖和其他营养物质，促进湿地微生物的生长，提高脱氮效率。

（4）与其他工艺相结合

① 耦合自养型脱氮工艺。人工湿地与自养型脱氮工艺耦合不仅能强化人工湿地的自养脱氮作用，减少人工湿地对有机碳源的依赖，而且能提升人工湿地对碳氮比波动较大的污水的抗冲击性。根据反硝化过程利用的电子供体的差异，可以将其分为异养反硝化和自养反硝

化。自养反硝化可以利用还原性的无机物（氢气、硫和铁等）作为电子供体，在人工湿地进水碳源不足的情况下，提高人工湿地的脱氮效率。运行硫自养与异养反硝化过程相结合的水平潜流人工湿地，处理硝酸盐质量浓度为90～105mg/L的进水，硝酸盐去除率达到了66.6%～71.5%，比异养反硝化人工湿地的硝酸盐去除率提高了23.6%～38.5%。

② 耦合微生物燃料电池工艺。在人工湿地系统中，好氧区域和厌氧区域之间存在自然分层的氧化还原梯度，这与微生物燃料电池的运行结构吻合，使人工湿地系统与微生物燃料电池的耦合成为可能。微生物燃料电池技术的引入优化了人工湿地中电子的供应途径，提高了碳源利用效率。人工湿地与微生物燃料电池耦合系统对废水中总氮的去除率高达90.0%，比传统人工湿地的总氮去除率提高了20%。在以沸石为过滤介质的人工湿地与微生物燃料电池耦合系统中，硝态氮的去除率为81.1%。这表明微生物燃料电池优化了人工湿地系统中的电子供应途径，提高了系统对总氮的去除率。

③ 与高效藻池结合。硝化和反硝化通常被认为是人工湿地中最重要的脱氮方式。将高效藻池与人工湿地相结合，利用藻类光合作用生成氧和有机物质，并通过藻类的生长和代谢优化硝化和反硝化过程，提高脱氮效率。

（二）人工湿地除磷

污水中的磷一般分为正磷酸盐、聚合磷酸盐和有机磷酸盐三种，主要以溶解态和颗粒态两种形式存在。污水进入人工湿地系统中，经过复杂的物理、化学和生物作用，磷会发生各种形式的循环和转化。

1.除磷机理

人工湿地对磷的去除主要通过植物的吸收和累积作用，以及微生物的正常同化和聚磷菌的过量摄取实现。人工湿地基质对污水中磷的去除是通过吸附、离子交换和沉淀作用等多种途径实现的。

（1）物理作用　湿地的磷沉积作用是指通过物理作用使可溶性磷酸盐储存在湿地内部的过程。

（2）化学作用　湿地系统依靠化学作用除磷的机理主要是吸附和络合沉淀，但是化学作用中最主要的除磷方式，其机理是配位交换的沉淀反应和定位吸附。这种作用一般受形成的化合物的溶度积控制，可逆性小。土壤中磷的沉淀反应分别发生在Ca体系和Fe-Al体系中。在Ca体系中，当土壤中有石灰物质（如方解石）存在时，施入的磷肥首先被方解石吸附，这些磷几乎全部可被植物吸收和利用。例如，土壤溶液中磷的浓度进一步增大时，磷酸根便开始与钙发生沉淀反应形成磷酸二钙沉淀物，此时可利用性磷迅速减少。

（3）生物作用　生物作用包括植物吸收和微生物作用。在适宜条件下，植物的摄取量较显著。微生物的吸收量取决于生长需求，而其积累量则与环境中氧的状态有关。

2.人工湿地除磷的影响因素

（1）温度　温度对人工湿地净化效果影响的研究大多集中在冬天，温度主要影响植物和微生物作用。温度升高，微生物活力增强，会加速有机质的分解，导致氧气的消耗增加和氧化还原电位的降低。温度降低，微生物酶活性受到抑制，酶促反应速度变慢。同时，低温会导致系统设备和水结冰，不利于正常运行。以上情况均会导致人工湿地对磷的去除效果变差。

（2）溶解氧　溶解氧直接与微生物作用相关，决定人工湿地内的氧化还原条件，好氧条件下聚磷菌吸收磷，厌氧条件下聚磷菌会释放吸收的过量磷。

(3) 水力停留时间　当水力停留时间过短时，会导致反应不充分，适当延长停留时间可提高磷的去除效果。但是，当停留时间过长时，会发生逆反应使污染物再次被释放出来。因此，需要选择合适的水力停留时间以达到较好的去除效果。

(4) 藻类 藻类也是影响磷去除的一种因素。当藻类生长时，对磷有大量的需求，并通过 OH^- 对沉积物中的铁结合态磷阴离子进行置换等方式获得。藻类吸收利用磷的主要来源为沉积物中的铁结合态磷。

3. 人工湿地强化除磷措施

(1) 人工增氧　在污水进入人工湿地前进行充氧以提高污水的溶解氧浓度，为微生物创造一定的有氧环境，强化对磷的去除。

(2) 改善进水方式　采用间歇进水方式，防止基质堵塞。也可以对湿地进水进行预处理，采用不同湿地类型交叉联合设计，提高处理的稳定性。

(3) 植物配置 可以考虑多种植物混合种植，并及时收割湿地植物，避免因植物枯萎释放污染物对水体造成二次污染。

三、人工湿地去除重金属

人工湿地在世界范围内被广泛用于去除水中的重金属。与化学沉淀、离子交换、吸附和膜过滤等去除重金属的传统方法相比，人工湿地易于管理，成本低廉，具有显著的生态效益。

(一) 重金属的去除过程

1. 物理作用

絮凝、沉淀和过滤等物理过程是重要的重金属去除途径，能够从流经基质和植物根系之间间隙的废水中截留重金属离子。一般来说，物理过程主要在水处理系统运行的初始阶段，在废水入口区域进行，以便快速去除大量悬浮物、胶体和溶解物。然而，物理过程并不稳定，受到环境条件变化的影响，如 pH 值和温度，这可能导致污染物再悬浮。

2. 化学作用

(1) 化学吸附　化学吸附是指重金属离子与吸附剂表面（如表面官能团或配体）之间发生反应，产生新的离子键或共价键。尽管化学吸附并不遵循电负性的等级顺序，但竞争性非重金属离子的存在是决定重金属保留程度的关键。此外，由于更强的结合亲和力和竞争吸附，许多金属可能抑制其他重金属的吸附。

(2) 离子交换　离子交换是一个可逆过程，废水中的重金属离子可以与不溶性固体表面具有类似电荷性质的离子发生交换。在人工湿地中，基质提供了大多数能够与重金属离子进行交换的离子。例如，Ca^{2+}、Na^+ 和 K^+ 可以与重金属阳离子交换，而醇铝和硅醇羟基可以与许多类金属阴离子交换，如 AsO_3^{3-}。

(3) 沉淀和共沉淀　在人工湿地中，溶解的重金属离子可以通过与碳酸盐等沉淀剂反应而从废水中去除。沉淀剂离子由进水废水、基质和植物根系分泌物提供，并受 pH 值控制。尽管共沉淀反应过程因特定沉淀剂和重金属离子而异，但重金属的共沉淀可以与沉淀同时发生。

(4) 氧化和还原过程　重金属的毒性主要取决于其化学价态（如三价铬与六价铬毒性不

同），因此，改变重金属的价态是一个重要的控制参数。在有氧条件下，重金属可通过氧化形成不溶性化合物，例如氧化物和氢氧化物，而还原环境主要导致重金属与硫化物反应。

3. 生物作用

（1）植物作用　人工湿地植物可通过植物积累和植物挥发直接去除污废水中的重金属，或在其他过程的调节过程中间接去除重金属。植物通过根际过滤直接降低了重金属的流动性。植物根际分泌物包括铁载体、有机酸、氨基酸和蛋白质，它们可以作为重金属离子的螯合剂，将其转化为无毒形式。植物根际分泌物可以促进氧化还原电位的降低，刺激微生物活性，调节重金属去除的厌氧过程。植物可以通过根系吸收重金属离子。大多数植物对重金属的吸收是通过离子交换进行的，其中一小部分被输送到枝条，从而允许通过收割植物枝条来永久去除重金属。植物挥发则可以将重金属转化为能够通过植物气孔进入周围大气的挥发性物质。

（2）微生物作用 人工湿地中的微生物主要通过新陈代谢和生物吸附去除重金属。重金属主要积聚在细胞膜和细胞壁中。重金属离子可以通过静电相互作用和螯合作用等过程在细胞内转化为不溶性金属沉淀物，也可以通过金属硫蛋白或铁载体与细胞内膜成分结合或螯合，在细胞质中发生生物积累。胞外聚合物（EPS）基质中的许多官能团也能够直接吸附重金属。微生物沉淀可以有效固定重金属离子。例如，生物硫酸盐还原（BSR）驱动的金属硫化物沉淀和共沉淀是长期去除重金属的主要途径。

（二）重金属去除的影响因素

1. pH

人工湿地的 pH 影响重金属的形态形成，重金属通常在低 pH 条件下以离子状态存在，而在高 pH 条件下沉淀。然而，在近中性条件下，Al 和 Ca 以 $Al(OH)_3$ 和 $Ca(OH)_2$ 的形式沉淀，在高 pH 和低 pH 条件下均以溶解状态存在。因此，重金属的沉淀取决于水体 pH 和存在的阴离子。随着 pH 的增大，人工湿地会发生以下变化：

① 吸附剂的表面电荷变得越来越负；

② 过量 OH^- 能与含氧离子竞争吸附位置，从而影响重金属阴离子的吸附；

③ 重金属的形态发生变化。

2. 温度

大多数植物和微生物能够在合适的温度范围内保持其活性和生长，而极端变化（尤其是低温）通常会导致负面影响。在低温下，水生植物往往会枯萎和休眠，光合作用和呼吸等代谢过程受到抑制，植物的正常生长受到阻碍。此外，基质的吸附特性也受到不利影响。在低温下，颗粒会不断积累，由于植物死亡，碎片积累增加，由于微生物矿化减少，分解速度降低，导致基质吸附性能降低。

3. 溶解氧

水中溶解氧（DO）的浓度直接影响氧化还原反应的程度和微生物活性，进而影响重金属的去除效率。在 DO 充足的情况下，吸附、沉淀和共沉淀可能有利于重金属的保留，氧化还原电位较高，导致孔隙水中的大多数重金属发生沉淀或以金属氧化物的形式被吸附。

4. 重金属浓度

在人工湿地中，重金属浓度较低时，去除效率明显较高。低浓度重金属更适合植物固定和微生物积累，因为高浓度重金属可能诱导植物毒性，影响离子调节，改变细胞超微结构，扰乱代谢活动，抑制植物生长。

（三）重金属去除的强化措施

湿地系统对重金属的去除能力具有持续性，因此需要考虑人工湿地重金属去除强化措施。

1. 植物选择

选择适当的植物既可以提高湿地系统的景观美学价值，还可以增强系统对污染物的去除能力。一般来说，应选择抗旱耐涝、适应性强、净化能力好的植物。此外，超积累植物在人工湿地重金属去除的运用中有着较大的潜力。目前我国部分地区已将重金属超积累植物用于矿山排水处理体系中。

2. 基质选择与配置

不同基质对重金属的去除效果有所不同。湿地土壤中 Zn、Cu、Pb 和 Cr 等重金属含量比湿地生态系统中的重金属含量更高。因此，湿地基质的组成及其特性会对重金属累积量造成影响。一般来说，混合基质的净化效果优于单一基质，通过优化基质的组合及配比可以提升系统对重金属的去除率。

3. 工艺组合

单一人工湿地往往很难达到良好的重金属去除效果。为了发挥不同人工湿地或其他水处理工艺的优点，可以将不同类型的人工湿地组合构建为多级人工湿地系统，不仅可以高效去除重金属，还能避免重金属耐性低的植物因直接接触高浓度重金属废水而中毒死亡。

四、人工湿地去除有机污染物

（一）人工湿地中有机物的来源

人工湿地中有机物的来源主要有污水中的有机质、植物根系分泌物、农药和腐殖质等，它们主要以挥发态、溶解态和固体态形式存在。小颗粒的有机物通过范德瓦耳斯力或被大颗粒基质吸附聚集成大颗粒有机物，大颗粒有机物通过沉淀、絮凝或基质和植物根系的过滤作用被截留。由于水平潜流人工湿地基质一直处于水饱和状态，挥发性有机物（VOCs）包括芳香烃、卤代烃、脂肪烃等不能直接被吸附，因此 VOCs 首先溶解于水中，然后被基质吸附。

人工湿地已经成为去除非点源农业污水中农药的最佳技术之一。到目前为止，表面流人工湿地已得到广泛应用，而垂直潜流人工湿地和水平潜流人工湿地也在逐步推广使用，但对农药降解的具体研究仍较少。从目前调查的数据来看，人工湿地对于农药的去除效果很好，但去除效果因使用的人工湿地类型和农药类型而存在较大差异。

有机物表现出复杂的理化性质，许多具体的毒性作用在我国农业污水的常见污染物中很少遇到。因此，从潜在方面和已知方面，对特定种类的有机物的理化性质和生物效应进行全面透彻的评估，将有助于优化人工湿地的设计和运行模式。

（二）有机物的去除过程

1. 有机物降解去除

（1）植物降解　植物降解指植物酶或辅酶因子对有机污染物的降解。现已发现多种植物存在对有机物的代谢转化过程，如一些常见的芦苇、香蒲等湿地植物和一些杨属植物。能被植物降解的有机物种类主要取决于植物的需要。例如，芦苇中只存在能降解每分子含3个或3个以下氯原子的多氯联苯的酶，具有更多氯原子的多氯联苯则不会被降解。对杂交白杨和其他一些湿地植物在人工湿地中降解氯化溶剂的研究是研究植物对有机物代谢转化的著名范例。

(2) 微生物降解　微生物是人工湿地去除有机物的主导者。湿地中的有机物，尤其是溶解性有机物是微生物的重要碳源，不论是合成代谢还是分解代谢，都有有机物的参与。微生物在酶的作用下参与有机物的分解代谢，将有机物 $C_xH_yO_z$ 分解成 CO_2 和 H_2O，并为微生物的合成代谢提供能量，以供细胞合成自身组织。微生物分解代谢产物可以直接排入外部环境，合成代谢产物作为细胞组织进入细胞。细胞的合成和分解代谢都有酶的参与，尤其是土壤酶能够促进有机质的分解，因此可以通过酶活性测定微生物数量及活性，也可以将酶活性作为人工湿地净化效果的评价标准。

2. 有机物非降解去除

(1) 挥发和植物蒸腾作用对难降解有机物的去除　污染物除了直接从水中排放到大气中（挥发）之外，一些湿地植物也可以通过根系吸收污染物并通过蒸腾作用将其转移到大气中，这个过程被称为植物挥发。在一些水生植物中，这种转移过程一般通过通气组织发生。挥发性有机物（VOCs）一般被定义为沸点在50～250℃，室温下饱和蒸气压超过133.32Pa，在室温下以蒸气形式存在于空气中的有机物。亨利常数（H）是对有机污染物的挥发作用进行预测的一项指标，它全面解释了挥发性污染物从水中到大气中的转移过程和程度。植物挥发被认为是适合处理丙酮和苯酚等亲水性化合物的过程。相对应地，挥发可能是疏水性化合物的重要去除过程。

此外，由于人工湿地植被加强了水向上移动到不饱和区域的过程，水上移区域的挥发作用便会增强。植物的挥发可能与水平潜流人工湿地有特殊的关联。在水平潜流人工湿地系统中，由于挥发性有机物的挥发需要通过床体的不饱和区以及水层流饱和区，这些区域可能会降低挥发性污染物的传质效率，减缓污染物扩散速率从而抑制直接挥发，因此，污染物的直接挥发在表面流人工湿地中更加明显。

(2) 植物的吸收作用　人工湿地对有机物有较强的降解能力，植物作为人工湿地的重要组成部分，其生长需要吸收大量营养物质，包括有机物、氮、磷、金属离子等。运行多年的成熟人工湿地的植物具有密集的植物茎叶和强大的根区系统，可以截留、过滤污水中的悬浮物以及大颗粒物质。废水中的不溶性有机物通过湿地沉淀、过滤作用，从废水中截留下来而被微生物利用；可溶性有机物则通过植物根系生物膜的吸附、吸收和生物代谢降解过程被去除。湿地植物的光合作用产生氧气，植物将氧气运输到根区，经过根区的扩散作用和微生物的代谢，从而在根区形成好氧、缺氧和厌氧的交替环境，能够促进硝化、反硝化作用和微生物对磷的积累作用，有助于提高人工湿地对氮、磷、有机物的去除效果。根据有关研究结果，人工湿地系统中的植物有利于氮磷的去除，有植物的系统对三氮（氨氮、硝态氮、亚硝态氮）的去除效果优于无植物系统。

(3) 吸附和沉淀　吸附是基质与有机物分子之间产生的范德瓦耳斯力或其他分子间作用力，把有机物从水中剥离，替代基质表面水分子的过程。基质吸附能力主要与基质本身特性、被吸附离子种类、pH值、基质表面积等因素有关。溶解性有机物（DOM）包括腐殖质（腐殖酸、富里酸等）、蛋白质降解物、植物分泌物和湿地床体中死亡生物降解物质。DOM是湿地中微生物碳的主要来源，可能含有羟基、氨基等活性官能团，能与多种金属离子结合，同时对提高其他污染物的溶解度、提升光解速率、提高基质对有机污染物的吸附能力、降低污染物对环境的毒性都有重要作用。

（三）有机物去除的影响因素

1.人工湿地类型

不同湿地构造可通过影响湿地系统内的溶解氧含量来调控湿地微生物群落结构，通过改变人工湿地进水方式和运行条件等改变湿地溶解氧环境，进而影响有机物去除效率。表面流人工湿地中湿地与污水可以充分接触，并有较大的接触面积，污水水力停留时间较长，有利于对污水中悬浮物和有机物的去除。潜流人工湿地对有机物的去除具有相对稳定性，季节和气温的变化对有机物降解的影响相对较小。

2.人工湿地深度

人工湿地系统的结构深度对有机物的去除也会产生一定的影响。在一定范围内，水位较浅的人工湿地对有机物的去除更加有利。但同时由于水位深浅与水力停留时间密切相关，因此还需考虑多个因素的相互影响。

3.人工湿地生物

水生植物的根茎为微生物提供了附着位点，植物的根茎表面可以产生巨大的比表面积，因而极大地拓宽了微生物的生长生存空间，为藻类的光合作用和细菌及原生动物群落提供附着位点。污水中有机污染物降解的主要途径是微生物自身反应。此外，植物可以有效维持和延长污水在人工湿地系统中的停留时间，还可以减轻系统中的污水短流作用。在冬季，种植密度较大的植物群落可以产生一定的保温作用。北方常见的人工湿地植物有睡莲、莲藕、芦苇、香蒲、美人蕉等。

（四）有机物去除的强化措施

1.湿地串联

将几个同种类型或不同类型的人工湿地串联在一起，可以延长湿地水流流程和水力停留时间，也可充分利用各类型湿地的优势，提高有机物的去除效率。

2.引种

人工湿地中引入新的生物可以延长人工湿地的食物链，提高人工湿地食物网的丰富度，增强人工湿地的净化能力。例如，蚯蚓能改变人工湿地中物质的循环途径，使有机污染物脱离人工湿地系统而进入其他循环，降低人工湿地的污染负荷。

3.出水回流

若出水水质不达标，可考虑出水回流，出水回流可加大人工湿地的水力负荷，一定程度上提高水力传导速率，改善传质条件，增大污染物与植物根际微生物的接触面积。

五、复合人工湿地案例

东阳市江滨景观带湿地是浙江省“五水共治”重点工程，处理规模60000m^3/d，是国内规模最大的处理污水厂尾水的人工湿地之一，出水主要指标达到地表水Ⅴ类标准后排入东阳江。其工艺流程为生态氧化池和生态砾石床加复合人工湿地，其中复合人工湿地由垂直流湿地、水平流湿地和表面流湿地共同组成。该工艺流程具有以下优点：集成更多的工艺单元，提高了水质达标安全性；强化了预处理环节，有效应对水质波动对湿地的冲击，并提高了处理负荷；设计了表面流湿地，形成景观水轴，增强了湿地公园的亲水特质和景观效果。

二维码 7-1　江滨景观带湿地区域改造项目

思考题

1. 名词解释

湿地生态系统、生态系统服务、生态清淤、人工湿地

2. 我国湿地生态系统面临着怎样的环境问题？试举例说明。

3. 简要概述湿地生态修复的原则和目标。

4. 试举例说明自然湿地的生态修复技术。

5. 论述人工湿地的作用机理。

6. 试通过案例分析论述人工湿地去除水体污染物的最新进展。

参考文献

[1] 崔保山，刘兴土. 湿地恢复研究综述 [J]. 地球科学进展，1999，14 (4)：358-364.

[2] 郭笃发. 黄河三角洲滨海湿地土地覆被和景观格局的变化 [J]. 生态学杂志，2005，24 (8)：907-912.

[3] 刘元元. 西咸新区沙河湿地试验段水生态修复技术 [J]. 河南水利与南水北调，2022，51 (3)：3-5.

[4] 汤德意，沈杰. 生态清淤及淤泥处置技术在水库整治中的应用 [J]. 水利水电科技进展，2018，38 (3)：70-75.

[5] 肖灿明，蒋倩. 城市河湖水系淤泥疏浚及生态治理施工技术研究 [J]. 四川水利，2020，41 (1)：93-98.

[6] 张功宝，蔡体久，徐飞. 小兴安岭退化沼泽湿地植被恢复技术 [J]. 北京林业大学学报，2014，36 (6)：112-118.

[7] 周进，Hisako T，李伟，等. 受损湿地植被的恢复与重建研究进展 [J]. 植物生态学报，2001，25 (5)：561-572.

[8] 朱德煌. 生态文明视角下的湿地生态学：评《湿地生态学》[J]. 湿地科学与管理，2022，18 (4)：73.

[9] 环境保护部. 人工湿地污水处理工程技术规范：HJ 2005—2010 [S]. 北京：中国环境科学出版社，2011.

[10] Fraser L H，Keddy P A. The world's largest wetlands：Ecology and conservation [M]. Cambridge：Cambridge University Press，2005.

第八章

环境生态工程案例

环境污染治理和环境保护不仅是一个国家的任务，更是全世界各国共同努力的方向；环境问题也不是单一的社会问题，而是与整个人类社会经济的发展存在紧密联系。因此，在科学技术水平日渐提高和人们环境保护意识日益增强的今天，为了人类社会、经济和生态的可持续发展，深入认识环境污染的根源与危害、生态恢复的价值与意义，合理运用环境生态工程的基本原理、方法和技术对环境问题进行有效防治具有重要意义，这将有助于推动我国社会经济发展与环境保护实现双赢的局面。

党的十八大以来，我国高度重视生态环境保护，基于大力推进生态文明建设的战略决策，各项环境污染防治行动相继实施，污染防治攻坚战也被列为决胜全面建成小康社会三大攻坚战之一。对于新污染物的治理也是我国污染防治攻坚战向纵深推进的必然结果，是生态环境质量持续改善进程中的内在要求。本章总结了环境生态工程领域的生物、工程、新材料等应用于土壤、水体等环境污染治理的案例，以期向相关专业的高等院校师生、相关研究人员、管理者和大众传递有针对性且具指导意义的信息资源。

第一节　水土流失和侵蚀治理

一、福建长汀县水土流失的地质影响因素及防治对策

福建长汀县是中国南方亚热带红壤丘陵土壤侵蚀典型区，由于地理环境、气候和人类活动的共同影响，历史上区域内水土流失、山体滑坡等自然灾害较为严重。2000 年以来，水土流失的局面逐步扭转，形成了生态林草复合治理模式、地表草被合理覆盖模式、生态果园复合循环模式、农业综合开发治理模式、典型流域综合治理模式等，成为我国南方水土流失治理的典范。但长汀县水土流失治理仍面临着困难与挑战，主要表现在水土流失区块分散降低治理效率，林分结构单一导致生态功能低下，土壤质量低下影响植被后续恢复，水土流失区乡村经济发展相对滞后等，需要进一步研究不同尺度下的水土流失成因规律，优化水土流失治理对策。鉴于山地丘陵区土壤与母质以及基岩有较强的继承性，水土流失不仅涉及土壤，在很大程度上还涉及风化及半风化层，从而造成水土流失规律的复杂性。本节从基岩、风化层、土壤、植被间分布规律研究与探讨着手，总结建立晚侏罗统花岗岩、早-中侏罗统碎屑岩、白垩系红层水土流失成因模式，优化完善水土流失防治对策。

1. 长汀县自然地理与地质概况

长汀县位于福建省西部，属亚热带海洋性季风气候区，气候温热湿润，雨量充沛，气温7.8～27.2℃，年降水量1171～2128mm，1995—2018年的年平均降水量为1700mm。区内河流密布，汀江水系贯穿南北，经上杭、永定汇入广东省韩江；东部童坊河等属闽江水系；西部古城河汇入江西省赣江，属于赣江水系。长汀县属武夷山脉南段，西部以低山为主，东部、北部以中山、低山为主，中部、南部以丘陵、河谷盆地为主。

长汀县域内主要出露的侵入岩包括白垩系花岗岩、晚侏罗统花岗岩（河田岩体）、三叠系花岗岩、二叠系花岗岩、志留系花岗岩、南华系片麻状花岗岩及后期岩脉。碎屑岩建造包括上白垩统红层碎屑岩（沙县组）、中侏罗统漳平组、下侏罗统梨山组，下二叠统童子岩组、文笔山组、栖霞组，中石炭统船山组、下石炭统林地组，上泥盆统桃子坑组、天瓦宗组。变质碎屑岩建造包括上奥陶统罗峰溪组、下奥陶统魏坊组，上寒武统东坑口组、下寒武统林田组，中震旦统黄连组、南岩组，下震旦统楼子坝组、西溪组、楼前组，元古界桃溪岩组。区内构造主要发育华夏系NE向的压性、压扭性断裂，新华夏系NNE向的压扭性断裂、挤压带。

2. 水土流失成因模式

(1) 中（粗）粒花岗岩分布区水土流失成因模式　中（粗）粒花岗岩风化壳发育，相对其他岩体最厚，具有风化层松散、透水性强、抗蚀力弱等特点，同等条件下是侵蚀最为迅速、剧烈的地质体。中（粗）粒花岗岩面蚀荒漠化、细沟侵蚀、阶梯沟状侵蚀、深沟侵蚀和崩岗五个阶段都有发育，局部地区每平方千米崩岗数量达16条，且侵蚀深大。山顶和上坡部地形相对较缓，局部残坡积层之上有腐殖质层分布，以面蚀荒漠化和细沟侵蚀为主；中坡相对较陡，分布全风化花岗岩，以阶梯沟状侵蚀和深沟侵蚀为主；下坡残坡积层相对发育，但崩岗强烈；坡脚土壤层相对发育，有腐殖质层（淋溶层）、淀积层土壤分布，有利于植物生长（图8-1）。

(2) 早-中侏罗统碎屑岩水土流失成因模式　早-中侏罗统碎屑岩相对花岗岩体抗风化能力较强，风化程度相对较低，水土流失以中轻度为主，以径面侵蚀为主。残积层分布与地形地貌和岩性差异密切相关。碎屑岩侵蚀主要发育在山脊部位，侵蚀速度相对较慢，侵蚀强度相对较弱。其山脊为裸露强风化基岩或薄的残积层，残积层以长英质砂砾为主，黏土质不发育，植被覆盖率极低或植被被破坏；山坡发育较厚土壤层，植被发育。

3. 水土流失防治对策

(1) 优化水土流失治理布局　碎屑岩分布区以自然修复为主、人为治理为辅。在以往的长汀水土流失治理工作中，形成了等高草灌带、“老头松”施肥改造和陡坡地小穴播草等行之有效的“反弹琵琶”科学治理技术，取得了很好的治理效果。利用发现的基岩-风化壳-土壤分布规律，进一步完善水土流失治理措施。

(2) 完善水土流失治理技术　花岗岩山体山顶和上坡地形相对较缓部位分布有较薄土壤层，可采用“老头松”施肥改造和补种阔叶树措施，形成生态混交林；中坡地形较陡，全风化基岩裸露，没有土壤层，水肥保持能力差，采用等高草灌带措施；下坡和坡脚残坡积层土壤相对发育，种植灌木和乔木，适度发展经济林。对细粒花岗岩山体山顶和上坡，由于强风化基岩裸露，宜采用在构造裂隙小穴播草、在低凹处小穴种植乔灌的方法。

(3) 优化茶果园等坡地农业开发项目　茶果园等坡地农业开发、改造工作要充分挖掘生态优势、释放生态红利，防止形成新的水土流失，这是取得水土流失治理决定性胜利，实现经济发展和生态环境双赢的关键要素。茶果园等坡地农业应依据土壤-风化壳分布规律进一步优化。

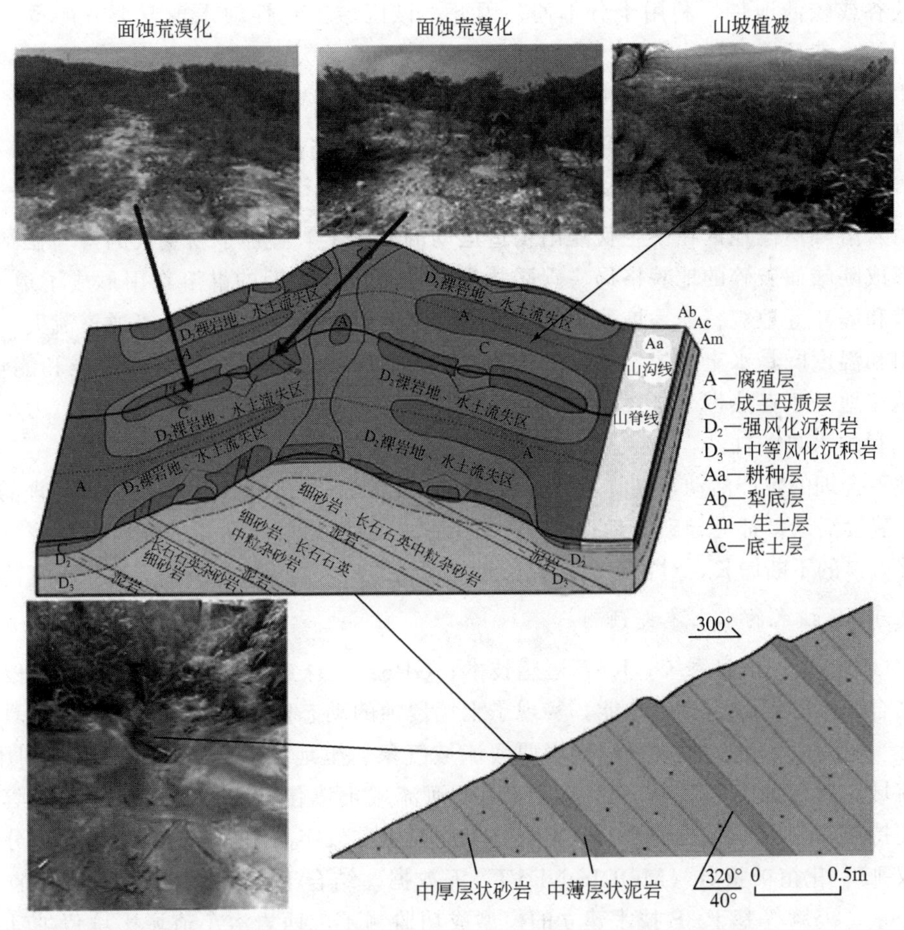

图 8-1 中（粗）粒花岗岩分布区水土流失及崩岗成因模式图

优先开展茶果园等坡地农业开发建议：优先选择中轻度水土流失的富锌富硒的缓坡地，开展茶果园等坡地农业开发项目，开展已有园区富锌富硒农产品品质提升工程。

扩大茶果园等坡地农业项目建议：在已有茶果园地周边，存在土壤层相对发育、水土流失弱、坡度缓、灌溉条件较好的下坡或山脚地区，扩大茶果园等坡地农业项目，发展生态农业。

退园还草还林建议：在花岗岩风化基岩裸露区茶果园，有机质、氮、磷肥力缺乏，植物生长全部依靠施肥抚育，且由于风化层厚、黏土质含量低导致肥力保持能力和蓄水能力差，干旱年份难以生存，总体经济效益差，建议逐步退园还林。

二、岩溶峰丛洼地水土流失机理及防治技术

我国西南岩溶地区以碳酸盐岩为主。碳酸盐岩经过强烈的垂直溶蚀作用后，形成基座高低不一的溶蚀山峰，聚集成簇。溶峰多为锥状或塔状，即峰丛，峰丛间形成面积比较大的圆形或椭圆形封闭洼地。峰丛与洼地的地貌组合构成了岩溶峰丛洼地景观，通常峰丛地带有地表裂隙、岩溶管道，洼地底部有落水洞或竖井发育，主要分布于广西、贵州和云南。岩溶峰丛洼地区地质环境特殊，地形复杂，成土速度慢，基岩裸露，植被覆盖度低，生态环境十分脆弱。岩溶峰丛洼地处于亚热带季风气候区，虽降雨量充沛，但由于地表土层浅薄，保水能力弱，地表裂隙、岩溶管道发育而水土流失严重。地下水以管道流为主，埋藏较深，通常位

于岩溶峡谷或较低地带，利用十分不便，因此，该区域工程性缺水现象十分严重，干旱频发，脆弱的生态环境已成为制约经济发展和生态恢复的重大影响因素。岩溶峰丛洼地区是我国西南生态安全屏障关键区域，本节总结了该区域水土流失机理、成因，水土流失预测模型及治理措施，以期为恢复当地生态系统功能和促进区域可持续发展提供参考。

1. 岩溶峰丛洼地水土流失的成因

西南岩溶峰丛洼地区在中生代燕山构造运动的基础上，叠加了新生代的喜马拉雅山升降运动，形成陡峻而破碎的地貌格局。碳酸盐岩高度可溶，长期的淋溶作用形成了地表裂隙、岩溶管道和漏斗等地貌特征，坡面水土极易沿着地表裂隙、管道和漏斗等通道流失。

降雨和温度既是水土流失发生发展的驱动因素，又是引起水土流失的物质和能量来源。岩溶峰丛洼地处于亚热带季风气候区，气候温暖湿润，降雨量充沛，雨热同期，为水土流失创造了有利的水热条件。

人类不合理的生产活动，如陡坡开荒与耕作、破坏森林植被、过度放牧、不合理的土地利用和生产建设活动，都会导致土地退化和水土流失。西南岩溶峰丛洼地区地处经济欠发达地区，随着人口的不断增长，对粮食、能源和经济增长的需求均不断提升，土地压力负荷大。

2. 基于3S技术的水土流失预测

3S（GIS：地理信息系统；RS：遥感技术；GPS：全球定位系统）技术与土壤侵蚀计算公式相结合，增强了数据提取功能，实现了土壤侵蚀的动态监测与预测，在岩溶区具有很强的实用性。赵海兵等通过收集贵阳市麦西河流域气象、土地利用、土壤等数据，利用3S技术建立流域土壤侵蚀空间数据库，实现对麦西河流域土壤侵蚀量的估算。孙德亮等在GIS技术的支持下，利用日降雨量、土壤类型、土地利用、数字高程模型（DEM）、中分辨率成像光谱仪-归一化植被指数（MODIS-NDVI）等数据，结合RUSLE模型估算贵州省岩溶区土壤侵蚀量。冯腾等基于3S技术建立的模型成功监测了广西岩溶小流域土壤侵蚀动态变化特征，并分别估算了年度侵蚀量。

3. 水土流失防治对策

（1）植被恢复措施　植被恢复措施主要是通过增加植被覆盖度和土壤水分入渗、减少地表地下径流量和产沙量来控制水土流失，包括植树种草、退耕还林还草、封山育林等。其原理是通过拦截降雨，削弱雨滴动能，增加植被覆盖度，改良与固结土壤，增加水分入渗，从而减少水土流失。植被恢复措施是岩溶峰丛洼地区最直接、最经济、最有效的水土保持措施。叶面积指数的对比研究表明，西南岩溶地区大规模生态工程项目的实施提高了植被覆盖度和地上生物碳储量，有效减缓了土地退化与石漠化进程，减少了岩溶脆弱带对气候变化的影响。对于土层浅薄贫瘠、严重缺水、生态环境极其恶劣、不适合人类生存的地区，可以有计划地实施生态移民政策，让脆弱的生态环境不再被人类破坏，达到自然休养生息的效果。

（2）生态耕作措施　生态耕作措施是通过改变地表微地形，提高地面粗糙度和地面覆盖度来减少侵蚀和水土流失，主要包括坡改梯、农林间作、粮草间作、水平沟种植、秸秆覆盖等。生态耕作措施具有投资少、见效快、效益好、保土增产等优点。岩溶峰丛洼地区坡耕地种植蔬菜比种植玉米具有更好的水土保持效果。西南岩溶峰丛洼地地势陡峭，随着城市扩张、工业及农村经济的发展，占用耕地的现象十分普遍，常常出现在大于25°的陡坡耕作，导致耕作地水土流失严重，仍需进一步采取切实有效的措施，确保土地资源的可持续利用和生态环境的长期保护。

第二节　城市湿地水体治理、监测与雨水湿地设计

一、城市湿地水体治理与水质智能监测

1. 浙江省湿地概况及治理问题

浙江因水而名，湿地总面积1665万亩（除水田外），占全省区域总面积的10.9%，共有国际重要湿地1个、国家重要湿地5个。浙江省发达的城市湿地是城市重要生态基础之一，城市湿地保护与恢复的好坏直接影响到浙江省城市最基本的水土及生态安全。随着城市化进程的加快，城市发展与湿地保护之间矛盾凸显。水污染是浙江省城市湿地的主要问题之一，主要包括：①因历史上畜禽养殖造成底泥磷含量较高；②引配水工程导致湿地河道水体氨氮和悬浮颗粒物含量较高；③地形等原因导致旅游开发过程产生的湿地内部生活污水难以纳管处理。因此，针对城市湿地水体“三高”和“一难”的问题，以本书主编为第一完成人的项目团队开展了系列原创性研究，自主创新和集成创新了湿地水生态修复新技术。

2. 技术及体系创新

“城市湿地生态系统改善关键技术研究与应用”项目团队，针对湿地生活污水难以纳管处理的问题，开发了基于半短程硝化工艺的湿地生活污水厌氧氨氧化处理成套技术。本项目研发了厌氧氨氧化颗粒污泥分类收集方法和收集装置、新型厌氧氨氧化生物反应器及人工湿地水体强化脱氮装置，并将这些技术应用于处理杭州西溪湿地民俗街餐饮废水和生活污水，采用A/O生化处理＋人工湿地组合技术，工程实施面积2000m^2，日处理水量240t，根据第三方检测公司监测报告，出水水质稳定达到GB 18918—2002一级A标准（表8-1和表8-2）。

针对湿地水体底泥磷元素含量高的问题，研发了纳米氧化钙复合微臭氧曝气快速抑制湿地水体底泥磷释放技术和盐度调控剂促进湿地水体底泥磷释放两项新技术，筛选得到纳米氧化钙、氢氧化钙、醋酸钾等湿地水体底泥磷元素调控专用药剂，获得了基于上述技术调控湿地鱼塘底泥磷元素释放的工艺参数，对于磷元素重污染底泥可以采用纳米氧化钙复合微臭氧曝气快速固定易活化类磷元素，而对于磷元素轻污染底泥可以采用盐度调控剂促进易活化类磷元素快速释放，以此从正反两个方面实现快速调控湿地底泥磷元素释放的目的。这两项技术在西溪湿地小型鱼塘底泥磷元素治理中取得较好的实际效果。

表8-1　杭州西溪湿地民俗街餐饮废水和生活污水处理工程出水水质

pH值	氨氮/(mg/L)		总磷/(mg/L)		总氮/(mg/L)	
	数据	一级A标准值	数据	一级A标准值	数据	一级A标准值
7.06	0.067	5	0.083	0.5	0.289	15
7.08	0.059		0.072		0.325	
7.12	0.043		0.061		0.212	
7.21	0.355		0.058		0.106	
7.26	0.072		0.098		0.356	
7.12	0.088		0.048		0.586	

表 8-2 西溪湿地水污染物削减集成技术示范工程水质监测结果

采样日期	采样点位	pH	溶解氧/(mg/L)	高锰酸盐指数/(mg/L)	总氮/(mg/L)	总磷/(mg/L)
2016年9月16日	对照塘	8.30	3.15	6.2	1.150	0.112
	池塘1	6.63	3.29	3.2	0.889	0.051
	池塘2	7.65	4.28	4.1	0.821	0.053
	池塘3	6.53	4.67	3.7	0.491	0.034
	池塘4	6.61	7.66	3.7	0.384	0.030
	池塘5	7.30	5.00	4.1	0.433	0.033
2016年10月23日	对照塘	6.50	3.18	4.9	0.932	0.090
	池塘1	6.29	3.59	2.9	0.441	0.038
	池塘2	6.32	4.75	3.2	0.682	0.049
	池塘3	6.32	4.78	1.8	0.720	0.044
	池塘4	6.33	5.24	5.5	0.432	0.039
	池塘5	6.34	5.19	3.1	0.422	0.034

开发了微观和宏观相结合的湿地生态监测技术，建立了城市湿地水生态修复技术成果可视化平台。项目发现原生动物的周年分布特征与环境因子关系密切。10年调查期间西溪湿地水域共发现原生动物191种，其中鞭毛虫28种、肉足虫57种、纤毛虫106种，纤毛虫是主要的原生动物类群之一；西溪湿地原生动物种类数及丰度在周年变化上具有明显的季节性特征；基于10年野外监测数据，开发了湿地原生动物种群丰度与水质指标相关性模型，单指标相关系数达到0.9，通过BIOENV检验发现水质指标中的总磷、硝态氮、pH的组合与物种群落结构相关性最强，创新了湿地微观生态监测技术；基于遥感信息反演的宏观生态监测技术，构建了湿地水污染物高光谱诊断模型，用于湿地清淤量评估和富营养水体时空变异监测。水生态修复技术实施前后水体变化见图8-2。国内外湿地水生态修复相关技术与本项目技术对比见表8-3。

(a) 实施前

(b) 实施后

图 8-2 水生态修复技术实施前后水体变化

3. 社会效益

项目关键技术社会效益显著：①“湿地生活污水厌氧氨氧化处理技术”解决了城市湿地内部生活污水难以纳管排放和就地处理的难题，为杭州西溪湿地削减生活污水COD 15t/a和氨氮2t/a；②“快速反冲洗砂滤技术”使每年进入西溪湿地的悬浮颗粒物减少5000t，有

表 8-3 国内外湿地水生态修复相关技术与本项目技术对比

主要技术	国内外同类技术	本项目技术
湿地水体底泥磷元素调控技术	国内外未见相关技术应用于湿地底泥除磷；原位覆盖技术会破坏底栖生态系统；疏浚技术工程投资较高	国内首创；在磷元素地球化学循环研究基础上选择对应的除磷技术，除磷效率高，速度快
基于半短程硝化工艺的湿地生活污水厌氧氨氧化处理成套技术	国内外未见相关技术应用于湿地内部生活污水处理	国内首创；脱氮效率提高一倍，而能源消耗量减少一半
湿地鱼塘串联削减河网水污染物的集成技术体系	国内外未见相关技术集成应用于湿地水污染物削减	充分利用湿地鱼塘众多的地形特征；水质改善效果长期稳定
城市湿地水生态修复技术成果可视化平台	国内外未见相关技术应用于大量水质监测数据的可视化	国内首创；实现重要水质监测指标的可视化展示

效抑制了湿地小型池塘退化现象；③“富营养水体底泥磷元素调控技术”在杭州西溪湿地每年应用面积达 5000 m^2，每年削减底泥磷元素 10t；④利用城市湿地鱼塘串联建成“水下草皮-微生物耦合人工浮岛-太阳能曝气-固定化微生物缓释-土著植物塘-在线实时监测”综合控制技术将西溪湿地示范工程水体水质提升 1 个类别；⑤“基于原生动物与水质关系的微观生态监测技术”和“基于遥感信息反演的宏观水生态监测技术”在杭州西溪湿地成功应用，创新了湿地生态监测技术体系；⑥“城市湿地水生态修复技术成果可视化平台”实现了对城市湿地水生态修复监测指标的可视化评价。

项目技术成果已在杭州城西湿地和浙江省 15 个水生态修复工程中应用，水域治理面积累计达 $108\times10^4 m^2$。杭州西溪湿地国家公园每年接收近 4 万名大中小学生开展生态环境保护教育活动。本公益项目技术成果为城市湿地生态系统改善奠定了基础，为浙江省“五水共治”工作提供技术支撑，为中小学生湿地生态教育活动提供服务，应用前景广阔，生态效益和社会效益显著。

二、基于海绵城市视角的城市雨水湿地设计

1. 工程概况

某市海绵城市建设项目所在地区为副热带季风性湿润气候，终年雨水充沛，年平均降水量为 1385mm，年平均降水日数为 138d。该地区早期建设有一座容积为 $5.2\times10^4 m^3$ 的蓄水池，海绵城市项目建成后可用于处理蓄水池雨水排放问题，以及上游河道污水处理问题。该工程人工湿地的设计进水量为 $8\times10^4 m^3$，设计目标是将河道上游雨水处理后达到Ⅳ类水质标准，以此达到治理城市黑臭水体的目的。

2. 方案设计

(1) 处理工艺　采用分级组合式人工湿地工艺，方式为三级串联人工生态湿地，分别为潜流人工湿地、表面流人工湿地及稳定塘，整个雨水湿地处理系统采用高程重力自流的形式，工艺流程如图 8-3 所示。针对城市黑臭水体治理，该工程采用人工湿地系统净化后的雨水作为主要补水水源，将雨水湿地系统与黑臭水体治理相衔接，能够确保在减少雨水排放的同时，显著改善城市水体黑臭问题。

(2) 技术指标

① 选址。综合考虑该项目在资金投入、成效方面等的情况，将工程选址确定在城市周边经济价值相对较低，并且后期施工中土方量运用较小的低洼区域。另外，结合项目的生态

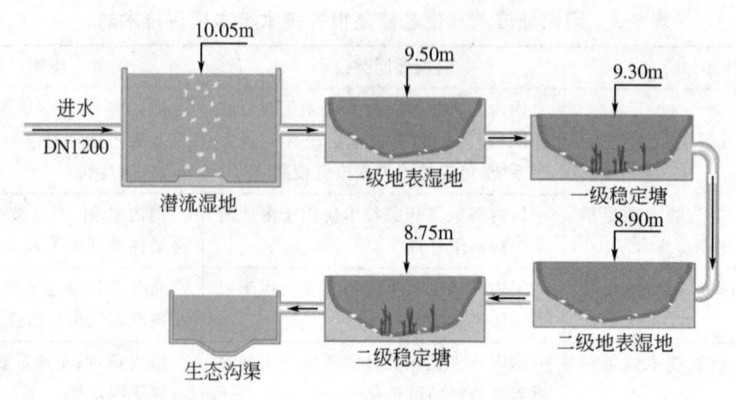

图 8-3 雨水湿地处理工艺流程图

需水量，项目需要靠近河道等水系，以确保项目在旱季、缺水季的水系有效循环，或者在雨季时便于对蓄水进行调整。该项目雨水湿地生态需水的计算主要由水面蒸发消耗需水、渗漏消耗需水和水体置换需水三部分构成。

② 湿地面积设计。项目雨水湿地设计中水力负荷取值依据《人工湿地污水处理技术规程》(DG/T J08—2100—2012)，项目中潜流人工湿地水力负荷需达到 $0.8m^3/(m^2 \cdot d)$，且雨水湿地设计面积需满足 $10\times10^4m^2$。预期水质经过潜流湿地系统处理后，可符合国家出水水质标准。通过表面流人工湿地能够将污染水体中存在的污染物基本去除，并实现水质的调节及活化效果，采用具有较强净化作用的植物，其中一级表面流人工湿地水力负荷为 $1m^3/(m^2 \cdot d)$，一级稳定塘水力负荷为 $4m^3/(m^2 \cdot d)$，二级表面流人工湿地水力负荷为 $1.6m^3/(m^2 \cdot d)$，二级稳定塘水力负荷为 $8m^3/(m^2 \cdot d)$，经过计算，各级湿地对应面积分别为 $8\times10^4m^2$、$2\times10^4m^2$、$5\times10^4m^2$ 和 $1\times10^4m^2$。

③ 构筑物尺寸设计。该项目中各级雨水湿地构筑物规格参数如表 8-4 所示。

表 8-4 各级雨水湿地构筑物规格参数

湿地类型	面积/10^4m^2	水深/m	有效池容/10^4m^3
潜流湿地	10	0.8	8.0
一级表面流人工湿地	8	0.5	4.0
一级稳定塘	2	2.0	4.0
二级表面流人工湿地	5	0.5	2.5
二级稳定塘	1	3.0	3.0

④ 水力停留时间设计。在雨水湿地中，水力停留时间反映了污水的处理时间，可作为污水处理程度的主要指标，在实际中主要受湿地构建规格、植被、地基材料渗透系数以及水力坡度等参数的影响。通常情况下，水力停留时间不宜超过 24h，并且在暴雨环境下应保持 0.5h 以上，因此一般将水力停留时间保持在 10～15h，以达到良好的污水处理效果。该项目中设计单日污水处理流量为 $8\times10^4m^3/d$，并设计相匹配的池容量，经过计算后该项目中潜流湿地水力停留时间为 24h，一级表面流人工湿地水力停留时间为 12h，一级稳定塘水力停留时间为 12h，二级表面流人工湿地水力停留时间为 7.5h，二级稳定塘水力停留时间为 9h。

⑤ 基质与植物选择。雨水湿地中采用的基质在能够保障植物、生态微生物生长的同时，又能起到过滤、沉淀以及吸附污染物、重金属等作用，相关工程中普遍采用砂、砾石、沸

石、石灰石、塑料等。该雨水湿地项目中基质采用多材料组合的形式，其中将砾石作为主要填充物，并配以沸石消除水体中的氨氮，利用钢渣消除水体中的磷；雨水湿地中填料层粒径设计为 5～32mm，孔隙率为 30%～40%，填充材料层的厚度为 125cm。

利用具有高效水质净化作用的植物是当前雨水湿地污染防治的重点技术，相关研究显示，雨水湿地初期采用芦苇、菖蒲、美人蕉等水生植物能够起到极为显著的污染治理成效。该项目考虑到水生植物对极端环境的适应性、生长周期、成本的投入等因素，最终选取芦苇、菖蒲、蒲草及香蒲四种水生植物，种植密度为 9～25 株/m^2。

3. 运行效果

该项目建设完成并运行后表现出了较好的污水处理效果，运行半年后项目水质的检测结果显示，经过处理的水质可达到国家Ⅳ类水质标准，治理效果显著。处理前后出水水质检测结果如表 8-5 所示。

表 8-5 出水水质检测结果 单位：mg/L

项目	COD	BOD_5	悬浮物	TN	TP	氨氮
蓄水池水体	46～50	8～10	7.5～10.0	12.4～15.0	0.35～0.50	4.2～5.0
处理后水体	20～30	4～6	5.0～6.0	8.0～10.0	0.20～0.30	1.2～1.5

该雨水湿地项目总占地面积为 $26\times10^4m^2$，总投资金额为 1.07 亿元，项目中各分项成本构成如表 8-6 所示。该雨水湿地项目后期运行维护费用为 306 万元/a，其中区域保洁养护费用为 16 万元/a，项目中各个分项单元的养护费用为 168 万元/a，水生植物的调控费用为 62 万元/a，项目中各设施的运维费用为 60 万元/a。

表 8-6 项目各分项成本构成

分项工程	投资金额/万元	分项工程	投资金额/万元
潜流湿地	5600	其他费用	946
表面流人工湿地、稳定塘	2475	信息化系统	261
水生植物	587	预备费	792
湿地动物	39	合计	10700

第三节 环境功能材料对藻类的高效去除

一、光催化功能材料对湖库水环境质量的提升

光催化材料因其优良的光催化性能及无二次污染的优势，已广泛应用于潜在污染物控制。为验证石墨烯基二氧化钛光催化功能材料在实际工况条件下的适用性及其对污染水体的净化效果，分别选择云南省大理白族自治州（简称大理州）西湖（ST-1）及浙江省舟山市嵊泗县的长弄堂水库（ST-2）进行为期 105d 及 107d 的野外原位围隔试验验证研究。结果表明：光催化功能材料与土著生物耦合（光催化耦合生态净化）技术对藻类具有抑制作用，ST-1、ST-2 试验组与对照组相比，藻类总生物量分别下降了 30.3%和 64.6%。

1. 试验水体概况

试验水体分别为位于云南省大理州的西湖（ST-1）和位于浙江省舟山市嵊泗县的长弄堂水库（ST-2）。其中，ST-1 属于高原湖泊，平均海拔为 1970m，试验区域水面长 160～180m，宽 60～84m，总面积约 11500m^2，水深 4～6m，水流动性差，为藻型浊水状态。ST-2 是一座小型水库，水库平均海拔为 45m，集水区面积为 0.5km^2，总库容为 $27\times10^4 m^3$，正常库容为 $25\times10^4 m^3$，最大水位面积约为 24000m^2，日常水位水面面积约为 15000m^2，水深近 20m。治理前，枯水期由于降水量少，蒸发量大，加上水动力不足，水体水质变差。试验期间，利用软性工程塑料围隔进行人工物理隔离。

2. 试验方法

光催化功能材料纤维网膜在使用时利用浮框固定水平布设于水面以下 5cm 处，网膜根据水位变化自动调节深度，以保证膜面材料可以接收日光的光子能量，并转化为激发态电子及光生空穴的能量，驱动随后的净化过程。布设网膜材料面积占水面面积的 30%。以改善水质以及恢复生态为目标，ST-1、ST-2 内布设光催化功能材料纤维网膜分别为 2700m^2 和 3600m^2，约占各自水面面积的 31.7%和 32.4%。网膜下均挂设一定比例的生物绳。不同于天然湖泊，人工水库缺少水生植物，催化介导生态净化缺少生态净化环节，因此 ST-2 配套投放半沉水植物浮框 180 个，总计 540m^2。ST-1 和 ST-2 试验周期分别为 2018 年 5 月 7 日后的 105d 以及 2020 年 7 月 22 日后的 107d。

3. 光催化材料对试验系统中藻类的影响

光催化耦合生态净化技术对藻类具有抑制作用。其中，ST-1 藻类总生物量由 227×10^6 个/L 降至 158×10^6 个/L，下降率为 30.3%。ST-2 藻类总生物量由 1.47×10^6 个/L 降至 0.52×10^6 个/L，下降率为 64.6%。主要原因是光催化产生的自由基对藻类细胞壁结构的破坏作用。其次，水体生境改善，促进了沉水植物的生长，从而对藻类构成生态位的竞争优势。

二、黏土对铜绿微囊藻的去除

研究人员对比了 9 种黏土对铜绿微囊藻的絮凝去除效果，并通过对铜绿微囊藻、黏土以及藻絮体的扫描电镜观察，分析了黏土对铜绿微囊藻的网捕作用，同时探讨了黏土的固有理化性质对去除铜绿微囊藻的影响。结果表明，黏土种类对铜绿微囊藻的去除有较大影响，当黏土浓度为 0.6 g/L 时，烂黄泥土的去除效果最好，其对叶绿素 a 的去除率达到了 98.75%。黏土的 Zeta 电位、有机质含量、铁＋铝含量与铜绿微囊藻去除率呈线性正相关关系，相关性强弱顺序为 Zeta 电位＞有机质含量＞铁＋铝含量。

1. 试验材料

选定灰潮砂泥土、姜石黄砂泥土、姜石黄泥土、厚层卵石黄泥土、铁杆子黄泥土、面黄泥土、烂黄泥土、酸性紫色土、石灰性紫色土 9 种黏土作为试验用土。所用黏土经自然风干后研磨过筛，干燥保存。

试验选用的藻种为铜绿微囊藻，购自中国科学院武汉水生生物研究所国家淡水藻种库，编号为 FACHB-905。藻种采用 BG-11 培养基（蓝绿水藻培养基）培养，培养条件：温度为 (24±1)℃，光照强度为 2000lx，光暗比为 12h∶12h。

2. 黏土筛选结果

试验过程中，9种黏土的投加量分别为0.6g/L、0.8g/L、1.0g/L、1.2g/L。对叶绿素a的去除结果表明，不同的黏土因其结构及组成不同，具有不同的絮凝性能，对叶绿素a和浊度的去除效果有极显著的差异。表8-7为叶绿素a最佳去除率对应的黏土投加量与浊度的变化。可知，烂黄泥土和铁杆子黄泥土对叶绿素a的最佳去除率较高，比去除效果最差的厚层卵石黄泥土高了50个百分点以上。而且烂黄泥土和铁杆子黄泥土分别只需投加0.6g/L和0.8g/L就可达到最佳去除率。虽然其他7种黏土对叶绿素a的去除率也不低，但是它们的黏土投加量超过0.2g/L时几乎都会引起浊度的增加（姜石黄泥土除外），增加的浊度不但会对后续处理造成负面影响，还会引起水质恶化。

表8-7 叶绿素a最佳去除率对应的黏土投加量与浊度的变化

项目	叶绿素a最佳去除率/%	投加量/(g/L)	浊度变化/NTU
酸性紫色土	60.11	1.0	+2.8
灰潮砂泥土	61.23	1.0	+5.2
姜石黄砂泥土	64.59	0.6	+4.8
厚层卵石黄泥土	39.29	0.6	+5.7
面黄泥土	57.83	0.8	+31.8
烂黄泥土	98.75	0.6	−11.9
铁杆子黄泥土	92.21	0.8	−14.0
石灰性紫色土	55.98	1.2	+6.8
姜石黄泥土	71.37	1.0	0

烂黄泥土和铁杆子黄泥土在叶绿素a的最佳去除率下仍可有效去除浊度，去除率分别为73.52%和86.60%。综合以上分析，烂黄泥土和铁杆子黄泥土去除叶绿素a的效果最好。从表8-7还可以看出，9种黏土对藻液叶绿素a的最佳去除率为烂黄泥土＞铁杆子黄泥土＞姜石黄泥土＞姜石黄砂泥土＞灰潮砂泥土＞酸性紫色土＞面黄泥土＞石灰性紫色土＞厚层卵石黄泥土。

第四节 膜生物反应器强化生物除磷工艺

一、膜生物反应器

生物除磷工艺的除磷机制包括两种，一种是活性污泥微生物增殖对污水中磷的同化，另一种是活性污泥中的聚磷菌（PAOs）在交替的厌氧和好氧条件下先释磷后过量吸磷，后者是生物除磷工艺的主要除磷机制。由于生活污水富含氮磷，所以生物除磷工艺通常也包括脱氮。根据不同的流程单元顺序与回流方式，生物除磷工艺可分为A^2O（厌氧-缺氧-好氧）工艺和UCT（University of Capetown）工艺（类似A^2O工艺的一种新型脱氮除磷工艺）。A^2O工艺包括厌氧池、缺氧池和好氧池三个流程单元（图8-4）。

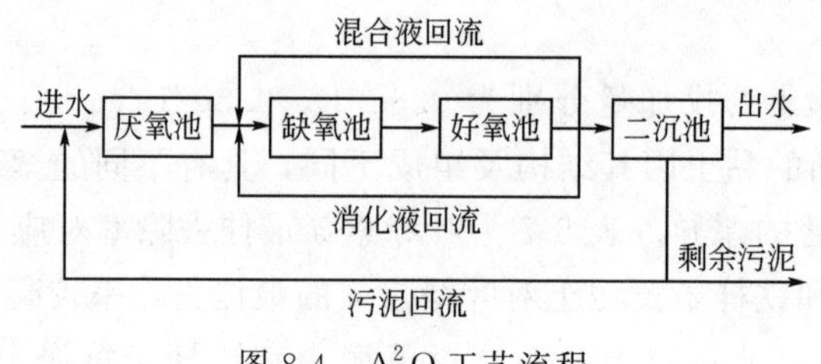

图 8-4　A^2O 工艺流程

在厌氧池，进水与回流污泥混合，PAOs 释磷产生能量，并利用产生的能量吸收污水有机物生成胞内有机物；在缺氧池，混合液与回流的消化液混合，反硝化细菌通过消耗污水有机物进行反硝化生成 N_2 完成脱氮；在好氧池，PAOs 利用 O_2 氧化胞内有机物产生能量，并利用产生的能量过量吸磷，同时硝化细菌利用 O_2 氧化氨氮（NH_4^+-N）生成硝态氮（NO_3^--N）；最终磷随剩余污泥排出系统，除磷得以实现。但生物除磷工艺存在二次释磷、污泥龄矛盾和碳源竞争等缺陷。

膜生物反应器（MBR）是活性污泥法与滤膜法的结合，利用膜组器高效截留有机污染物和微生物，代替二沉池实现泥水分离，提高了生化池的污泥浓度（MLSS）和容积负荷，使水力停留时间（HRT）和污泥停留时间（SRT）分离，这就意味着尽管污水在反应器中的停留时间可能很短，但由于膜的截留作用，污泥（微生物）可以停留更长时间，从而显著提高了污染物的去除效果。MBR 可根据膜组器位置的不同分为两种，一种是浸没式 MBR（图 8-5），另一种是外置式 MBR（图 8-6）。

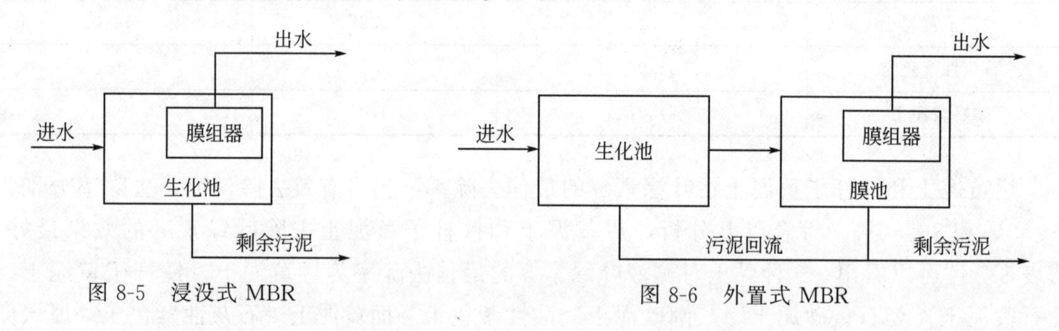

图 8-5　浸没式 MBR　　　　图 8-6　外置式 MBR

与传统生物除磷相比，MBR 生物除磷在生物除磷最后的好氧池设置膜组器，二沉池厌氧二次释磷、PAOs 与硝化细菌的污泥龄矛盾、脱氮与除磷的碳源竞争等问题得到了解决。

二、膜生物反应器除磷的影响因素

膜生物除磷工艺的除磷效果主要受到 PAOs 活性的影响，通过合适的工艺及运行条件可以使得 PAOs 的活性达到最高，除磷效果最强。PAOs 的活性主要受到 C/N、水力停留时间、温度、溶解氧等因素的影响。

1. C/N

不同 C/N 对 UCT-MBR 除磷效果与膜污染有不同的影响，相关研究表明：当 C/N 为 3.2 时，TP 的去除率仅为 29.5%；当 C/N 为 7.3 时，TP 去除率提升至 98%；C/N 由 3.2 提升至 7.3 后，膜污染速率提高了 32%。膜污染主要是由混合液胞外聚合物（EPS）在膜孔和膜表面的沉积产生的，溶解性的 EPS 又称溶解性微生物产物（SMP），混合液组分分析表明，EPS 多糖和 EPS 蛋白分别增加了 31.8% 和 94.7%，SMP 增加了 100%。

2. 水力停留时间

水力停留时间（HRT）是生物除磷和控制膜污染的关键因素，相关研究表明在好氧HRT为8h，厌氧HRT在0.5～3h变化时，TP去除率随厌氧HRT先提高后降低，在2h时去除率最高，为82%。这是因为足够的厌氧HRT为PAOs吸收COD释磷提供了足够的反应时间，而时间过长，可利用COD耗尽时，则会发生不能形成胞内有机物的无效释磷。

3. 温度

温度决定了混合液微生物活性，且影响膜的性能。温度从41℃下降到24℃，TP去除率反而从50%逐渐升高到95%，这是由于在较高温度下，厌氧段PAOs较难吸收有机物释磷，糖原积累微生物与PAOs之间存在竞争。

4. 溶解氧

溶解氧（DO）对膜生物反应器强化生物除磷工艺的影响与其对传统生物除磷的影响不尽相同。在好氧段DO分别为2.2mg/L、1.5mg/L、1.0mg/L、0.7mg/L时，TP去除率分别为51.3%、68.5%、71.4%和60.9%，其中DO为1mg/L时，厌氧段释磷量最大。

第五节　抗生素滥用的危害及控制对策

抗生素是微生物的次级代谢产物，以及其化学半合成或全合成的衍生物，可以在低浓度下选择性地抑制某些生物的活性。所以抗生素对病原微生物具有抑制或杀灭作用，是预防、治疗感染性疾病的主要药物。在畜牧业中抗生素一般作为生长促进剂和医疗药物使用，抗生素在提高畜禽生产性能、治疗常见炎症与常见细菌感染方面发挥着重要作用。

抗生素作为饲料添加剂已有近60年的历史，在饲料中添加一定量的抗生素可改善仔畜禽的生产性能，如添加了恩拉霉素组仔猪的生产性能略优于未添加恩拉霉素组。除此之外，在日常口粮中添加一定量的抗生素还可预防一些疾病的发生，作用方便、快捷并且非常有效。然而随着抗生素在畜牧业中的滥用，病原微生物耐药性提高，抗生素在动物及其产品中的残留问题越来越严重。

一、抗生素滥用的危害

1. 直接导致耐药菌的产生

在畜牧生产中，抗生素的残留是导致耐药菌产生的主要原因。细菌通过基因突变改变药物作用的靶向酶，从而改变代谢途径、通透性或者产生药物灭活酶对药物产生抗性。耐药因子的传递频率很低，但由于细菌数量大，繁殖快，在这一频率下，仍能造成耐药细菌的扩散、蔓延。

2. 造成畜体免疫力下降

抗生素在被动物摄入后，在淋巴结、骨骼等组织器官和血液中广泛分布，由于缺乏对动物体内抗原的刺激，动物的免疫防御能力逐渐减弱。抗原的质量直接影响免疫系统，从而对疫苗接种的作用产生负面影响。

3. 造成畜体的二重感染

抗生素在杀灭或抑制病原微生物的同时，也有一定副作用：机体内一些有益菌也可能被同时杀灭，导致动物机体内的菌群失调。此时，很可能又有一种对此抗生素耐药且可以致病的菌类在菌群中占据优势，从而大量繁殖，并使病情进一步恶化。这种二重感染增加了疾病治疗的难度，对于抗生素的使用不得不更加谨慎。

4. 导致药物在动物体内残留

动物体的脏器对药物有一定的富集作用，在畜产品中也具有一定浓度。一般畜体的抗生素来源主要有三种：一是饲喂畜体的饲料与日常饮水中可能在运输或者来源管理上有不当操作，导致一定量抗生素和农药的残留；二是饲料中添加了用于促进肥育、提高畜禽胴体品质、减少发病率等的抗生素；三是在养殖与治疗过程中实施药物保健预防与疫病治疗时长期大量地使用各种抗生素。虽然大部分抗生素可以通过尿液或粪便排出畜体，但是依然有一部分药物在机体和其产品中富集，这不仅会影响畜体的正常发育，而且会降低畜产品品质，也对公共卫生、人类的食品安全造成威胁。

5. 对生态环境的污染

过量的抗生素会通过粪尿途径排出畜体，而排出的粪尿多数未经去抗生素处理直接排入环境中。这些残留的抗生素一旦释放到自然环境中，不仅会产生大量的耐药菌株，增强微生物在生态环境中的耐药性，甚至可能破坏生态平衡，对土壤、水、空气、昆虫、微生物和水生生物产生有害影响，而且对人畜健康也构成严重威胁。

二、抗生素滥用控制对策

滥用抗生素会造成严重危害，因而必须对抗生素的使用进行严格控制，主要有以下几种对策。

1. 加大科研投入，开发新产品

农业农村部第194号公告明确规定，自2020年7月1日起，饲料生产企业停止生产含有促生长类药物饲料添加剂（中药类除外）的商品饲料。因此，饲料生产企业应加大对饲料替抗技术的研发力度，从质量安全、替抗效果、饲料成本等多角度研究，提出切实可行的饲料替抗方案。

开发微生态制剂。微生态制剂又名益生素、促生素或活菌制剂，是按照微生态学原理，为调整动物体内的微生态区系，保持体内微生态平衡，利用对宿主有益无害的微生物或其代谢物制成的制剂，具有调整畜体内菌群、提高饲料利用率和增强免疫力的作用。

开发中药制剂。中药制剂的制作方法不同于西药，是利用物理、化学方法在不破坏分子结构的同时进行提取、提纯。中草药提取物具有改善免疫抑制、提高动物特异性和非特异性免疫能力、改善动物肉质风味的作用。中草药制剂的有效成分在自然界中十分容易降解，对环境十分友好。

推广无抗饲料。无抗饲料一般是指非抗生素饲料，特点是不含抗生素、符合国家法律法规、具有安全性和环保特性、质量高，这种饲料的一般替代添加物为益生素、抗菌肽、中草药添加剂、酶制剂等。无抗饲料具有经济效益明显、无残留、无耐药性等特点，可为人类提供绿色畜产品。

2. 持续推进规模化、集约化养殖进程

推进规模化养殖，配备专业养殖技术人员，加强对畜禽饲养环节的科学化管理。通过优化饲养环境、按时免疫消毒、科学合理饲喂等，增强畜禽自身免疫功能。通过优化制度、集中隔离等措施，控制畜禽流动频次，减少染病概率。

3. 加强新技术培训与政策宣传

通过召开行业技术培训会，宣传饲料禁抗政策，分享饲料中替抗新技术、新方法。饲料生产企业开展饲料业务交流会，加强对养殖者的培训，改变养殖者使用饲料惯性思维，提高减抗意识，推广无抗饲料。通过新媒体等多渠道持续宣传规范使用治疗用兽药，严格执行休药期制度。

4. 坚持“产管结合”，强化用药监管

建立兽用抗生素追溯系统，明确药物来源，避免不合格药物流入市场。完善兽医服务与管理体系，不断提高兽医执业技能、提升兽药应用水平，解决医疗中兽用抗生素滥用问题。

5. 强化兽用抗生素耐药性监控与风险管理

借鉴国际成功案例，建立我国兽用抗生素耐药性的监控系统与风险管理体系。监控食品动物抗生素耐药性状况和兽用抗生素的消费量，确定每种抗生素在畜禽养殖中的治疗效力，促进抗生素的谨慎使用并评估由此引发公共卫生问题的风险。限制抗生素类兽药的售出，严格检查养殖场抗生素的使用情况，提升驻厂兽医的业务水准，从而保证抗生素类药物在日常饲喂和疾病治疗中的安全、有效应用。

第六节 厌氧消化对污泥中抗生素抗性基因的削减

自 20 世纪 40 年代青霉素和磺胺类抗生素首次应用于临床医疗以来，不同种类的抗生素被陆续发现、大量合成，并开始广泛应用于人类医疗和畜禽养殖中，全球抗生素的使用量也直线上升。抗生素的广泛使用导致了大量未被人体和动物吸收的抗生素通过排泄的方式进入环境介质中，引发了抗生素耐药性传播的问题。

Yang 等分析了香港某污水处理厂的进出水中抗生素抗性基因（ARGs）的分布概况，在进水中发现了 263 种 ARGs 亚型，平均丰度高达 595.26mg/L，其中，丰度最高的为四环素类、多重耐药和氨基糖苷类 ARGs，在经过各工艺处理后，出水中 ARGs 的种类降至 155 种，平均丰度也下降至 82.61mg/L。

厌氧消化是一种重要的污泥减量化和稳定化手段，近年来，一些研究证明厌氧消化有助于污泥中部分抗性基因的削减。例如，*tetX*、*tetO*、*tetW*、*dfrA12* 和 *aac(6′)-IB* 等 ARGs 均被证实能通过厌氧消化过程得到削减，Yang 等通过对比实际运行的厌氧消化反应器反应前后污泥中 ARGs 的丰度发现，厌氧消化对于污泥中 ARGs 的去除总体上具有积极的效果。不同的 ARGs 在厌氧消化过程中呈现出了不同的削减效果，因此有必要通过高温厌氧消化、污泥预处理及外源添加剂投加等厌氧消化强化手段进一步提高厌氧消化工艺对污泥中 ARGs 的削减性能。

一、高温厌氧消化对 ARGs 的削减

高温厌氧消化是一种通过提高反应器温度来增强微生物活性从而实现提高甲烷产率和污泥高效减量的厌氧消化强化工艺。高温厌氧消化能促进污泥中有机质的溶出，提高污泥的水解效率和挥发性脂肪酸（VFAs）的产率，有助于提高甲烷的产量。此外，高温厌氧消化还有利于污泥中抗生素抗性基因和致病菌的削减。例如 Xu 等搭建了“一步升温”式的高温厌

氧消化反应装置，发现 8 种典型的 ARGs 中，除了 *tetM* 的丰度在高温厌氧消化后增加了，*sul1*、*sul2*、*tetA*、*tetL*、*tetO*、*tetW* 和 *tetX* 的基因丰度都在高温消化后得到了不同程度的削减，ARGs 的削减效率远高于中温厌氧消化。在 127 个 ARGs 的潜在宿主中，80%以上的宿主菌群丰度都随着温度的升高大大降低，说明高温厌氧消化主要通过降低宿主菌群的丰度来实现 ARGs 的高效削减。在中温和常温的厌氧消化装置中不能得到削减的潜在致病菌也能在高温厌氧消化过后被去除，高温厌氧消化更好地实现了污泥的安全处置。

还有研究通过宏基因组测序的手段分析了高温厌氧消化过程中 ARGs 的分布全景图，发现除了氨基糖苷类抗性基因外，大部分 ARGs 的丰度在经过高温消化后都降低了，ARGs 的总丰度也在反应开始 57 天后由最初的 125.97mg/L 下降到了 50.65mg/L，此外，*intI1* 等水平转移元件的丰度也有所降低，高温厌氧消化通过降低宿主丰度和抑制 ARGs 水平转移等方式实现了对 ARGs 的高效削减。ARGs 在厌氧消化过程中的行为与演变和微生物群落的组成有很大关系，在厌氧消化的水解产酸和产甲烷阶段，微生物群落的组成呈现出了较大的差异，污泥中 ARGs 的赋存状态也明显不同。ARGs 的削减主要发生在高温酸化阶段，而在随后的高温产甲烷阶段，ARGs 的丰度发生了反弹。高温厌氧消化对 ARGs 的削减主要与其对 ARGs 宿主菌群的高效灭菌效果有关，高温厌氧消化抑制了 ARGs 通过宿主菌群的繁衍而产生的垂直基因转移，同时，高温还能降低污泥中 *intI1* 等可移动基因元件的丰度，降低了 ARGs 发生水平转移的风险。

二、预处理强化的厌氧消化对 ARGs 的削减

预处理强化技术主要是通过各种理化手段破坏污泥的絮体结构，促进胞内有机质的溶出，从而有利于微生物的后续利用。常见的厌氧消化预处理强化技术主要有碱预处理、热水解预处理、微波预处理、超声预处理和臭氧预处理等。预处理强化技术除了能促进厌氧消化产甲烷，还有利于污泥中 ARGs 丰度的削减。

1. 碱预处理

碱预处理通过向污泥中添加 NaOH 来达到过高的 pH，使污泥絮体解体，从而改善污泥的消化性能。研究结果的不一致可能与 ARGs 的种类、碱预处理的时间和 pH 的高低等有关，pH 越高，预处理时间越长，ARGs 在强化厌氧消化过程中的去除效果越好。碱预处理能破坏污泥细胞，从而去除 ARGs，但是碱处理对污泥细胞结构的破坏能力有限，可以采取碱-热联合预处理对污泥中的 ARGs 进行处理。

2. 热水解预处理

热水解预处理是通过高温蒸汽对污泥进行间接加热的预处理方式，能促进污泥的水解。热水解对于 ARGs 具有很好的去除效果，在热水解处理过程中，高温和高压直接杀死了污泥中大部分的抗生素抗性细菌（ARB），这可能是热水解能够有效去除污泥中 ARGs 的重要原因之一。热水解破坏了污泥中致病菌的细胞结构，导致胞内 ARGs 的释放，转化为胞外 ARGs，胞外 ARGs 在随后的厌氧消化过程中可能会被降解，或者被其他细胞吸收转化，通过水平转移进一步传播扩散。

3. 微波预处理

Zhang 等探究了微波预处理对 ARGs 在污泥中演变的影响，发现微波预处理后的污泥中总 ARGs 的丰度低于对照组，且总 ARGs 的丰度与污泥中的生物量呈现出良好的正相关性，微

波预处理降低了污泥中的生物量，减少了 ARGs 的总丰度，说明微生物群落结构的演变是污泥中 ARGs 削减的主要驱动因素。但是并不是所有的 ARGs 都得到了有效的削减，如 *ermB*、*ermF*、*tetX* 和 *tetM* 等 ARGs 的丰度在微波-厌氧消化的过程中反而提高了。微波单独预处理对 ARGs 的削减效果有限，微波与其他方式的联合预处理能进一步提高 ARGs 的削减效率。

4. 超声预处理

超声预处理主要通过超声空化产生剧烈的局部热效应和较大的剪切力，形成羟基自由基和超氧自由基等强氧化性的自由基，有利于污泥絮体结构的热解和胞内物质的释放。超声预处理能破坏微生物细胞壁，促进 ARGs 的释放和降解，研究证明，超声预处理对于污泥中总 ARGs 的绝对丰度影响并不大，有时甚至会导致总 ARGs 绝对丰度轻微上升，但是超声处理具有一定的灭菌效果，能降低污泥中致病菌的含量，降低 ARGs 的相对丰度。超声处理作为一种新兴的污泥预处理技术，能提高污泥的脱水性能和消化性能，但其单独应用在去除污泥中 ARGs 方面的效果并不是特别显著。

此外，臭氧预处理、游离氨预处理和生物预处理等也是重要的污泥预处理手段，对厌氧消化去除污泥中的 ARGs 具有一定强化作用。各种预处理技术主要是通过物理或化学的方法破坏污泥的絮体结构、破坏微生物细胞、损坏细胞 DNA 等来实现对致病菌的灭活和 ARGs 的降解。预处理能减少污泥的生物量，降低总 ARGs 丰度，但是预处理强化的厌氧消化技术对 ARGs 的削减效果不仅与预处理有关，还与后续的厌氧消化过程有关，预处理本身对 ARGs 具有较好的削减作用，但在随后的厌氧消化过程中，种泥的加入会使不少 ARGs 丰度重新反弹。

第七节　农业有机废弃物堆肥无害化处理

堆肥已成为处理有机废物以获得可用作有机添加剂的最终稳定消毒产品的首选。从家庭堆肥到大型城市垃圾处理厂，堆肥是为数不多的可以在任何规模上实际实施的技术之一。近几十年来，全世界的固体废物产生量呈指数级增长，这种增长主要归因于人口增长，随着经济发展和城市化进程的加快，现代生活方式极大地加速了废物的产生。据统计，2016 年世界城市产生了约 20 亿吨固体废物。废物产量的增加给环境系统的各个组成部分带来了压力，甚至造成干扰。对固体废物实施适当和无害的环境管理战略是迫切需要，而这些废物的再利用和再循环则被归类为循环经济框架内综合固体废物管理系统中最可取的方法。为了通过提高回收、再利用和资源化效率来提高经济可持续性，欧盟于 2020 年通过了新版《循环经济行动计划》，其中包括各种立法提案，包括欧盟肥料法规。该提案旨在鼓励在欧盟市场内生产和交易施肥产品。新提案将涵盖不同的肥料组，包括有机产品，如从有机废物中获得的堆肥。在我国，第十三届全国人民代表大会常务委员会第十七次会议审议通过了修订后的《固体废物污染环境防治法》，并于 2020 年 9 月 1 日起正式实施。该法明确了农业农村部门牵头指导农业固体废物回收利用，配合有关部门做好监督管理的职责。鼓励有机废物回收转化为可用于农业的营养物质，有利于人类发展和环境保护。

产生的废物很大一部分属于有机成分，主要来自家庭废物，因此可生物降解的部分可以回收并用作植物养分，而不是将未处理的有机固体废物直接施用于土地。特别是将不稳定的有机固体废物添加到土壤中可能会影响植物生长，例如导致植物必需养分的不平衡、植物中毒，最终导致植物生长受到抑制。应用适当的生化技术将这些营养物质回收处理后，可以安全地用于农业领域。堆肥技术已成为回收有机废物和将有机废物转化为具有高养分含量和低病原微生物水平的有用堆肥产品的有效方法。该技术提供了一种可持续解决方案，生产的堆肥将用作肥料，可以提高农产品数量和质量，同时保护自然资源，保护土壤系统，减少对环境的影响。此外，与其他替代方案相比，该技术具有成本效益。更重要的是，堆肥可以取代无机肥料，无机肥料在农业活动中大量使用会对土壤和其他环境成分产生不利影响。

一、畜禽粪便超高温好氧堆肥工程案例

福清市畜禽粪便资源化利用整县推进项目由福建省某生态环保有限公司在福清市渔溪镇建立超高温好氧堆肥畜禽粪便资源化产业基地，目前已正式运行，处理畜禽粪便量约为320t/d。堆肥方式主要采用槽式和条垛式超高温好氧堆肥。堆肥槽长 7.2m、宽 22m、高4m，每个槽处理量约为 100t/d，采用间歇式曝气进行供氧，以提高超高温好氧堆肥腐熟进程。条垛式超高温好氧堆肥主堆肥槽为钢筋水泥框架，长 80m、宽 22m、高 3m，处理量约为 300t/d，底部铺设有曝气管道，每隔 10min 曝气 20min。

两种堆肥方式在工程应用上的主要区别是翻堆方式及出料的不同。槽式堆肥通常利用铲车进行物料翻堆，翻堆速度较快，翻堆频率控制在每两天一次左右，堆肥结束时可全部出料。而条垛式堆肥可持续进料，主要利用移动式翻抛机每日进行一次翻抛，将物料从起始端向堆肥槽另一端移动，循环往复直至堆肥结束，整个堆肥周期内翻抛总次数不少于 15 次。在工程应用中，条垛式超高温好氧堆肥的效率更高，因其可以利用翻抛机进行作业，全程自动化运行，减少了槽式堆肥需要利用人工驾驶挖掘机进行翻堆的成本。并且翻抛过程可使超高温好氧堆肥得到充分供氧，使畜禽粪便与超高温菌剂充分混合，从而更好地发挥超嗜热微生物的作用，提高畜禽粪便处理效率，缩短腐熟周期。

基于该项目实施的畜禽粪便超高温好氧堆肥，两种堆肥方式堆体最高温度能超过 80℃，且高温期可持续 7～11d，堆肥周期为 20～30d。堆肥过程腐熟速度快，无臭味及渗滤液产生，极大降低了堆肥过程中出现二次污染的可能。堆肥腐熟料在有机肥加工车间经过进一步处理，每年可生产有机肥约 5×10^4t，实现畜禽粪便全组分资源化利用。

该项目已成为全国先进的畜禽粪便资源化利用整县模式示范性工程，对我国推进农业绿色发展具有引领性作用，并形成可复制的畜禽粪便高效循环利用新模式。

二、超高温好氧发酵技术应用工程案例

微生物是好氧发酵过程的驱动者，在降解有机物的同时释放热量将堆体温度升高，与此同时功能微生物群落发生剧烈演替。然而，在传统堆肥过程中温度超过 70℃将抑制几乎所有微生物（包括嗜热微生物）的活性，导致后续堆肥过程难以稳定运行。近二十年，极端嗜热微生物的研究得到快速发展，特别是关于超嗜热菌的分离与培养、酶学功能以及工程应用。日本科学家首次发现极端嗜热微生物在好氧发酵过程中具有非常重要的作用。此后，周顺桂等研究人员便开展了极端嗜热微生物分离筛选及其功能的研究，从多种极端高温环境中采集样品，分离了 50 余株嗜热微生物菌株，通过底物利用和菌株复配试验，基本明确了大部分极端嗜热菌株的主要功能和相互关系，并筛选出 20 余株具有较强有机物料降解能力的菌种。通过长期在堆肥工程中的应用试验，发现地芽孢杆菌属、栖热菌属等的极端嗜热微生物对提高堆体温度、促进堆肥腐熟作用显著。因此，以嗜热及极端嗜热功能菌株为基础，通过试验开发出了超高温好氧发酵菌剂，并在实际工程应用中获得了良好效果。

超高温好氧发酵技术，是针对传统好氧发酵（高温堆肥）技术存在发酵温度低、周期长、臭味严重、无害化不彻底等缺陷而出现的一项新技术。相对传统有机固体废物处理技术——高温堆肥，该技术最显著的特点是发酵温度特别高（大于80℃），而且是不依靠外部热源加热，通过极端嗜热微生物代谢分解有机物释放的生物热能产生极端高温，因此该技术也称为超高温堆肥。

北京顺义污泥再生资源利用工程采用超高温好氧发酵技术处理顺义生活污水处理厂的脱水污泥（含水率80%），日处理污泥近600t，实现城镇污泥快速生物干化和无害化处置，方便后续资源化利用。初始80%含水率的污泥经过15～20d超高温好氧发酵处理后，可实现生物干化与高温腐熟，腐熟结束时物料含水率在35%～40%，可以生产有机肥用于园林绿化等，符合《城镇污水处理厂污泥处置　园林绿化用泥质》（GB/T 23486）。由于我国北方冬季气温低，传统高温堆肥无法启动运行，而超高温好氧发酵技术在室温接近－20℃的条件下仍然运行良好，冬天北京顺义污水处理厂中发酵堆体仍然冒出热腾腾的蒸汽。

截至2017年2月，该工程已累计处理污泥近40×10^4t，减量化达70%以上。2015年9月，《中国建设报》报道了超高温好氧发酵技术在北京顺义污泥再生资源利用应急工程项目中的应用。3个月后，中新网就该工程项目的运行情况进一步详细报道，报道称首个日处理600吨污泥资源再生利用工程在京运营3个月效果显著。该项目已成为国内城镇污泥大规模、快速、高效处理与资源化利用的示范性工程。

第八节　蚯蚓在土壤污染修复中的应用

蚯蚓是土壤中生物量最大的无脊椎动物，具有很强的消化有机质、改善土壤理化性质和促进外源性物质生物降解的能力，被誉为“土壤生态系统工程师”。蚯蚓因其分布广泛、适应能力强、发育繁殖速度快、对有机污染物表现出极强的耐性和抗性等优势，被广泛地应用于土壤有机污染生物修复中。此外，蚯蚓的各类生命活动直接或间接地影响有机污染物在土壤中的迁移和转化，同时也会对土壤微生物的数量、结构、多样性产生影响。

土壤是生态环境的重要组成部分，是人类社会赖以生存的主要资源之一。过去数十年间，城市与现代工业快速发展，矿产过度开采和冶炼等导致大量污染物进入环境，土壤重金属污染日益严重。重金属可以通过植物的吸附作用进入植物体内，还可通过径流和淋洗等作用污染地表水和地下水，最终通过食物链或直接接触等途径危害人类健康。重金属污染可能导致生态环境和农业生产受到极大破坏。

蚯蚓在维持土壤生态系统功能中起着不可替代的作用。蚯蚓活动可使土壤疏松，促进植物残枝落叶的降解，促进有机物质的分解和矿化，增加土壤中Ca、P等速效成分，促进土壤中硝化细菌的活动，从本质上改善土壤的化学成分和物理结构。因此，近年来蚯蚓在土壤重金属污染修复中的应用也日益受到人们重视。

蚯蚓是环节动物门寡毛纲（Oligochaeta）的一类低等动物，是土壤中最常见的杂食性陆生环节动物，对环境变化具有较强的适应能力，可利用皮肤呼吸，在氧分压较低时也能维持正常呼吸，在暂时缺氧条件下还能利用体内糖原为生命活动提供能源。蚯蚓消化能力强、食性广，在生态系统中担当着分解者的角色，人们也利用蚯蚓来处理城市生活垃圾、工业污泥和废渣，以及农作物秸秆、沼气废渣等有机废物。

一、蚯蚓-甜高粱系统对土壤镉的修复效果

如图 8-7 所示，蚯蚓、甜高粱能够提高土壤 NH_4Ac-Cd 的含量，只加蚯蚓的处理使土壤有效镉含量由本底值 0.223mg/kg 提高到 45d 时的 0.294mg/kg，甜高粱处理 45d 后使土壤有效镉含量由 0.223mg/kg 提高到 0.327mg/kg，而种植甜高粱同时添加蚯蚓处理 45d 后使土壤有效镉提高到 0.359mg/kg，种植甜高粱并加蚯蚓较未加蚯蚓的处理 45d 后使土壤有效镉提高了 9.8%。各个不同处理的土壤有效镉含量均在 0～15d 增加速率最大，甜高粱处理增加速率为 30.94%，甜高粱加蚯蚓处理增加速率为 47.53%。这与蚯蚓活动及植物根系分泌物改变土壤环境从而影响重金属有效性有关，蚯蚓活动促进根系分泌一些弱酸性物质降低土壤 pH 值，以及使土壤阳离子交换量减少等均能够提高镉的生物有效性。

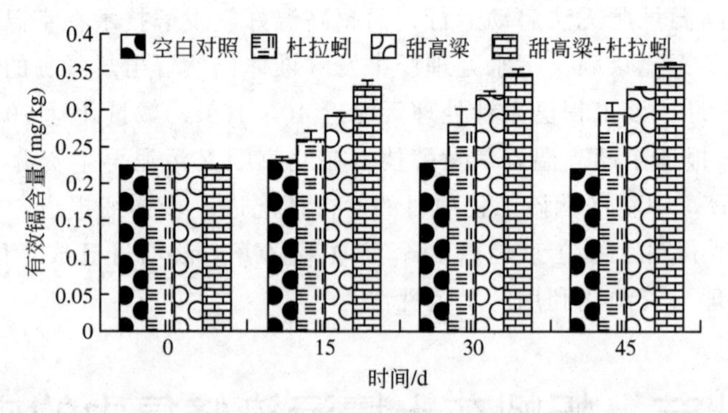

图 8-7 蚯蚓-甜高粱对土壤有效镉的影响

能源植物作为生物质能源的原料具有广阔的应用前景，能源植物生物量比较大而且在我国资源丰富。选择能源作物甜高粱进行研究，结果发现甜高粱不仅生物量大，而且对重金属镉有一定累积作用，在蚯蚓作用下其富集效果得到提高，所以在镉污染土壤上种植能源作物甜高粱不仅能够解决土壤重金属污染问题，还可以利用富集镉后的甜高粱生产工业酒精，同时避免了吸附重金属的植物难以处理而造成的二次环境污染，这是一种同时解决环境问题与能源问题的新理念，发展前景广阔。

二、蚯蚓-菌根相互作用对土壤-植物系统中镉迁移转化的影响

1. 方法概述

称取 1kg 过 10 目筛的灭菌土壤（风干土）于塑料培养钵中，分别加入一定浓度的 $CdCl_2$ 溶液，以得到镉含量 0mg/kg、5mg/kg、10mg/kg、20mg/kg 的污染土，充分混合后，加去离子水至田间持水量的 60%～70%，温室内培养 2 个月，以平衡加入的镉。每个镉含量水平设对照（Control）、接种蚯蚓（EW）、接种菌根（M）、同时接种蚯蚓和菌根（EW＋M）4 个处理，每个处理重复 3 次。实验开始时，对照处理为不加蚯蚓和接种菌根；接种菌根处理为 1kg 土壤加入 30g 菌根菌种，充分混匀；加蚯蚓处理为加入已清洗过的蚯蚓（1kg 土样 8 条，每条平均鲜重 0.6g）。然后每盆样品加入一定量尿素、磷酸氢二钾溶液使土壤得到养分 N 162mg/kg、K 126mg/kg、P 50mg/kg。最后均匀加入事先已萌发的黑麦草种子 15 颗，加入去离子水使土壤水分保持在田间持水量的 60%～70%。温室内（22～25℃）培养 5 周后，在丛叶期分别收获地上部和地下部。

2. 结论

① 在供试条件下，蚯蚓在降低土壤 pH、增加土壤可溶性有机碳（DOC）含量方面起着重要作用，菌根对土壤 pH 影响甚微，对土壤 DOC 含量的影响低于蚯蚓，蚯蚓和菌根不存在降低土壤 pH 和增加土壤 DOC 含量的协同作用。

② 蚯蚓、菌根对土壤中二乙烯三胺五乙酸-镉（DTPA-Cd）含量均无显著影响，但两者均能促进黑麦草对镉的吸收。蚯蚓活动仅增加了黑麦草根部镉的积累，菌根则能促进镉从黑麦草根部向地上部转移。由于接种蚯蚓可以提高菌根的浸染率，所以蚯蚓和菌根具有促进镉向地上部分转移的协同作用。

③ 黑麦草吸收镉含量与土壤和蚯蚓粪中 DTPA 提取态镉含量之间呈显著正相关，粪中 DTPA-Cd 含量显著高于土壤中的镉含量。因此，蚯蚓粪中有效态镉是植物吸收镉的重要供源。

综上所述，鉴于蚯蚓对土壤功能和重金属动力学特征的影响，结合已有的有机废物蚯蚓堆置处理技术和蚯蚓可持续农田管理技术经验，建立蚯蚓生物修复联合体系，将其应用于重金属污染土壤的植物修复具有一定的可行性。当前，对于污染土壤中蚯蚓的重金属富集能力、蚯蚓对重金属的活化作用及其在农业和环境领域的应用技术，研究人员已经做了大量的工作，然而始终较少选择真实的污染土壤进行研究，同时也没有将蚯蚓生物修复技术体系真正应用于自然界的重金属污染农田土壤。进一步开展更多的田间研究、因地制宜选择本地蚯蚓品种、施用适宜的有机物料等均十分必要。

第九节　流域生态基流保障技术

生态基流是指河道最小流量所应满足的最低要求。生态基流作为水资源，也属于生态系统自然资源不可分割的一部分。为协调河流水资源开发利用与生态保护之间的矛盾，需要寻找一种平衡，既能维持河流和河口生态系统健康，又能满足人类生存生活的需要，生态基流的概念便随之产生。近年来“生态基流”已经成为一个热点课题。

一、渭河干流关中段河道生态基流保障措施

1. 工程概况

渭河亦称“渭水”，作为黄河最大支流，渭河干流流经甘肃省东部和陕西省中部，长度 818km，流域面积 $13.49\times10^4km^2$，超过 150 条支流的集水面积大于 $100km^2$。多年平均径流量 $75.7\times10^8m^3$，径流分布不均匀，从南向北呈逐渐减少趋势，秦岭、关山区高，高原区、谷地区低；西部大于东部，中游比下游径流丰富。渭河径流量具有明显的季节变化特点，干流秋季流量最大，冬季流量最小。渭河入陕西境内至林家村为上游，上游落差较大，平均比降 0.181%，流长 123.4km，主要处于黄土高原沟壑区。林家村至咸阳为中游，落差 224.4m，小于上游落差，平均比降 0.124%，流长 171km。咸阳至港口为下游，流长 208km，落差 56m，平均比降 0.028%。渭河作为典型的季节性河流，具有显著的丰枯变化特点：枯水期河道断流现象严重，河床裸露；丰水期河道水量充盈，形成水流。

为了科学协调水资源短缺地区河道外引水与生态基流的矛盾问题，推动生态基流保障工作开展，2019 年田若谷以渭河干流关中段为例，分析了渭河干流关中段现状条件下河道生

态基流保障程度，计算了考虑河道生态基流保障后造成的损失和生态基流价值，并分析了生态基流可持续保障措施。主要内容为以下三个方面。

（1）生态基流保障程度　根据研究区域的流量资料，分析各控制断面的调控值，重点计算渭河宝鸡段林家村断面最大生态基流调控值和生态基流保障率，并计算不同调控值下的生态基流短缺量。

（2）河道生态基流保障的损失量和价值计算　在研究生态基流保障带来的河道外引水减少量的基础上，计算生态基流保障的直接损失量、间接损失量和保障后的生态基流价值，并分析保障前后生态基流保障率变化和保障水平，直观展示生态基流保障带来的损失与价值，为决策部门实施基流保障政策提供决策依据。

（3）河道生态基流保障措施　河道生态基流可持续保障措施研究从节水、生态补偿、水量调配角度提出生态基流长期保障措施，并分析研究区域工业和农业节水潜力、生活节水影响因素、流域生态补偿制度与生态水量调控途径。

2.技术路线

技术路线见图 8-8。

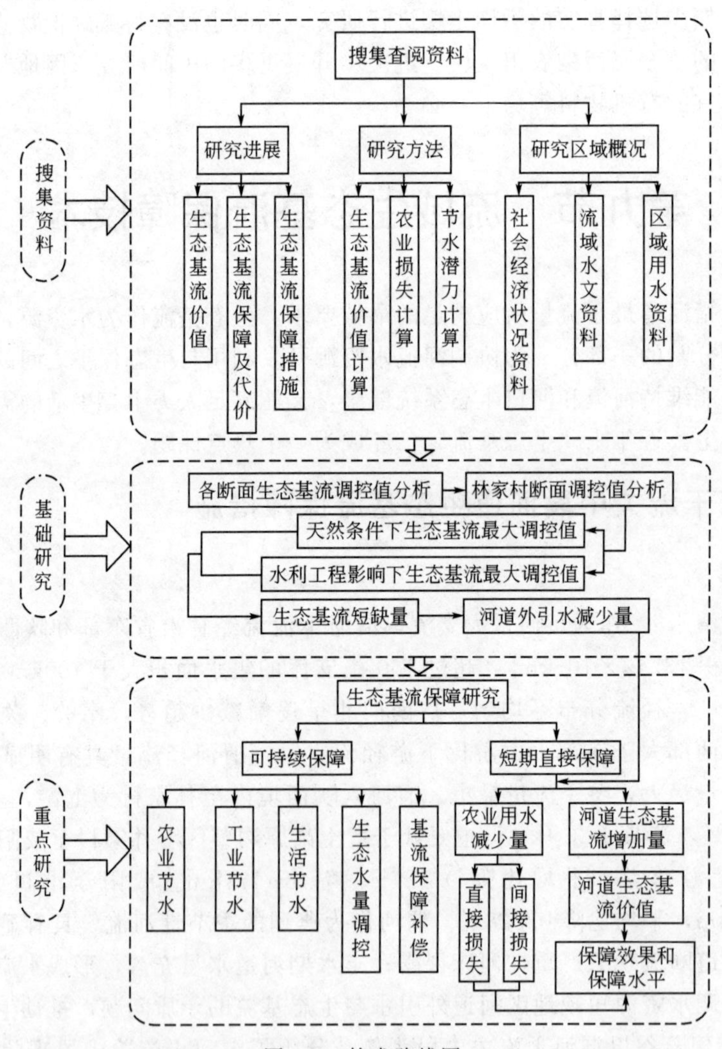

图 8-8　技术路线图

3. 效果

渭河干流宝鸡段林家村断面在天然来水情况下和水利工程建成引水后可达到的生态基流最大调控变化较大。水利工程建成引水后导致生态基流保障值和保障率降低，造成生态基流短缺现象严重。现状条件下，各年份河道生态基流均存在短缺现象，年际短缺量差异较大，年型丰枯变化，短缺量随之变化。实施生态基流保障措施前后河道保障率情况变化明显，在渭河宝鸡段实施生态基流保障措施效果显著，具有可行性。渭河宝鸡段生态基流目标值在 5～10m^3/s 时，宝鸡段生态基流价值在 8.67 亿～17.34 亿元。保持河流充盈的水量，保障生态基流具有明显的社会和生态效益，对发挥河道具有的供给、支持、文化、调节功能具有重要意义。水库联合调度、跨流域调水、严格控制引水发电等都是实现生态基流可持续保障的有效途径。

二、粤港澳大湾区内河涌生态补水

1. 工程概况

粤港澳大湾区地处珠江流域下游，据不完全统计，珠三角围内河涌有数万条，是珠三角城市中最为普遍的水系，直接承担着珠三角城市防洪、排涝、供水、水环境、水景观等多重功能。内河涌水动力条件较弱，河道比降平缓，很大一部分内河涌为断头涌，水体交换能力弱，水环境问题较突出。为了保证生态基流，对粤港澳大湾区流域实施补水工程，借助泵站、水闸等工程，充分利用上游山塘、湖库、干流、污水处理厂尾水等水源补水，改善内河涌水环境。以中山市内河涌鹅毛涌为例，鹅毛涌是中顺大围内中山市中心组团大涌镇内河涌，起于涌口与赤洲河交界处，止于起凤环市场，全长为 808m，平均宽度为 10m。鹅毛涌为断头涌，河涌流动性差，且河涌污染严重，为劣Ⅴ类水。

2. 技术方案

河涌补水方案的制定采用“现场考察—水源确定—控制目标—建模试算—补水方案”(SSTMS) 方法，综合考虑河涌周边水文、水质、水利工程、水源条件等，确定具体的模拟工况，并根据模拟结果确定最优的补水方案（图 8-9）。

具体步骤如下：①现场勘察，收集河涌周边水文、水质资料及水闸、泵站等水利工程资料，掌握河涌周围现状闸泵调度情况；②确定补水水源、水质目标和控制目标，提出模拟工况；③建立内河涌水动力水质模型，确定模型边界、参数、构筑物及源汇项，并进行率定验证；④模型试算，并对模拟结果进行分析，确定最优补水方案。

补水目标是通过泵站抽水至河涌末端来加大河涌流动性，提高河涌纳污能力，进而改善河涌水质，使内河涌基本消除黑臭，水质达到Ⅴ类水标准。根据《水利改革发展“十三五”规划》，到 2020 年，七大重点流域水质优良比例总体达到 70%以上，因此，选取水质保证率达到 70%为控制指标，确定补水工程的规模（表 8-8）。

3. 效果

“现场考察—水源确定—控制目标—建模试算—补水方案”(SSTMS) 生态补水方案使内河涌水动力、水质条件得到改善，为大湾区内河涌水环境治理提供了参考依据。在 70%水质达标保证率情况下，鹅毛涌的引水流量为 0.13m^3/s，换水频率为 1.73 次/d。通过补水，断头涌末端从死水区变为活水区，水动力条件得到明显改善，平均流速增加约 10 倍，河涌整体的换水频率变大，河涌水质也得到极大改善，基本可达到Ⅴ类水标准。

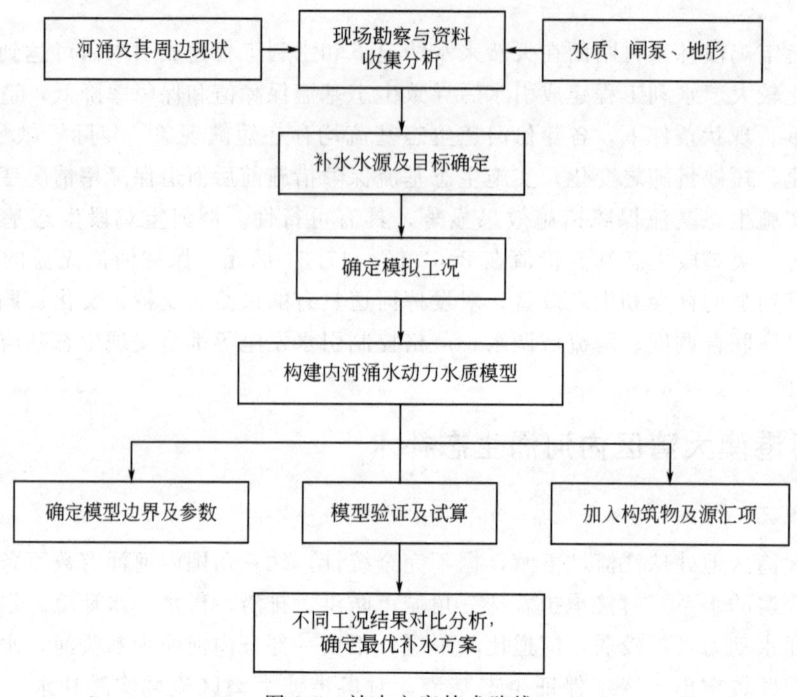

图 8-9 补水方案技术路线

表 8-8 模拟工况及控制目标

现状	补水(70%水质保证率)
边界条件:与外河交界点处水位过程,外河目标水质	措施:在现状基础上在河涌末端加入点源,补水水质采用补水水源目标水质;补水时长为 10～12h/d,具体根据边界水位过程来确定
排污口:作为流量源项加入,污染物浓度采用监测值或经验值	控制条件:使模拟结果中河涌平均水质达标率达到 70%

第十节 流域“生态＋”新型生态

一、上海崇明岛“＋生态”到“生态＋”的规划建设创新实践

“＋生态”战略即通过划定生态保护红线，提升林、水、湿地等生态资源比重，强化生态网络、生态节点建设以及系统性生态修复工程等措施，不断厚植生态基础，在自然生态意义上达到世界级的水准。“生态＋”战略即致力于提升人口活力，培育创新产业体系，提升全域风景品质等，在城乡发展、人居品质、资源利用等方面探索生态文明发展新路径，彰显生态价值。

1.背景情况

上海市崇明区地处长江入海口，三面环江，一面临海，由崇明岛、长兴岛、横沙岛三岛组成，具有独特的地理位置和自然资源。崇明是“河口之岛”，是全世界最大的河口冲积岛，也是中国第三大岛，素有“长江门户、东海瀛洲”的美称，成陆已1400年，目前还在不断生长中。崇明是“城市之岛”，行政区划面积2494.5平方千米，其中陆域面积1413平方千米，占上海陆域面积的五分之一，人口近70万人，是上海连接长三角的重要桥头堡，提供上海地产农产品的三分之一，原水供应的二分之一。崇明是“生态之岛”，作为上海重要的生态屏障，拥有东滩国际重要湿地、东滩鸟类国家级自然保护区和长江口中华鲟自然保护区。

由于受地缘、历史、基础等因素影响，长期以来崇明城乡二元结构特征明显，经济和社会发展水平滞后于上海其他地区，自20世纪末开始，崇明一直在研究探索一条适合自身的发展路径。崇明肩负着生态保育和社会经济发展的双重任务，面临生态本底薄弱、城乡建设空间绩效偏低、人民群众获得感还不强等问题。面对生态岛建设的更高要求和实际问题，崇明区从规划入手，探索“生态+”的规划建设模式。

2.主要做法及成效

(1) 不断创新“生态+”乡村振兴战略实施　崇明是上海最大的农村地区，崇明发展的本质、重点和短板都在乡村，因而崇明坚持农业农村优先发展，在乡村振兴战略的实施上做了很多努力。紧紧围绕乡村振兴“产业兴旺、生态宜居、乡风文明、治理有效、生活富裕”的大目标，突出乡村发展中的重点问题和关键瓶颈，坚持底线约束，坚持近远结合，深入谋划和落实各项任务。具体措施是“三个覆盖”：一是农村生活污水处理全覆盖，在2018年基本实现农户生活污水处理设施安装全覆盖的基础上，2019年重点推进提升了农村生活污水处理设施的规范化管理水平；二是生活垃圾分类减量全覆盖，2018年坚持全域覆盖、全程分类、全面处置、全民参与，已实现了生活垃圾分类减量全覆盖，全区生活垃圾减量25%，资源化利用率达到33.4%，2019年继续巩固提升，完善垃圾“大分流”体系，推广应用新技术、新工艺，着力抓好湿垃圾处置废渣的资源化利用，废水和废气的全封闭、全覆盖、全流程提标处理排放，生活垃圾资源化利用率进一步提升；三是农林废弃物资源化利用全覆盖，聚焦水稻秸秆、多汁蔬菜、瓜菜藤蔓、林地枝条、畜禽粪便等农林废弃物，探索形成符合崇明实际的农林废弃物燃料化、饲料化、肥料化等多元化利用模式。

(2) 退化湿地的生态修复　全区生态保护红线共划定506.72平方千米，超过崇明行政区划面积的20%，并实施了最严格的保护要求。例如针对崇明东滩鸟类国家级自然保护区，崇明和市直部门先后用10多年时间开展了退化湿地的生态修复和提升工程，使崇明东滩的湿地面积逐年增长，成为迁徙鸟类理想的栖息地，鸟类数量逐年递增。据统计，2015至2018年，在东滩栖息的占全球种群数量1%以上的水鸟物种数，从约7种提高到约10种。又如，在长江刀鲚国家级水产种质资源保护区，崇明严格落实长江流域禁捕的要求，花大气力对全区166艘长江渔船进行拆解，使“长江捕捞”在崇明成为历史。在编制《崇明世界级生态岛发展规划纲要（2021—2035年）》的同时，崇明还通过林地规划和水系规划明确了林、水等生态空间，并大力实施推进。2016—2018年，崇明森林覆盖率从约23.2%提升至约26.04%，河湖水面率从约9.54%提升至约9.81%。2013—2018年，全区生态建设财政投入资金已达343.5亿元。

二、浙江湖州“生态＋”的创新建设

湖州是“绿水青山就是金山银山”理念的诞生地。多年来，湖州市坚定不移贯彻这一发展理念，走出一条经济社会发展与生态环境保护协调共进的生态文明发展新路，实行“生态＋”的创新建设。2016年制定出台《关于大力推进“生态＋”行动的实施意见》，首次系统全面地阐述了当前推进“生态＋”行动，要“加”什么、怎么“加”的问题，归纳起来就是聚力三个方面：空间优化是基础，经济转型是根本，人文建设是保障。

1. 生态＋空间优化

坚定不移地实施主体功能区战略，严格实施各类红线管理，加强建设项目空间准入管理，科学布局生产、生活、生态空间。对湖州而言，重点是围绕建设现代化生态型滨湖大城市，打造美丽乡村升级版，科学规划以南太湖城市带为重点的“一核、两带、两轴”城镇化空间，构建“三带八区”农业空间格局，保护以“三区一带”为主体的生态空间，探索推行“多规合一”的空间管理。

2. 生态＋经济转型

推进生态经济化与经济生态化，培育生态资源并合理转化为经济产出，运用生态理念改造传统产业，构建绿色循环低碳的经济发展新模式，打造永不枯竭的金山银山。

对湖州而言，重点是深入挖掘“山水清远”的自然资源禀赋，高品质发展以生态农业、休闲旅游、健康产业等为主的原生态经济；进一步放大生态红利和宜居效应，最大程度汇聚各类绿色发展要素，不断催生新产业、新业态成为发展新动力、新支柱，同时推进传统优势产业绿色化改造，加快构建“$4+3+n$”的现代产业体系，在绿色发展中实现赶超发展。

3. 生态＋人文建设

通过传承发展物质和非物质形态的生态文化，宣传倡导价值取向，凝聚激发智慧源泉，探索形成行为规范，让生态文明理念内化于心、外化于行、固化于制，强化长期践行“两山”重要思想征途上的自觉、自信、自律。

对湖州而言，重点是挖掘弘扬“丝绸之源、鱼米之乡”悠久历史中的生态元素，推进“五名”工程，创作体现生态哲学和生态美学的文艺精品，打造饱蘸历史积淀和时代精神的“新湖州文化”；着力提高人才“生态位”和吸引力，建立“湖州人才产业云”，为绿色发展注入不竭的创新动力；全面落实国家先行示范区建设方案中确定的各项先行先试任务，率先建立系统完整的生态文明制度体系。

“生态＋”理念是湖州人民在努力探索“两山”理念实现路径上的创新成果，有助于打造“生态＋”先行地，为全国生态文明建设分享“湖州经验”，使我们的生态环境越来越好。

第十一节　微生物固碳技术研究和应用

随着工业技术的飞速发展和化石能源的大量使用，CO_2 排放量逐年增加，其引起的全球变暖是全球环境和经济领域最关注的话题之一。CO_2 捕集、利用与封存（CCUS）技术是我国实现碳达峰、碳中和目标的关键技术，对我国减少 CO_2 排放、构建生态文明具有重大意义。微藻具有生长速度快、对极端环境适应性强、生产成本低等优点，其介导的 CCUS 技术能吸收固定 CO_2 并将其转化为高附加值产品。选择合适的微藻种类对提高 CO_2 固定效率和生物质产量起着至关重要的作用。

一、微藻光合作用固碳

1. 光合作用

微藻光合作用利用光能将 CO_2 转化为有机化合物同时释放分子氧，是微藻固定和储存 CO_2 的基础。研究表明，微藻的光合效率高达 12%，是固定 CO_2 的首选。除固碳外，微藻还能合成不同生物分子，如蛋白质、碳水化合物和脂质等（图 8-10）。

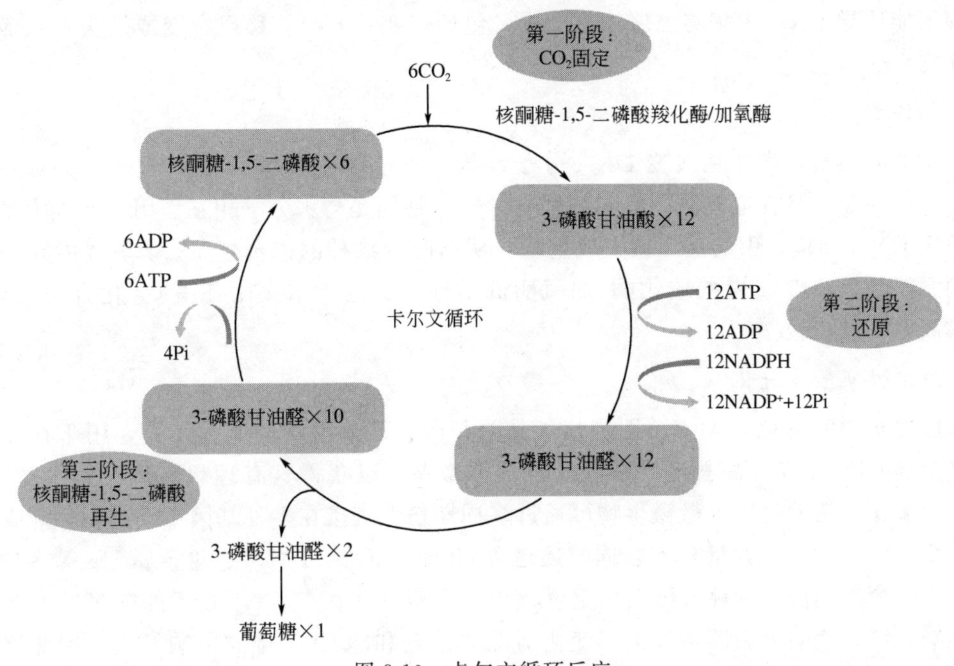

图 8-10　卡尔文循环反应

2. 微藻中无机碳的跨膜形式

微藻通过卡尔文循环浓缩或储存 CO_2，其中光合作用需提供能源驱动这一过程，并提供电子将 CO_2 转化为碳水化合物。但对于任何进行光合作用的细胞，向细胞表面有效提供无机碳（Ci）是捕获 CO_2 的第一步。微藻中无机碳的跨膜转移因 CO_2 浓度和微藻种类而异。将 CO_2 转移到细胞中有三种策略：① HCO_3^- 通过膜上的载体蛋白主动转运；②将 HCO_3^- 转化为 CO_2，从而在局部富集 CO_2 直接扩散到细胞中；③高浓度 CO_2 通过膜直接扩散。

3. 微藻种类的影响

微藻种类直接影响 CO_2 固定和生物质产量。CO_2 固定和生物质生产性能因微藻种类而异，但由于微藻具有不同的生物学性能并在不同条件下培养，因此数据可能不具有严格的可比性。然而，根据观察，与其他物种相比，小球藻的生产性能更好，生长速度更快，更能耐受恶劣环境。

二、微藻光合效率提高策略

1. 化学诱变

化学诱变是突变育种领域一种高效易行的技术，通过化学诱变剂处理生物细胞，以诱发基因突变产生遗传性状的改变。根据育种目标对产生的突变体进行筛选培育，最终得到具有理想特征的新品种，如高 CO_2 固定率、高脂质含量、强耐酸性等，具有很高的专一性。目前广泛使用的化学诱变剂包括甲基磺酸乙酯（EMS）和亚硝基胍（NTG）。

2. 紫外线诱变

紫外线诱变控制灵活、操作方便，被广泛应用于包括藻类在内的各种生物体的诱变。紫外线辐射能诱导 DNA 中嘧啶二聚体的形成，包括转变、颠换、移码突变或缺失，从而引起生物体突变。

3. 核诱变

核诱变能通过电离作用改变 DNA 分子结构，直接导致碱基、脱氧核糖、糖-磷酸连接处的化学键断裂；且在电离的同时与细胞中分子，特别是与水分子相互作用，产生大量自由基，破坏 DNA 结构，引起基因突变或重组，从而改变物种的遗传性状。γ 射线能在一定程度上刺激核酮糖-1,5-二磷酸羧化酶/加氧酶的活性，促进卡尔文循环中 C_3 化合物的合成，从而提高 CO_2 捕获效率。

4. 适应性实验室进化

适应性实验室进化（ALE）即驯化，是一种改善微藻特性的有力工具，用于在环境压力下（如高 CO_2 浓度、高盐度、高温等）培养微藻，以获得具有理想表型的微生物进化。借助压力驯化，培养物中大量微生物可通过多周期培养直接在多种基因中平行积累非直观的有益突变。工业烟气含大量 CO_2，同时还包含 NO_x、SO_x、$PM_{2.5}$、重金属 Hg 等多种残留物。采用生命周期法综合评价微藻固定燃煤电厂和煤化工烟气 CO_2 技术的能量转换特性和环境影响，结果表明，微藻生长速率变化对能源消耗和净 CO_2 排放影响最大。因此更多学者采用驯化微藻的方法提高其在烟气条件下的生长速率和耐受性。

5. 基因工程

微藻基因组学的重大进展为基因工程提供了坚实基础。一些微藻的细胞器基因组已被测序，并且证明了微藻基因型和表型之间的内在关系。随着基因编辑技术不断发展，基因组可根据需要进行精确编辑。微藻基因工程有利于改善微藻的光合作用和生物量积累，从而提高 CO_2 捕获率。最大化光合作用效率是目前开发和利用生物能源的最大挑战之一。

(1) CO_2 固定中关键酶改进　参与 CO_2 固定途径的关键酶表达调控是提高 CO_2 固定效率的关键手段之一。CO_2 固定涉及两个关键途径：卡尔文循环（将无机碳固定在有机碳上）和 CO_2 聚集机制（促进无机碳向卡尔文循环输送）。

(2) 能量收集复合体的优化　光照是直接影响微藻的光合活性及生长动力学的主要因素。光照辐射增强时，微藻的光转换效率和 CO_2 固定能力提高。然而，约 80%的吸收光子可能被浪费，从而将光合生产力和太阳能到产品的转换效率降至极低水平。

(3) CO_2 同化作用的增强　CO_2 浓度对微藻碳固定和生物质生产性能的影响十分复杂。大多数微藻仅在低浓度 CO_2 水平下生长，研究认为 CO_2 体积分数超过 5%对微藻生长有毒，因此亟须寻找在高浓度 CO_2（20%）下快速生长的微藻。改善微藻 CO_2 固定效率需提供足够的腺苷三磷酸（ATP）并重新定向碳通量以生成代谢物。

（4）纳米材料的干预　纳米材料（NMs）在改善细胞行为方面潜力巨大。NMs 被定义为任一外部维度、内部或表面结构处于 1～100nm 的材料。工业上常用的 NMs 有碳基纳米材料、金属氧化物基纳米材料和贵金属基纳米材料。这些 NMs 通常与微藻存在不同程度的相互作用，低浓度 NMs 在提高微藻生物量和脂质含量、改善光合作用等方面的应用已有报道。由于低浓度 NMs 可通过诱导分泌细胞外聚合物和增强细胞壁提高对 NMs 的抵抗力，因此在微藻培养过程中加入 NMs 有望提高微藻产量和经济效益。

思考题

1. 总结当今主要的新污染物类型，选择其中一种，思考如何通过环境生态工程对其进行治理。
2. 思考环境生态工程对于固碳减排的实际意义。
3. 查阅资料认识环境生态工程在污染防治方面可以应用的新材料。
4. 思考生态文明建设和环境生态工程的关系。

参考文献

[1] 陈国光，刘红樱，陈进全，等. 福建长汀县水土流失的地质影响因素及防治对策 [J]. 水文地质工程地质，2020，47（6）：26-35.

[2] 陈旭飞，张池，高云华，等. 蚯蚓在重金属污染土壤生物修复中的应用潜力 [J]. 生态学杂志，2012，31（11）：2950-2957.

[3] 曹杨. 厦门某生态园区雨水及中水利用技术研究与探讨 [J]. 给水排水，2014，50（4）：75-78.

[4] 陈思. 抗生素替代物在畜牧生产中的应用 [J]. 今日畜牧兽医，2021，37（2）：82.

[5] 董和庆，陶春卫. 无抗饲料在畜牧生产中的应用 [J]. 中国畜禽种业，2016，12（10）：49-52.

[6] 黄志敏. 基于海绵城市视角的城市雨水湿地设计 [J]. 工程技术研究，2021，6（17）：240-241.

[7] 贾久满. 滥用抗生素的危害与控制 [J]. 唐山师范学院学报，2003（5）：58-59.

[8] 蒋茜茜，张小凤，陈文清. 9 种黏土对铜绿微囊藻的去除效果 [J]. 中国给水排水，2018，34（7）：56-59.

[9] 廖汉鹏，陈志，余震，等. 有机固体废物超高温好氧发酵技术及其工程应用 [J]. 福建农林大学学报，2017，46（4）：439-444.

[10] 毛炜炜，张磊，尹庆蓉，等. 微藻固碳光合作用强化策略及展望 [J]. 洁净煤技术，2022，28（9）：30-43.

[11] 马淑敏，孙振钧，王冲. 蚯蚓-甜高粱复合系统对土壤镉污染的修复作用及机理初探 [J]. 农业环境科学学报，2008（1）：133-138.

[12] 仇健，朱浩，李广鹏，等. 光催化功能材料及其提升湖库水环境质量的验证研究 [J]. 环境工程技术学报，2022，12（1）：55-61.

[13] 沙文锋，朱娟，顾拥建，等. 不同抗生素替代品对育肥猪生产性能的影响 [J]. 安徽农业科学，2016，44（11）：118-119，131.

[14] 唐浩，朱江，黄沈发，等. 蚯蚓在土壤重金属污染及其修复中的应用研究进展 [J]. 土壤，2013，45（1）：17-25.

[15] 田若谷. 渭河干流关中段河道生态基流保障研究 [D]. 西安：西安理工大学，2019.

［16］ 王朝朝，李军，高金华，等. 进水碳氮比对 UCT-MBR 工艺运行效能及膜污染的影响［J］. 北京工业大学学报，2014，40（4）：619-626.

［17］ 徐自升. 中草药提取物在畜禽养殖业中的应用［J］. 今日养猪业，2013（4）：39-40.

［18］ 袁丽梅，张传义，厉巍，等. DO 浓度对 A″-(O/A)″-MBR 工艺运行效果的影响［J］. 中国给水排水，2011，27（9）：105-108.

［19］ 于文蕴，杜柏林. 抗生素人类现代医学的灾难在畜牧业应用的历史现状及未来展望［C］//中国畜牧兽医学会动物传染病学分会第十二次人兽共患病学术研讨会暨第六届第十四次教学专业委员会论文集，2012：51-55.

［20］ 臧克清，穆贵玲. 粤港澳大湾区内河涌生态补水方案研究：以中山市鹅毛涌为例［J］. 广东水利水电，2022，315（5）：83-88.

［21］ 张国宣，褚喜英，师媛媛，等. 膜生物反应器处理食品工业废水的研究进展［J］. 河南化工，2017，34（3）：13-17.

［22］ 邹成义. 恩拉霉素对断奶仔猪生产性能和免疫功能的影响及机制研究［D］. 成都：四川农业大学，2011.

［23］ 周云松. 畜产品质量安全中存在的问题与对策［J］. 现代食品，2018（1）：54-55.

［24］ 张燕茹. 厌氧消化强化技术对剩余污泥中微生物和抗生素抗性基因的影响研究［D］. 长沙：湖南大学，2020.

［25］ Brown P，Ong S K，Lee Y W. Influence of anaerobic and anoxic hydraulic retention time on biological nutrient removal in a membrane bioreactor［J］. Desalination，2011，270（1-3）：227-232.

［26］ Chen X，Tang R，Wang Y，et al. Effect of ultrasonic and ozone pretreatment on the fate of enteric indicator bacteria and antibiotic resistance genes，and anaerobic digestion of dairy wastewater［J］. Bioresource Technology，2021，320：124356.

［27］ Cheah W Y，Show P L，Chang J S，et al. Biosequestration of atmospheric CO_2 and flue gas-containing CO_2 by microalgae［J］. Bioresource Technology，2015，184：190-201.

［28］ Lu S H，Shen L L，Li X Z，et al. Advances in the photocatalytic reduction functions of graphitic carbon nitride-based photocatalysts in environmental applications：A review［J］. Journal of Cleaner Production，2022，378：134589.

［29］ Ramanan R，Kannan K，Deshkar A，et al. Enhanced algal CO_2 sequestration through calcite deposition by *Chlorella* sp. and *Spirulina platensis* in a mini-raceway pond［J］. Bioresource Technology，2010，101（8）：2616-2622.

［30］ Sayi-Ucar N，Sarioglu M，Insel G，et al. Long-term study on the impact of temperature on enhanced biological phosphorus and nitrogen removal in membrane bioreactor［J］. Water Research，2015，84（1）：8-17.

［31］ Yang Y，Li B，Zou S，et al. Fate of antibiotic resistance genes in sewage treatment plant revealed by metagenomic approach［J］. Water Research，2014，62：97-106.

［32］ Zhao B，Su Y. Process effect of microalgal-carbon dioxide fixation and biomass production：A review［J］. Renewable and Sustainable Energy Reviews，2014，31：121-132.